AF322360

TURGAN

ÉTUDES

sur

L'EXPOSITION

UNIVERSELLE

1867

PARIS

MICHEL LÉVY FRÈRES, LIBRAIRES-ÉDITEURS

RUE VIVIENNE, 2 BIS, ET BOULEVARD DES ITALIENS, 15

A LA LIBRAIRIE NOUVELLE

ÉTUDES

SUR

L'EXPOSITION UNIVERSELLE

1867

PARIS. — IMPRIMERIE A. VALLÉE, 15, RUE BRÉDA.

TURGAN

ÉTUDES

SUR

L'EXPOSITION

UNIVERSELLE

1867

PARIS

MICHEL LÉVY FRÈRES, LIBRAIRES-ÉDITEURS

RUE VIVIENNE, 2 BIS, ET BOULEVARD DES ITALIENS, 15

A LA LIBRAIRIE NOUVELLE

1867

ÉTUDES

SUR

L'EXPOSITION UNIVERSELLE

1867

L'Exposition universelle de 1867 a été close à l'époque indiquée : trois jours de grâce ont été obtenus à grand'peine et au profit des pauvres. Aujourd'hui il en reste à peine quelques débris, mais le souvenir de sa splendeur restera longtemps dans la mémoire de ceux qui ont été assez heureux pour étudier ce magnifique spectacle.

Jamais entreprise ne rencontra plus de difficultés à vaincre ; elle eut tout contre elle : la guerre, le choléra, les inondations, les intempéries d'un hiver empiétant sur le printemps. Les données même du problème à résoudre étaient plus ardues et plus complexes que celles imposéesaux expositions précédentes. La Commission impériale n'avait pas voulu seulement une exhibition de produits, mais elle avait décidé que ces produits seraient classés dans un certain ordre et disposés de manière qu'il en ressortît un enseignement pour tous, depuis l'administrateur qui conçoit jusqu'à l'ouvrier qui exécute.

Pour atteindre son but, la Commission impériale a fait appel à l'initiative individuelle et demandé la collaboration de tous. Cet appel a été entendu jusque dans les régions les plus lointaines, et, pendant que les graves événements de 1866 semblaient concentrer sur eux l'attention du monde, il se faisait au sein de toutes les nations un travail patient et énergique élaborant en silence les trésors que, pendant un mois, camions, bateaux et wagons ont versés sans interruption par les quinze portes du Champ-de-Mars.

L'effort a été immense, et devant une telle manifestation de la

puissance humaine, il a fallu s'incliner malgré soi ; les moins bien-
veillants ont été forcés, au moins, à s'étonner, et pourtant notre siècle n'est pas facile à l'admiration, il a vu tant de choses et de si extraordinaires !

Nous ne voulons pas dire cependant que cet effort inouï ait pu en
tous points atteindre à la perfection ; et les prévisions humaines furent
déçues parfois au Champ-de-Mars aussi bien qu'ailleurs. Certains
effets sur lesquels on devait le plus compter ont médiocrement
réussi, tandis que des créations douteuses ou inattendues sont
venues forcer l'attention et prendre une première place à laquelle
elles ne semblaient pas destinées.

Le choix de l'emplacement a d'abord été peu compris des Pari-
siens, qui ne peuvent rien admettre en dehors du boulevard, de la
rue de la Paix et des Champs-Elysées ; pour eux le Champ-de-Mars
était un lieu désert, loin de toute civilisation, et ne présentant à
leur souvenir que des flaques de boue ou des nuages de poussière ;
aussi leur surprise a-t-elle été encore plus grande que celle des
étrangers lorsque de la place du Trocadéro, si magistralement dé-
blayée, ils plongeaient leurs regards sur cette ville étrange, élevée
en quelques mois et à laquelle ils ne voulaient pas croire.

Aucune description ne peut rendre la transformation rapide de ces
quarante hectares, surtout pendant les derniers jours de l'installation : on aurait dit un de ces décors de féeries anglaises, dans lesquels
les forêts, les rochers, les lacs, les palais et les chaumières sortent
du sol par une sorte d'efflorescence lente et continue. Ce fut d'abord le
Champ-de-Mars avec ses vallonnements de deux mètres à certaines
places qu'il fallut niveler, ce qui exigea le déplacement de 366,000
mètres cubes de terre, puis un sous-sol de caves, d'égouts et de
galeries d'aérage mesurant plus de 15 kilomètres qu'il fallut maçonner
et bétonner. — Le 23 avril 1866 s'élève le premier pilier de la charpente en fer, puis une forêt de piliers reliés par des arcs-boutants :
que de trous à percer, que de rivets à fixer pour assembler les 14,000
tonnes de fer, fonte et tôle qui composent la charpente du palais ;
quel travail pour poser 53,000 mètres carrés de toiture en zinc, et
65,000 mètres de vitrages, que de mètres de peinture à couvrir
avant de livrer l'espace aux exposants !

Bientôt dans le parc se creusaient des rivières, se traçaient des routes, se plantaient des arbres, se semaient des pelouses au milieu desquelles s'élevaient des constructions, les unes reproduisant des architectures nationales, les autres réalisant les rêves des plus étranges fantaisies. Le bey de Tunis, le vice-roi d'Egypte se faisaient construire des palais ; la Turquie élevait une mosquée et une maison d'école ; des maisons suédoises, norwégiennes, russes, hongroises, tyroliennes, allemandes, chinoises, nous montraient des modèles qu'il nous sera peut-être quelquefois bon d'imiter. Une église, spécimen de matériaux de construction et devant servir à exposer les objets du culte, se hâtait d'occuper une place trop importante et cachait en partie la vue du bâtiment principal. L'hôtel destiné au Cercle, qui réussit peu, vint aussi, par son massif quadrilatère, encombrer le premier plan du parc.

En résumé, à l'exception des serres dont certaines dispositions étaient assez élégantes, les autres constructions françaises nous ont paru moins agréables à voir qu'intéressantes à étudier.

Des hangars en planches plus ou moins bien décorés sont venus au dernier moment se placer entre les premiers édifices, car il fallait bien faire de la place et abriter des objets encombrants qu'on n'aurait pu loger dans le palais. En laissant faire des annexes à l'Espagne, à la Belgique, à la Prusse, à la Hollande, à la Suisse, à l'Angleterre aussi bien qu'à la France, on a pu placer des tableaux espagnols, suisses et belges, le panorama de l'isthme de Suez, les appareils perforateurs du mont Cenis, des machines agricoles de tous les pays, une taillerie de diamants et quelques spécimens d'industries intéressantes. La plus imprévue sans doute de ces annexes était le temple d'Edfou dans l'ornementation duquel on avait réuni les époques les plus renommées de l'art égyptien.

Lorsqu'on pénétrait à l'intérieur du palais, en entrant par le pont d'Iéna, on comprenait de suite que les conventions architecturales ordinaires étaient entièrement renversées ; le vaisseau, très-élevé dès l'abord, puisqu'il mesure plus de vingt-cinq mètres, s'abaisse jusqu'à huit mètres en allant vers le centre.

Préoccupé du souvenir des installations précédentes, l'œil cherchait en vain le salon carré, le transept, la grande salle et ne trouvait au sortir du péristyle que des galeries et une série de salons. Ce cloisonnement, blâmé pour tant de raisons, avait le grand avantage de créer des surfaces, sur lesquelles pouvaient s'étaler une quantité d'objets qui n'auraient pu être placés ou se seraient mal vus. L'exposition anglaise seule a rejeté tout cloisonnement; au premier abord elle semblait avoir raison; mais les vitrines anglaises, beaucoup trop hautes pour l'espace laissé entre elles, se cachaient l'une l'autre et produisaient l'effet disgracieux d'un appartement dont les gros meubles seraient mis au milieu des pièces : il est vrai que ces armoires renfermaient souvent des chefs-d'œuvre.

La décoration des salons successifs que les diverses nations se sont aménagés a donné lieu à des essais intéressants d'ornementation. Comme toujours, la section française était d'une extrême simplicité, presque partout une peinture mate d'un ton étrusque, quelquefois le velours vert ou grenat forme un fond uni sur lequel les objets exposés s'enlèvent très-nettement ; les vitrines en bois noir et en chêne servent de cadre aux glaces de Saint-Gobain et ne portent en général aucun ornement ; on voit que le contenant était intelligemment sacrifié au contenu.

L'Italie au contraire se faisait remarquer par ses peintures élégantes et fines; l'Egypte et Tunis par leur badigeonnage aux tons éclatants; la Turquie par ses arcades plaquées de faïences; le Portugal par une riche façade dont les sculptures étaient copiées sur celles de la cathédrale de Bélem. La Hollande a su trouver un système d'ornementation tout à fait particulier et qui lui a permis de montrer la supériorité de ses couleurs et de ses vernis. L'Autriche a obtenu un très-bon effet en encadrant de grands panneaux d'un ton gris avec une bordure jaune agrémentée d'un dessin noir très-léger. Enfin la Russie charmait les regards par une installation nationale en sapin sculpté, travaillé par des ouvriers russes avec une très-grande habileté d'exécution.

Quant aux nations de l'Orient, de l'extrême Orient et de ces régions australiennes dont on connait à peine le nom, elles se distinguaient par une originalité bien tranchée dans leur aménagement peut-être un peu confus, mais qui constituait une des grandes attractions de cette merveilleuse exhibition cosmopolite.

IMPRIMERIE — PAPETERIE

I

L'art d'imprimer ne nous pa ait pas avoir fait des progrès bien caractéristiques depuis l'Exposition de 1862; les principes nouveaux sont rares, et si quelques produits intéressants ornent les galeries de la classe 6, ils ont été exécutés avec des machines dont les dispositions fondamentales sont depuis longtemps connues.

L'Exposition renferme cependant quelques spécimens curieux à étudier et qui serviront peut-être de point de départ pour des applications industrielles importantes.

La machine à imprimer qui a le plus de succès auprès du public est la presse à fabriquer les cartes de visite en noir ou en couleur, *sans encre*. Le pavillon où elle est installée ne désemplit pas de visiteurs ravis de voir faire en cinquante secondes un cent de cartes à leur nom pour quatre francs, y compris l'explication que l'inventeur M. Leboyer est presque toujours forcé de répéter à chacun d'eux. Ce qui étonne surtout, c'est que l'on puisse imprimer sans encre; on est tellement habitué à l'idée qu'il faut avoir recours aux rouleaux distributeurs d'un vernis visqueux pour noircir préalablement les caractères en relief ou remplir les creux des plaques de taille-douce, qu'on regarde avec méfiance le petit appareil, — en se demandant par quel sortilége votre nom vient se dessiner instantanément sur la carte en noir, en rouge ou en bleu.

L'opération se passe, du reste, si rapidement, qu'il serait impossible de se rendre compte du procédé, si l'inventeur ne démontrait lui-même sa machine et ne racontait comment il a été conduit à la créer. Le travail de la carte de visite arrive à une seule époque de l'année, dans la quinzaine qui précède le jour de l'an. M. Leboyer, imprimeur à Riom, chercha le moyen d'abréger autant que possible l'exécution des commandes pour satisfaire l'impatience de ses clients. Il se posa d'abord en problème de supprimer l'encrage, qui demande toujours un temps assez long, surtout dans les presses à bras, et qui, dans les presses à vapeur, emploie une très-grande quantité de la force motrice à cause de l'adhérence des rouleaux. Pour le remplacer, il imagina de tendre entre le caractère et le carton un papier préparé sur une de ses faces avec une matière colorante sèche, se reportant par la pression du caractère sur la carte; il fallait cependant qu'elle fût assez adhérente au papier pour ne pas s'en détacher au simple contact, et par conséquent ne pas maculer et tacher le cordon autour de l'impression.

L'inventeur a été cinq ans environ avant de trouver des solutions satisfaisantes, mais ses recherches ont réussi, et la petite machine exposée fonctionne parfaitement. A l'une des extrémités de l'appareil, on place, comme les flans dans la presse Thonnelier, les cent petits carrés destinés à recevoir le nom et l'adresse; deux cordons sans fin, mus par une petite roue à main qu'un enfant ferait tourner, entraînent les cartes l'une après l'autre, et les font passer entre un composteur, dans lequel ont été serrés les caractères à imprimer, et une platine se mouvant verticalement de haut en bas.

Au-dessous de la carte et au-dessus des caractères passe le papier préparé, dont la face colorante, tournée en haut vers la carte, se meut lentement, conduit par un engrenage relié avec les autres agents de la machine. La pression très-légère de la platine suffit pour imprimer les lettres, mais elle n'est pas assez forte pour qu'il y ait le moindre foulage, de sorte que le léger papier remplaçant l'encre n'est pas troué par les caractères. En moins d'une minute, les cent cartes sont tirées et livrées à l'acheteur dans une petite boîte très-proprement arrangée.

La machine de M. Leboyer a 0,65 centimètres de longueur, 0,30 centimètres de large et 0,45 de haut en y comprenant le volant; elle coûte 800 francs avec ses accessoires. A côté se trouve une machine, moins chère, basée sur le même principe; le mouvement au lieu d'être continu, est alternatif et produit beaucoup moins, puisqu'elle ne donne que douze cents exemplaires à l'heure, pendant que la machine à carte peut en fournir six mille; elle sert à imprimer des têtes de lettres, et dans une petite dimension, les lettres elles-mêmes. Nous avons vu des lettres de convocation de la commission impériale imprimées par ce procédé. Cette machine plate, dite à timbrer, ne coûte que 300 francs.

En employant, au lieu de papier préparé, une étoffe pour porter la couleur, M. Leboyer espère, d'après son système, combiner une presse qui pourrait être livrée à très-bon compte, tiendrait peu de place, demanderait une force minime et tirerait rapidement un très-grand nombre d'exemplaires. L'idée de M. Leboyer a le grand mérite d'être entièrement neuve et de ne procéder d'aucun autre système d'impression.

Dans la section française de la grande galerie, on voit fonctionner un appareil moins absolument nouveau, puisqu'il date de quelques années et qu'il a été déjà récompensé à l'Exposition en 1862, mais d'autant plus intéressant qu'il travaille pour l'instruction de l'enfance. C'est la machine avec laquelle MM. Godchaux impriment les cahiers servant de modèles pour apprendre à écrire. Cette presse donne maintenant des produits d'une perfection et d'un bon marché extraordinaires : son mouvement est continu et s'arrête seulement à la fin du rouleau de papier qui l'alimente, de sorte que si la presse Godchaux se trouvait adaptée à l'extrémité d'une machine à fabriquer le papier, elle pourrait imprimer indéfiniment. Après avoir essayé des procédés typographiques, c'est-à-dire d'une composition en relief dont les résultats étaient insuffisants pour l'impression des lettres d'écriture avec pleins et déliés, MM. Godchaux sont revenus à la taille-douce; pour la préparation de leurs rouleaux imprimeurs, l'encre qu'ils emploient, imitant plutôt l'encre à écrire et à imprimer sur étoffe que l'encre grasse d'imprimerie, donne des déliés très-délicats, des lignes et des pointillés répondant à la finesse de la gravure sur cuivre.

Le papier se déroule d'un cylindre semblable aux cylindres alimentaires des cardes et va passer entre un rouleau compresseur garni d'étoffes blanches et le rouleau en cuivre rouge qui prend l'encre, dont l'excès est enlevé au moyen d'une raclette comme dans l'impression sur étoffe; imprimé d'un côté, le papier remonte, passe sur un cylindre, puis descend recevoir l'impression sur son autre face, également entre un rouleau compresseur et un cylindre de cuivre gravé. Il se développe ensuite sur un petit gril à gaz qui sèche instantanément les lettres pour les empêcher de maculer. Un appareil à couper le papier en feuilles parfaitement égales est adapté à la suite de la presse et il n'y a plus qu'à plier et coudre pour confectionner es cahiers.

Un des grands mérites d'exécution de la presse de MM. Godchaux est la parfaite correspondance entre les lignes du recto et du verso de chaque feuille ; il faut une précision extraordinaire dans les mouvements pour arriver à ce qu'on appelle en imprimerie *garder le registre*. Dans un tirage rapide, les presses à marbre plat n'y arrivent pas toujours et les presses rotatives encore moins. Mais, ce qui n'est rien dans l'impression d'un journal, eût été très-préjudiciable pour l'agencement d'un modèle, où il faut éviter soigneusement tout ce qui pourrait être un sujet d'erreur pour l'écolier.

Ces cahiers terminés comprennent vingt pages revêtues d'une couverture de couleur sur laquelle sont imprimées des leçons de géographie ou de calcul ; ils sont fabriqués à si bon compte qu'ils ne sont pas vendus aux enfants plus de dix centimes, malgré les remises successives dont leur prix se trouve forcément grevé. L'invention de MM. Godchaux a donné naissance à une industrie qui commence à être assez importante pour avoir nécessité la création d'une véritable usine imprimant par an plus de dix-huit millions de mètres de papier.

Une autre machine très-nouvelle aussi et très-ingénieuse est celle de MM. Degener et Weiler, de New-York. Ces inventeurs ont cherché à répartir l'encre sans force motrice appréciable et à construire une presse qui tienne le moins de place possible. Leur machine est composée de valves s'ouvrant et se fermant comme celles d'un gaufrier, au moyen d'une pédale ou par une transmission de vapeur ; une des valves en s'ouvrant présente sa face interne du côté de l'imprimeur, qui fixe sur elle la feuille ou la carte sous laquelle, au besoin, on peut faire une mise en train. L'autre valve porte la forme qui reçoit l'encre en passant sous un rouleau dans son mouvement d'ouverture ; quand, après s'être rapprochée de la forme pour presser la feuille de papier contre le caractère, cette valve retourne en arrière, elle fait toucher les rouleaux encreurs sur un disque en métal qui remplit le rôle d'encrier ; un gros cylindre massif servant de contre-poids triomphe de l'adhérence de l'encre. Au moment où les deux valves s'ouvrent, la feuille imprimée tombe dans un récipient placé à la partie inférieure.

Si l'ouvrier désire, pour juger de l'effet, prendre à la main une des feuilles imprimées, il fait mouvoir une sorte de verrou qui en empêche la chute. Cette presse, très-élégamment agencée dans toutes ses parties, tiendrait dans un mètre cube. Suivant l'habileté de l'ouvrier, elle peut tirer de 1,000 à 2,500 par heure ; ces machines coûtent suivant leur taille, 850, 1,500 ou 2,000 francs. Le mérite de l'invention consiste surtout dans l'économie d'espace, car le tirage plus rapide que celui des presses à bras ordinaires, dont l'appareil Degener semble devoir être le rival, est cependant bien moins rapide que la machine de M. Leboyer.

Dans la section américaine se trouve aussi une machine à dresser les caractères après la fonte, nous en recommandons l'examen aux hommes spéciaux, mais elle est trop professionnelle pour intéresser le public. Près d'elle est une machine à composer basée sur une idée absolument nouvelle, inventée par M. John E. Sewet. Jusqu'à présent toutes les machines à composer, entre autres celle de M. Delcambre, pour l'exploitation de laquelle fut fondée l'imprimerie de la rue Bréda, et celle du danois Christian Sorensen, avaient pour but de rassembler des lettres s'échappant par le mouvement d'un clavier, et venant par des glissières se réunir pour former une ligne. La machine de M. Sweet supprime de la composition les caractères mobiles, et fait directement des empreintes au moyen de poinçons s'enfonçant l'un après l'autre dans du papier à clicher. Malgré les objections qu'on peut lui faire et qui sont loin d'être sans raison, M. Sweet n'en n'a pas moins combiné un mécanisme digne du plus grand intérêt.

Le mouvement est donné par un clavier qui fait lever de petites chevilles de fer correspondant aux différentes lettres de l'alphabet ; ces chevilles sont rangées sur le bord d'un disque et lorsque chacune d'elles est soulevée, elle appuie sur l'extrémité d'un levier qui soulève un axe agissant sur une genouillère. Celle-ci appuie immédiatement sur l'extrémité d'un poinçon portant de l'autre côté la figure de la lettre qui se marque en creux dans la feuille de carton.

Un cylindre cannelé correspondant au mouvement général fait avancer après chaque lettre la lame de carton portée par une forme placée sur une tablette mécanique. Lorsque la ligne est terminée, cette forme et le papier à empreintes reviennent à leur point de départ, mais en remontant de l'épaisseur d'une ligne pour que la lettre suivante puisse trouver sa place. Quand la colonne est terminée, on met l'empreinte dans un moule, on y coule du métal à caractère et l'on peut mettre le cliché sous presse. L'invention de M. Sweet supprimerait le matériel mobile, quelquefois si coûteux et surtout si encombrant dans les imprimeries ; manœuvrée avec habileté, elle pourrait fournir assez rapidement une composition suffisante, surtout pour la fabrication des journaux auxquels elle semble avoir été destinée.

Outre les objections communes à toutes les machines à composer, on reproche à la compositrice de M. Sweet de ne pouvoir répondre de l'égalité de profondeur des matrices creusées par le poinçon, et par conséquent d'être exposée à donner un cliché d'une surface inégale; il est en effet possible que la pression de la genouillère n'agisse pas exactement avec la même force sur la tête des poinçons qui se présentent successivement; mais il en résulterait simplement que l'œil d'une lettre, un peu plus haut peut-être que son voisin, prendrait plus d'encre et par conséquent marquerait davantage; comme il ne s'agit pas d'elzevirs, mais de journaux, cet inconvénient ne suffirait pas à faire rejeter l'invention de M. Sweet. Elle a malheureusement contre elle ce qui a toujours été reproché à toutes les machines à composer, c'est que les corrections y sont presque impossibles sans perte de temps notable, et par conséquent d'argent. Il faudrait, pour corriger, tirer le cliché obtenu et le réparer par des bandes rajoutées; il est évident que si les manuscrits et les composi teurs étaient irréprochables, on pourrait négliger cet argument; mais, en réalité, les écritures sont assez difficiles à déchiffrer, et, à l'exception des compositeurs de vieille roche, il en est bien peu aujourd'hui qui puissent terminer une colonne sans aucune faute, à plus forte raison s'il s'agissait d'un mécanisme auquel tout retour est interdit.

Les auteurs eux-mêmes ont souvent laissé échapper des inexactitudes de fond ou de forme qu'ils sont heureux de pouvoir corriger. Ce n'est pas du reste la composition proprement dite qui est longue, mais bien la mise en page, les remaniements, les corrections en forme, et toutes ces opérations délicates et infiniment variables qu'on appelle *fonctions*. Nous ne croyons pas qu'il soit jamais possible d'inventer une machine qui ait assez de discernement et d'adresse pour remplacer un metteur en pages, dont il est si difficile de voir bien remplir le rôle, même par les personnes le mieux douées et les plus instruites dans leur art.

II

L'Imprimerie impériale reste toujours à la tête de son art; son exposition de 1867 n'est pas au-dessous des précédentes, et bien que notre établissement typogra-

phique national soit de plus en plus occupé à produire des impressions courantes
pour les administrations publiques, il est loin de négliger sa haute mission. Véritable conservatoire de l'imprimerie en France, il maintient les saines traditions du
passé, tout en s'assimilant les progrès du présent et en devançant les perfectionnements de l'avenir.

Ce que nous avons dit de Sèvres, nous le répéterons de l'Imprimerie impériale
comme pour toutes les usines nationales ; un propriétaire impersonnel comme l'Etat
peut seul conserver une suprématie constante à un établissement industriel. L'Etat
seul n'est pas dominé par les nécessités de famille, et si les chefs de l'usine dont
les services lui sont indispensables se montrent au-dessous de leur mission, il n'est
pas forcé les conserver quand même : il n'en est pas ainsi dans l'industrie privée,
où l'on voit souvent les fils succéder au père sans hériter de ses aptitudes. Les employés et ouvriers des manufactures impériales sentent une bienveillante protection veiller sur leur avenir, ils ont droit à des retraites, et s'ils se conduisent bien,
leur sort ne dépend pas du caprice d'un seul maître. Ils ont un esprit de corps
très-développé, noble émulation qui leur interdit la médiocrité. Aucun établissement ne possède à un plus haut degré que l'Imprimerie impériale cet amour-propre
professionnel qui fait exécuter des chefs-d'œuvre.

Le chef-d'œuvre de cette année est le fragment de la *Carte géologique détaillée
de la France* entreprise pour le compte du ministère de l'agriculture, du commerce
et des travaux publics, et qui couvre environ douze mètres carrés de la salle réservée à la section française de la classe 6. Cette carte, lorsqu'elle sera complète,
comprendra 270 feuilles teintées de 17 couleurs indiquant les terrains qui composent une région géologique.

Il eût été difficile de l'imprimer d'une manière satisfaisante par la chromo-litho-
graphie ; chaque planche a environ un mètre de côté, et les bonnes pierres de cette
dimension sont rares ; elles se brisent souvent au tirage et sont incommodes à
manier. On a donc cherché dans les procédés typographiques un moyen préférable
d'exécution.

Pour couvrir de couleur un même espace, il faut dix-sept planches ; la première
doit porter le nom des villes, le cours des rivières, les routes et autres points
de repères tirés en noir et qui établissent le fond de la carte. On obtient cette
première planche en traçant sur une plaque de zinc laminé et poli les caractères
et les traits du dessin avec une encre grasse ; on attaque ensuite à l'acide les parties non couvertes et on obtient ainsi un creux qui met en saillie tout ce qui doit
être imprimé. Comme le zinc perd souvent la faculté de prendre l'encre, on le
recouvre d'une couche de cuivre par les procédés bien connus aujourd'hui de la
galvanoplastie. Il en résulte une planche solide, d'un encrage facile, et que l'on
peut reproduire indéfiniment en la moulant avec de la gutta-percha et en déposant
l'empreinte dans une coquille de cuivre gavanoplastique.

Les planches destinées à imprimer sur la carte les teintes colorées sont fabriquées par un procédé nouveau emprunté à l'impression sur étoffe et que l'Impri-

merie impériale appelle la *pyrostéréotypie*. Comme un grand nombre de perfectionnements, elle est due, dit-on, aux efforts d'un fraudeur. Il y a une vingtaine d'années, nous a-t-on raconté à Mulhouse, un habile graveur, voulant fabriquer des moules pour frapper de la fausse monnaie, se servit d'un burin rougi au feu dont la chaleur brûlait le bois et creusait une matrice. Ce fut le point de départ d'un genre nouveau de gravure très-employé pour préparer les planches des toiles peintes.

Voici comment on grave ces planches : on dessine d'abord sur un bloc de bois de tilleul la figure qu'il s'agit de reproduire ; on approche ensuite ce bloc d'une potence en fer recourbé tenant suspendu un porte-outil, d'où sort, au moyen d'un mécanisme mu par une pédale, une petite lame d'acier. En s'élançant de sa gaîne, cette lame rencontre un jet de flamme entretenu par un bec de gaz; elle s'échauffe, s'enfonce dans le bois à la place qui lui est présentée, remonte et redescend en suivant les contours du dessin, sans pénétrer trop avant dans le bois parce qu'elle est guidée par un arrêt. Pour avoir des épaisseurs différentes, il n'y a qu'à changer les burins dont la largeur détermine l'épaisseur du trait creusé dans le bois.

Dans la matrice ainsi préparée, on coule un métal, fusible à basse température, et qui pénètre dans les parties évidées, sans en brûler les bords. Le refroidissement fait rétracter le métal qui sort facilement du moule et donne un véritable cliché préférable à tous les autres à cause de la hauteur de ses reliefs. Il est seulement indispensable de le poncer pour avoir une égalité absolue dans la hauteur des parties en relief. C'est ainsi que sont faits à Mulhouse les clichés avec lesquels on imprime les dessins si déliés et si compliqués des imitations de cachemires.

L'Imprimerie impériale appliquant cette pyrostéréotypie à la fabrication des planches typographiques en a tiré des résultats véritablement surprenants, surtout pour la gravure des figures de géométrie et d'astronomie. Comme application à la carte géologique, ce procédé a permis d'établir à très-bon compte les planches successives au moyen desquelles on imprime les seize teintes figurant les couches géologiques. L'exécution de la carte exposée est d'une netteté magistrale qui frappe les curieux les moins connaisseurs ; au-dessous d'elle un grand tableau rempli de caractères orientaux n'a pas un moindre succès auprès du public.

La foule ne regarde pas avec autant d'attention une petite vitrine qui renferme cependant les premières épreuves réussies d'un art entièrement nouveau, *l'hélioplastie;* depuis quelques années on a beaucoup cherché à utiliser la photographie pour produire directement et sans l'intermédiaire du dessinateur et du graveur, des planches avec lesquelles il soit possible de reproduire par l'impression une image obtenue; la solution usuelle de ce problème aurait une importance considérable pour les publications illustrées si nombreuses et si utiles. On se sert bien, il est vrai, de la photographie pour fixer le souvenir d'une personne, d'un paysage, d'une machine; mais il faut qu'un dessinateur reporte ces images sur bois ou sur zinc, qu'un graveur les mette en relief, mains-d'œuvre toujours chères et souvent infidèles. On a donc songé naturellement à supprimer ces deux intermédiaires et à s'affranchir de leur concours. Une épreuve Daguerrienne sur plaque argentée était déjà un véritable cliché, mais la différence de niveau entre les parties claires et les parties foncées y est si faible qu'aucune encre connue n'est assez fine pour pénétrer dans les creux sans salir les saillies. Après une série d'essais plus ou moins heureux, l'Imprimerie impériale a su appliquer la propriété que possède la gélatine préparée au bi-chromate de potasse, de gonfler à l'humidité lorsqu'elle n'a pas été impressionnée par la lumière et de résister à l'influence de l'eau lorsque la lumière l'a frappée.

En étendant, sur une plaque unie, de la gélatine préparée au bi-chromate de potasse, en la couvrant avec un cliché sur verre et en l'exposant à l'action de la lumière, toutes les parties placées en face des parties transparentes du cliché deviennent insensibles à l'action de l'humidité ; tout ce qui a été caché par les parties opaques se gonfle et fait un relief assez fort pour qu'on puisse le mouler et prendre une empreinte dans laquelle on fait déposer au moyen de la pile une couche de cuivre.

Le cliché héliosplatique est peu profond, et jusqu'à présent on ne pourrait du premier coup obtenir une bonne épreuve ; mais l'Imprimerie impériale, qui connaît toutes les ressources typographiques, est parvenue à un très-bon résultat au moyen de trois tirages successifs ; le premier, très-léger, donne sur le papier une épreuve au ton des parties les plus claires, — en faisant une mise en train, c'est-à-dire en soulevant la feuille de papier à certaines places avec des découpages plus ou moins épais, on donne à un second tirage les teintes plus foncées, enfin un troisième passage accentue définitivement les ombres. Pour qu'il soit possible de bien apprécier l'épreuve, l'Imprimerie impériale a mis dans sa vitrine une photographie représentant un bas-relief de Clodion à côté de l'image hélioplastique qui la reproduit ; à une certaine distance, l'identité est absolue.

Autour de ce bas-relief sont exposées plusieurs autres épreuves et les neuf cent quarante-cinq poinçons servant à imprimer en caractères annamites et qui ont été obtenus par le même procédé.

Les autres vitrines de l'Imprimerie impériale renferment plusieurs de ces beaux livres pour la fabrication desquels elle n'a pas de rivale ; là se trouvent des ouvrages tous remarquables autant par leur sujet que par leur exécution ; parmi eux nous signalerons une édition des *Commentaires de César* revue par M. Dübner, et dont le texte primitif a été rétabli, autant qu'il est possible, en étudiant les variantes de plus de quatre-vingts manuscrits. Près d'eux se trouvent les *Commentaires de Napoléon I*[er]. Ces six volumes, contenant l'épopée du premier Empire, vont se réunir à la correspondance du fondateur de la dynastie impériale, dont vingt et un volumes sont déjà parus. Les récits et les pensées de ce génie si puissant et si complet montrent quelle importance il attachait aux moindres détails, que, souvenir exact, il conservait des hommes qui l'avaient servi et avec quelle prescience il jugeait l'avenir. L'exécution matérielle de ces volumes est parfaite, sans luxe inutile, lisible et claire comme les phrases de l'auteur, aussi net dans son style que dans ses actes. Dans la vitrine suivante est l'édition in-quarto de l'*Histoire de Jules-César*, par l'Empereur Napoléon III ; les éditions in-octavo ont été composées et tirées chez l'imprimeur de Sa Majesté, M. Henri Plon, qui les expose, ainsi que les traductions en dix langues différentes. Un grand in-folio dans lequel se trouvent décrits les *établissements de bienfaisance placés sous le patronage de Sa Majesté l'Impératrice* fait pendant aux *Saints Évangiles*, également in-folio.

A côté des ouvrages imprimés en langue française, avec ces beaux caractères où les pleins et les déliés sont si distincts, et qu'il est facile de reconnaître au petit trait qui marque le milieu de la lettre L, l'Imprimerie impériale a envoyé plusieurs ouvrages imprimés dans des langues étrangères ou anciennes dont elle seule possède les types.

La plus remarquable est un volume de la *Poliorcétique des Grecs*, qui comprendra le traité de mécanique militaire d'Athénée, la construction de machines de guerre et des catapultes de Biton, la bélopée et la chirobaliste d'Héron, la poliorcétique d'Apollodore ainsi que tout ce qu'il a été possible de réunir de documents sur la technologie militaire des Grecs.

Signalons encore des poésies persanes et arabes, une grammaire composée des langues indo-européennes, un code annamite, la *Mission de Phénicie* de M. Ernest Renan, fabriquée pour MM. Michel Lévy et remplie de caractères hiéroglyphiques et enfin, et pour que rien ne manque à la collection, une charmante petite édition in-12 des contes en vers et en prose de Charles Perraud, imprimée avec les caractères tirés de l'ancien fond de l'Imprimerie impériale, échantillons heureusement conservés des types créés par Garamond en 1540, et dont on se servait encore pendant le commencement du règne de Louis XIV. C'est un exemple bien rare d'un livre réimprimé au bout de deux cents ans avec les types exacts de la première édition.

L'Imprimerie impériale n'a exposé aucun des ouvrages courants si nombreux qu'elle exécute chaque jour pour les différents ministères et qui lui permettent d'entretenir une armée d'ouvriers d'élite tout prêts pour le jour où une nécessité politique ou administrative demande la composition immédiate et le tirage rapide d'un document important ; mais tous ceux qui l'ont visitée savent quelle activité sans trêve règne dans l'ancien palais, transformé, bon gré, mal gré, en usine ; bientôt ce majestueux hôtel, si peu approprié aux besoins modernes, ne pourra plus contenir ni le personnel, ni les machines que les exigences croissantes du service ont forcé d'entasser dans un espace restreint.

Les constructions se décident et s'achèvent aujourd'hui avec tant de rapidité, qu'il serait bien facile d'élever à l'Imprimerie impériale des bâtiments spacieux et simples en choisissant un emplacement à proximité des Tuileries, du Corps Législatif et des ministères, ce qui rendra moins dispendieuses et plus accélérées les communications constantes, entravées sans cesse aujourd'hui par l'éloignement et les difficultés de la rue Vieille-du-Temple.

III

Le 29 novembre 1814, le *Times* annonçait à ses lecteurs que la presse mécanique, ce nouvel engin de civilisation, venait de fonctionner dans ses ateliers pour la première fois : « afin, disait-il, de faire apprécier à sa valeur la grandeur de l'invention, nous informerons le public qu'après la composition et la mise en pages, il ne reste guère à l'homme que de surveiller dans ses opérations un agent passif. On fournit simplement à la machine du papier. Elle place la forme, la couvre d'encre, ajuste le papier à la forme encrée, imprime la feuille et la livre aux mains de l'ouvrier, puis elle retire la forme pour lui redonner de l'encre, se dispose à recevoir la feuille suivante qui se présente à l'impression, et l'ensemble de ces opérations compliquées se produit avec une vélocité telle que non moins de onze cents feuilles sont imprimées en une heure. »

Cette première presse à vapeur était due au Saxon Kœnig et à son élève Bauër soutenus dans les difficultés de l'exécution par M. Bensley, éditeur du *Times*. La machine n'imprimait encore que d'un seul côté, mais, dès l'année suivante, Kœnig avait construit la presse qui a servi de base aux machines actuelles : il avait combiné un système de cylindres et de cordons sans fin pour retourner la feuille, la faire passer sous un second cylindre comprimeur et imprimer ainsi automatiquement un journal sur les deux faces de la feuille.

Après leur succès, Kœnig et Bauër retournèrent en Allemagne où ils fondèrent en 1819, près de Wurtzbourg, dans le couvent d'Oberzel, que le gouvernement bavarois leur avait cédé, un établissement considérable, existant encore aujourd'hui. La fabrique d'Oberzel a envoyé au Champ de Mars plusieurs machines remarquables par les soins minutieux qui ont présidé à leur fabrication : la plus intéressante est une presse à deux couleurs. Dans les presses d'Oberzel, le mouvement de la machine à vapeur est transmis au marbre mobile portant les formes, par un engrenage tournant avec une régularité parfaite à l'intérieur d'une roue fixée horizontalement au bâtis de la presse, et dentée dans sa concavité. De cette façon, plus de secousses, plus d'irrégularités ; la presse fonctionne avec la douceur de mouvements d'une montre.

Voici comment elle peut imprimer en deux couleurs ; supposons le rouge et le vert : le marbre porte, placées l'une à l'extrémité de l'autre, deux compositions dont les caractères ou les dessins doivent se juxtaposer sur la feuille de papier. La première composition doit donner l'impression rouge, et l'autre la verte ; lorsque ce marbre se met en marche, on le laisse d'abord continuer sa route assez loin pour que la première composition soit touchée par les rouleaux encreurs d'encre rouge ; la seconde composition arrive en même temps au niveau des rouleaux d'encre verte et reçoit l'encrage.

Lorsque le marbre, après s'être arrêté à l'extrémité de sa course, recommence son second voyage, l'ouvrier envoie la feuille de papier, qui passe d'abord entre la première composition encrée en rouge et le cylindre comprimeur ; après un petit temps d'arrêt, pendant lequel la feuille reste fixée sur le cylindre, la forme encrée en vert arrive à son tour en face d'elle, et le cylindre, faisant une seconde révolution sur lui-même, passe le papier sur cette forme et lui donne la seconde couleur. La feuille ainsi terminée par un seul passage dans la presse, va sortir en arrière du cylindre d'où elle est enlevée par un receveur mécanique. Les prospectus à deux couleurs exécutés à l'Exposition, par les presses de MM. Kœnig et Bauër, sont remarquables par la netteté de leur impression.

Les doyens de l'imprimerie mécanique n'ont pas exposé de presses à journal, et nous n'en avons trouvé aucune dans les sections de l'Angleterre et des États-Unis, où cependant fonctionnent les admirables automates qui exécutent les grands tirages des journaux anglais et américains. La France, au contraire, a exposé de nombreux modèles de ces machines outils qui jouent un rôle si important dans nos habitudes modernes ; on ne les voit malheureusement pas fonctionner, de sorte qu'on se rend compte difficilement de leur mérite.

Ainsi on aurait vu marcher avec grand intérêt la presse dite à double réaction, exposée par M. Gaveaux, et qui nous a paru ingénieuse, quoique garnie de cordons bien longs pour ne pas être sujette à des temps d'arrêt.

Pourquoi ne pas avoir fait mouvoir la belle machine cylindrique à quatre margeurs de M. Marinoni ; ce mécanicien persévérant qui travaille depuis si longtemps à l'agencement d'une presse dans laquelle le marbre plat soit changé en marbre cylindrique et le mouvement alternatif en mouvement continu, est arrivé à construire une machine où le papier ne passe plus entre une forme plate portant les caractères et un cylindre garni de feutre qui appuie la feuille sur la lettre : il est pressé entre deux cylindres, l'un simple compresseur, l'autre sur lequel on a attaché la composition non plus en caractères mobiles serrés dans un cadre, mais clichés d'un seul morceau. Pour cela, sur chaque page composée comme à l'ordinaire, on applique une grande feuille d'un papier mou qui en prend l'empreinte ; on cintre cette empreinte dans un moule concave et l'on coule du métal à caractères dont le refroidissement donne un cliché s'appliquant exactement sur le cylindre. La machine exposée fournit 12,000 exemplaires à l'heure et se vend 35,000 fr. M. Marinoni combine en ce moment d'autres presses d'un système analogue, et dont il espère nous dit-on, pousser le tirage à 18,000 exemplaires à l'heure.

La machine exposée par **M. Derriey**, dans l'annexe du parc consacré aux machines à imprimer, est également à marbre cylindrique, et son constructeur annonce qu'elle doit tirer à l'heure 10,000 exemplaires du format des petits journaux. Comme la machine n'est disposée que pour deux margeurs, et que la feuille porte quatre exemplaires, il s'en suivrait que chaque margeur devrait envoyer entre les cylindres 2,500 feuilles par heure, ce qui nous semble beaucoup. M. Derriey doit avoir cependant été à même de calculer toutes les dispositions de sa machine, puisque c'est lui qui a construit la seule presse qui aujourd'hui tire à Paris 10,000 exemplaires à l'heure imprimés sur les deux faces de la feuille (*a*); cette machine est établie sur les principes de l'Américain Robert Hoë, qui, rendant horizontal l'ancien gros tambour vertical d'Applegath, semble avoir atteint les dernières limites de la rapidité.

Les machines de Robert Hoë employées à Londres pour le tirage du *Times* et du *Daily-Telegraph* donnent environ 18,000 à l'heure; autour du tambour central qui porte les formes et dont la circonférence est si grande que la courbure

(*a*) M. Derriey nous communique à propos de cette machine qui appartient à la *Patrie*, les réflexions suivantes :

La plupart des personnes qui entendent parler des machines de la *Patrie* comprennent que du moment où ces presses tirent 10.000 exemplaires et qu'elles emploient quatre margeurs, cela fait 2.500 exemplaires, soit 1.250 feuilles à passer à l'heure. Ce serait donc une vitesse moitié moindre de ma machine de l'Exposition. C'est une erreur profonde. — Il ne faut pas perdre de vue que les machines de la *Patrie* sont des machines *en blanc* et qu'il faut passer la feuille deux fois pour qu'elle soit imprimée des deux côtés, cela fait donc en réalité 10.000 feuilles à passer par heure entre quatre margeurs, soit 2.500 feuilles chacun, ce qui est bien la vitesse de la machine que j'ai exposée. Or, puisque tous les jours deux machines fonctionnent à la *Patrie* avec cette vitesse, il n'existe aucune raison pour que cette même vitesse soit un obstacle à la marche de ma machine à deux margeurs: la feuille y étant imprimée des deux côtés du même coup, j'ai seulement supprimé les deux margeurs qui, à la machine du système Hoë, font la rétiration.

Je construis en ce moment une machine améliorée du même système, et je pense dans cinq ou six semaines pouvoir la faire fonctionner. Si à ce moment vous vouliez bien vous rendre à mon atelier, je serais heureux de vous prouver que cette machine imprime bien ce que j'ai annoncé. En même temps j'appliquerai à cette machine un système de papier continu pour lequel j'ai pris un brevet il y a deux ans, et permettant de faire une machine complètement automate, une machine fonctionnant sans le secours d'aucun ouvrier, et pouvant aller jusqu'à des tirages de 18 à 20,000 exemplaires.

Déjà bien avant les autres constructeurs je me suis occupé des machines cylindriques à deux compositions, et j'ai dans le palais, à l'Exposition, le dessin d'une presse à trois margeurs que j'ai essayée avec succès en 1862 et tirant 15.000 exemplaires à l'heure grand format, soit, toujours pour chaque margeur 2.500 feuilles à l'heure.

Quant à la clicherie et à l'outillage spécial que vous attribuez à M. Marinoni, permettez-moi de vous faire remarquer qu'en 1852 j'ai fait pour la *Patrie* le premier moule à fondre les clichés de hauteur, et que je suis encore le premier en France qui ait établi les clicheries cylindriques et l'outillage nécessaire : marbre, fourneau, moules, rabot pour couper le jet et biseauter et surtout une machine de mon invention, servant à mettre les clichés parfaitement de hauteur d'après l'œil de la lettre et supprimant la mise en train pour les journaux. Une machine de ce genre est employée à la *Patrie*, une autre au *Moniteur*.

est à peine sensible, le constructeur a disposé dix cylindres comprimeurs servis chacun par un margeur. Théoriquement chacun de ces cylindres devrait fournir à l'heure 2,000 feuilles imprimées ; mais, pour loger une presse de dix cylindres du système de Robert Hoë, il faudrait un espace, surtout en hauteur, dont les imprimeries actuelles de Paris ne peuvent disposer ; de plus chacune de ces presses, doit, autant que nos souvenirs sont exacts, coûter de 80 à 100,000 francs ; aussi ont-elles été difficilement adoptées.

Le *Constitutionnel*, comme la plupart des journaux de Paris, se sert des excellentes presses à marbre plat servies par quatre margeurs et fabriquées par M. Normand, auquel la construction des machines typographiques doit tant de perfectionnements.

Les publications illustrées emploient en général les presses de M. Alauzet, les machines de Dutartre ou de Rebourg, mécaniciens habiles qui ont tous exposé, les uns dans la grande galerie des machines, les autres dans l'annexe où se trouve la petite presse à fabriquer les cartes de visite. C'est le dernier de ces constructeurs qui a fabriqué la presse sur laquelle se tire, à l'imprimerie Vallée, le *Monde illustré*, non pas seulement sur la face qui porte les gravures, mais des deux côtés et avec une rapidité de 900 à l'heure, ce qui est extraordinaire eu égard à la taille et à la perfection de ce journal.

Le public ne sait pas les difficultés que présente la fabrication d'un journal illustré ; il faut que ceux qui en dirigent la rédaction, préoccupés sans cesse de donner l'image des actualités, prévoient en quelque sorte les événements, car le dessin et surtout la gravure d'une planche ne s'exécutent pas en quelques heures comme un fait divers. Le dessinateur s'aide le plus souvent de croquis et de photographies représentant le lieu de la scène et des portraits des personnages qui ont dû y assister. Quand il est prévenu et qu'il lui est possible de pénétrer jusqu'à une place de laquelle il puisse se rendre compte du tableau qu'il doit retracer, son dessin n'en a que plus de vérité, mais ce n'est pas sans peine qu'il obtient les renseignements de ceux-là même qui auraient le plus d'intérêt à les lui donner. Harrassé de fatigue, il rentre de la cérémonie et travaille quelquefois vingt-quatre heures de suite à composer avec ses souvenirs et ses documents l'image la plus approximative de l'événement ; il apporte en toute hâte au journal la planche qui est immédiatement partagée en divers morceaux et livrée au graveur. Car aujourd'hui, grâce à M. Kessling, les morceaux de bois sur lesquels on dessine sont assemblés de manière à pouvoir être séparés, réunis avec de longues tiges de fer, arrêtées par des vis.

Les graveurs, comme le dessinateur, travaillent nuit et jour jusqu'à ce que leur ouvrage partiel soit terminé ; les morceaux de bois sont recollés, le chef de l'atelier retouche l'ensemble et le bois est remis au conducteur de la machine qui prépare sa mise en train. Pour cela, il tire plusieurs épreuves de la planche et, sur ces épreuves, découpe toutes les parties blanches, conservant les endroits noirs ou fortement teintés ; il colle ces découpages sur le cylindre comprimeur aux place où le cylindre doit presser la feuille contre le bois. — C'est ainsi qu'on imprime les noirs vigoureux qu'il serait impossible d'obtenir par une pression égale dans tous les points. Cette mise en train est terminée au *Monde illustré* dans la matinée du jeudi, et le tirage se continue de jour et de nuit jusqu'au samedi soir. C'est ainsi qu'une cérémonie qui se passe le lundi peut être contenue dans le numéro distribué aux abonnés à la fin de la semaine.

Pour activer encore la rapidité d'exécution, on emploie plusieurs procédés qui ont presque tous pour base l'action d'un acide sur une lame de zinc ; c'est ainsi que la *Vie pa isienne*, cette charmante publication si bien dirigée par M. Marcelin, exécute ses élégantes fantaisies hebdomadaires. L'imprimerie Vallée est jusqu'à présent celle qui a le mieux su imprimer les planches de zinc faites par le procédé Gillot ou par celui de M. Bellot. *L'Autographe au salon* de M. Bourdin et l'album fait pour l'*Événement* et qui contenait de si beaux dessins de M. Morin, ont été exposés par cette imprimerie.

Un journal illustré est un assez bon spécimen pour juger l'activité intellectuelle, artistique et industrielle d'une nation ; il contient, toujours représentés par la gravure, les exploits de ce peuple en tous genres Si l'on examine les journaux illustrés anglais, allemands et français, on voit que l'*Illustration anglaise*, d'une supériorité si écrasante il y a dix ans, a été rejointe par l'*Illustrirte zeitung*, de M. Weber, et le *Monde illustré*, de M. Pointel. Le *Magasin pittoresque* de M. Best est toujours digne de son ancien succès et de son tirage considérable.

Deux publications plus récentes, l'une anglaise, l'autre française, nous semblent avoir mérité les plus hautes récompenses : l'une est le *British Workmann*, édité par M. Partrigge, qui donne aux ouvriers pour un penny les plus admirables gravures de William Thomas ; l'autre est le *Tour du Monde*, de M. Hachette, publication un peu plus chère il est vrai, mais qui répand les notions les plus sûres et les plus intéressantes sur les pays étrangers, en les accompagnant des remarquables planches de Doré, de Férat, gravées par les artistes les plus renommés. Nous devons dire, à la louange de la maison Hachette, qu'elle vend à l'étranger pour plus de 100,000 fr. de clichés tirés du *Tour du Monde* et de quelques autres ouvrages édités par elle avec le plus grand soin.

Parmi les ouvrages illustrés de grand luxe, nous signalerons dans la vitrine de M. Henri Plon, le *Voyage en Lorraine de Leurs Majestés l'Impératrice et le Prince Impérial*, avec de beaux et élégants dessins de M. de Montaut, et le livre si intéressant de M. Charles Yriarte, sur l'*OEuvre de Goya*.

L'auteur, accompagné de MM. Tabaret et Bocourt, a été copier en Espagne les fresques, les toiles, les tapisseries de ce maître si fécond, et a fait reproduire par la gravure sur bois les plus belles eaux-fortes des *Caprices* et des *Désastres de la guerre*. Les gravures de MM. Chapon, Coste, Moller, Barbant ne sont pas au-dessous des épreuves de Goya et la magnifique impression de ce livre le rend un des plus beaux de l'Exposition.

A côté sont les planches industrielles des *Grandes Usines*, dessinées par MM. Bocourt, Morin et Bertrand, gravées par MM. Chapon et Coste, et qui reproduisent avec fidélité les photographies dont elles sont copiées.

En terminant, mentionnons dans la section américaine des livres fort étranges, et notamment une grande Bible composée de pages où les caractères sont en relief repoussés comme par un timbre sec; plusieurs fois nous les avions feuilletés sans pouvoir nous rendre compte de l'idée qui avait présidé à leur exécution; mais, à notre dernière visite, nous avons été subitement éclairés par la lecture d'un prospectus sur lequel nous avons pu lire, en caractères également en relief, ce titre un peu paradoxal : *Imprimerie pour les aveugles.*

Nous ne pouvons citer, à notre grand regret, toutes les honorables publications qui mériteraient une mention particulière; signalons cependant *les Merveilles de la Science*, de M. Louis Figuier; *l'Illustration*, dirigée par M. Marc, qui a exposé, sous le titre de Sommités contemporaines, de beaux portraits de M. Théophile Gautier et M. Sainte-Beuve, *la Mode illustrée*, de MM. Didot, *l'Illustrated Times*, ce rival si vivant de *l'Illustrated London News*, et surtout *l'Univers illustré*, ce magnifique résumé de l'art français, anglais et allemand, dont MM. Michel Lévy frères, qui viennent de le transformer, font en ce moment une véritable *Revue des Deux-Mondes* illustrée; mais nous décrivons surtout des procédés de travail et non des produits. Nous reviendrons, dans un article spécial, sur l'exposition de la librairie.

Parmi les particularités de la classe VI, nous signalerons encore les réimpressions de livres anciens avec les caractères du temps, exécutées par M. Jouaust avec une perfection digne des plus grands éloges, les clichés galvanoplastiques et les épreuves de timbres-poste exposés par M. Hulot et fabriquées dans les ateliers de la Monnaie. Ces vignettes de diverses couleurs, qui servent aujourd'hui de papier-monnaie pour l'envoi des petites sommes aussi bien que pour l'affranchissement des lettres, sont imprimées typographiquement avec des encres colorées à la presse à bras, ou bien par une machine en blanc d'Alauzet. La planche est faite par l'assemblage de cent cinquante matrices dont la première, gravée sur acier, a été reproduite par le frappage sur un métal moulu; dans l'empreinte prise sur cette planche, on fait déposer du cuivre par les procédés galvanoplastiques, et l'on dresse le cliché sur une épaisse plaque de fonte parfaitement plane. Avant le tirage à l'encre colorée on enduit le papier mécaniquement en le faisant passer sous les rouleaux d'une presse qui le couvre d'un vernis pour retenir la couleur et empêcher tout report. La gomme du verso s'étale au pinceau. On fait tous les jours à la Monnaie environ 1,800,000 de ces timbres-poste.

Les sections étrangères, à l'exception des publications anglaises dont l'exécution est toujours parfaite, des produits de l'imprimerie royale de Lisbonne et de quelques beaux livres allemands, ne témoignent pas de grands progrès dans l'impression. Signalons, comme curiosités, une collection de livres chinois dont quelques échantillons datent de 1397 : autant qu'il nous a été possible de distinguer ces livres sous les glaces de leur vitrines, les impressions chinoises ne couvrent encore le papier que d'un seul côté; pour déguiser cette infériorité, les Chinois plient les feuilles en deux et, en les reliant, les fixent par leurs tranches, de sorte que les deux côtés blancs forment l'intérieur d'une anse dont les deux faces imprimées paraissent à l'extérieur. Le papier des Chinois est si fin, qu'il faut une certaine attention pour s'apercevoir de cet artifice.

IV

La fabrication du papier, en France, a doublé depuis dix ans ; elle dépasse aujourd'hui 129,000,000 de kilogrammes de papiers de toute sorte, depuis le *bristol* et l'*ivory* jusqu'au papier bitumé ; un kilogramme de papier donnant en moyenne vingt mètres de développement sur un de largeur, notre production annuelle représente un rouleau de deux milliards cinq cent quatre-vingts millions de mètres pouvant entourer soixante-quatre fois la terre.

Non-seulement il s'est créé de nouvelles applications du papier, mais les anciens usages se sont développés dans des proportions considérables ; la librairie et les journaux à bon marché dont le tirage va sans cesse croissant, les tentures d'appartement à vingt-cinq centimes le rouleau qui commencent à remplacer, même dans les campagnes, la peinture à la chaux, augmenteront encore presque indéfiniment la demande.

Depuis le traité de 1865, l'exportation est devenue importante ; elle s'est élevée pendant les neuf premiers mois de 1866 à 7,577,843 kilogrammes. Il n'est même pas rare de voir une usine française fournir le papier à un journal anglais. L'importation des papiers étrangers pendant la même période des neuf premiers mois de 1866, a été d'environ 190,000 kilogrammes, ce qui est peu comme quantité, mais ce qui est beaucoup si l'on considère la qualité et le prix. La mode pour les papiers de luxe a adopté avec raison les beaux papiers collés à la gélatine de M. Joyson à SaineMarie-Cray ; mais si l'habitude de payer cher se répand avec l'usage des articles anglais, les industriels français soutiendront bientôt la concurrence, car rien ne les empêche de fabriquer aussi bien que nos voisins.

On fait encore du papier à la main dans quelques vallées de l'Auvergne, mais la consommation courante est exécutée par des machines, — au nombre de 270 pour le papier blanc et de couleur, et de 230 pour le papier d'emballage. Un grand nombre d'usines n'ont qu'une machine, quelques-unes en ont deux ; la papeterie d'Essonne en a neuf, ce qui est, croyons-nous, le chiffre maximum Nous regrettons qu'au milieu des machines de toute sorte exposées dans le groupe VI ou dans les pavillons du parc, on n'ait pas installé une de ces machines, le plus merveilleux automate que l'homme ait peut-être inventé. Il est vrai que cet appareil a plus de 30 mètres de long et qu'il détermine un courant d'eau constant; mais le Champ-de-Mars renferme d'autres installations aussi compliquées, et la machine à fabriquer le papier continu, inventée par Robert et réalisée par Didot, est une de nos gloires industrielles.

Le public, qui regarde avec tant d'empressement se former les chapeaux et se plier les enveloppes, aurait été satisfait de voir sous ses yeux une mince couche de liquide se transformer d'abord en pâte de plus en plus épaisse, puis devenir, toujours en continuant sa marche, une feuille mince et sèche sur laquelle on aurait pu imprimer, soit des caractères, soit des ornements. Grâce à ces machines, la moyenne du prix du papier à imprimer ou à écrire est d'environ 1 fr. 10 centimes le kilogramme ; les papiers d'emballage et de pliage ne coûtent guère que 40 centimes pour le même poids. Cet extrême bon marché est dû à l'emploi de matières qui n'entraient pas autrefois dans la composition des pâtes.

Les moyens énergiques de lessivage et de blanchiment rendent applicables, même au papier blanc, beaucoup de chiffons méprisés autrefois. Pour la fabrication des papiers d'emballage, tout sert : le vieux papier à chandelles, les déchets de coton, de lin, les cartons de métier Jacquart, des toiles d'emballage en sparte ou en aloès, des *tickets* de chemin de fer, le tout déchiqueté, mêlé avec du goudron et collé avec des résidus de pains à cacheter ; de la machine où l'on entasse ces rebuts de rebuts sort une belle étoffe brune, souple, lisse, presque soyeuse. Quand on n'aurait fait au Champ-de-Mars que de ce papier-goudron ne demandant aucun des soins du papier ordinaire, on eût été sûr d'un grand succès auprès du public.

Une autre fabrication très-intéressante à voir fonctionner, est celle des pâtes préparées avec du sparte, de la paille ou du bois, qui entrent aujourd'hui dans une proportion notable surtout dans les papiers destinés aux journaux. La machine wurtembergeoise de MM. Henri Wœlter et Decker frères a eu le plus grand succès auprès du public en transformant des bûches en pâte à papier. Les vitrines de MM. Dambricourt, à Saint-Omer; Deusy, à Athiès-lès-Arras; la société du Val-Vernier; M. Vignerie, à Saint-Junien (Haute-Vienne); MM. Rouberol et Nicolas, au Bas-Moulin; M. Gaillard, à Thiviers; MM. Capitaine et Guély, à Furres, renferment des papiers de paille sur lesquels ils auraient dû indiquer le prix. MM. Breton et Cᵉ, à Char, près Granville, exposent du varech blanchi et du papier fait avec cette matière.

Les sections étrangères contiennent presque toutes des échantillons de papier fabriqué avec des succédanés du chiffon. MM. de Naeyer à Bruxelles, Stéphani à

Pfungstadt près de Darmstadt, Gavelli à Borgo-San-Sepulcro, ont envoyé des papiers faits avec de la paille.

Une petite boutique de la section anglaise, dont l'étalage est très-bien dressé, montre de beaux échantillons de papiers, cartons et pâtes réduites en galettes sèches envoyées par la Teams Woodpulp company; 40 0/0 de cette pâte de bois ajoutés dans la composition d'une cuve y apporteraient en même temps, dit-on, la colle fournie par la résine du sapin.

MM. Jessup et Moore de Philadelphie ont envoyé des spécimens de papier de bois, ainsi que les fabriques de Rosendal, à Gottembourg, — MM. Vœlter, d'Heidenhem (Wurtemberg) — et M. do Couto, à Feira (Portugal).

Nous n'avons pas vu dans la section française de papier fait avec du bois de sapin, bien que nous croyions savoir que dans le département de l'Isère deux établissements soient montés pour cette fabrication. Ce qui paraissait un rêve, lorsqu'il y a trente ans Balzac écrivait son admirable roman d'*Eve et David*, est donc aujourd'hui réalisé.

D'autres perfectionnements, qui passaient autrefois pour des falsifications, ont amené l'introduction dans les pâtes de matières minérales destinées à en augmenter le poids et la consistance : ainsi la baryte, le kaolin dépouillé d'alumine par l'acide sulfurique, ont été souvent ajoutés.

Les papiers, attaqués déjà par le chlore et l'acide sulfureux employés pour le blanchiment, surchargés de matières minérales qui sont, le plus souvent, des résidus de la fabrication de produits chimiques, se piquent, jaunissent, et finissent bientôt par se détruire, surtout si le séjour dans un endroit humide vient se joindre aux autres causes d'altération. Dans les temps où les livres se faisaient lentement et avec soin pour être reliés précieusement et conservés dans des bibliothèques, ces procédés de fabrication auraient eu de bien plus grands inconvénients qu'aujourd'hui, où, sauf quelques bien rares exceptions, les publications, journal ou livre, sont destinées à naître et à périr avec la même rapidité; ce que l'on demande maintenant au fabricant, ce sont des papiers d'une blancheur suffisante, ayant assez de consistance pour se bien conduire entre les cordons des presses, — contenant le moins possible de graviers, pour ne pas piquer les bois ou écraser les caractères, — et surtout d'un prix de plus en plus infime : la papeterie française a su résoudre ce problème dans de bien meilleures conditions que ses concurrents.

Les papiers et les cartons spéciaux, et surtout les papiers à cigarettes de toute provenance, étaient très-nombreux dans le palais ; mais comme ils restaient enfermés en vitrines closes, il était absolument impossible de les apprécier, cependant des communications particulières nous permettent de mentionner le papier de sûreté de M. Armand (*a*) et le papier à filtrer de M. Prat-Dumas, à Couze.

(*a*) Un rapport de l'académie universelle décrit ainsi les papiers de M. Armand et leur fabrication :

« Ce papier offre une garantie considérable aux établissements de crédit, de banque, et même aux négociants et aux manufacturiers, enfin à tous ceux qui émettent des valeurs, puisque, s'il est possible d'imiter le texte imprimé et la signature, il est impossible d'imiter les dessins compris dans le filigrane. En effet, les banques font ordinairement fabriquer leur papier à la cuve, c'est-à-dire au moyen d'une toile métallique sur laquelle on a enfoncé des caractères et dessins. Cette toile métallique étant fixée sur un cadre de 4 à 5 centimètres d'épaisseur, on enlève une couche de pâte à papier qui a 4 à 5 centimètres d'épaisseur : l'eau passe à travers la toile métallique et le chiffon en bouillie se dépose sur la table, s'entrelace, se feutre et devient, par la pression, une étoffe solide. Mais il est facile de concevoir qu'à l'endroit où l'on a enfoncé les caractères et les dessins le feutrage est moins épais, la couche de pâte très-mobile, très-fluide, a glissé sur toutes les éminences pour remplir les creux. De sorte que, si on regarde à travers une pareille feuille de papier, les caractères et les dessins apparaissent à jour. Mais ce jour est uniforme, il est parfaitement régulier dans toute la feuille, de sorte que le filigrane n'est pas une garantie et qu'il n'y a aucune sûreté pour une banque d'un gouvernement quelconque, pas plus que pour une maison de commerce, à employer un tel papier. Le premier faussaire, presque sans talent, presque sans habileté, peut frapper sur une toile métallique des caractères semblables et semblables dessins ; et les employés de la Banque de France, de la Banque anglaise ou autre nationalité s'y tromperont eux-mêmes. C'est là un inconvénient facile à saisir. Sans doute, on a perfectionné les billets de banque comme les billets de commerce. Les filigranes représentent des dessins charmants, très-compliqués, très-déliés, très-gracieux, qui plaisent aux plus difficiles en fait d'art ; mais on n'a pas pensé que toutes ces choses sont possibles et même très-faciles à imiter.

» M. Armand s'est bien pénétré de cette vérité, qu'il n'y a aucun dessin, aussi délié, aussi délicat qu'il soit, qui ne puisse être saisi par un calque et reproduit par la gravure. Mais il a pensé, avec juste raison, que si ces dessins, au lieu d'être enfoncés à la même profondeur dans la pâte et par conséquent produisant la même teinte de lumière, étaient enfoncés à des profondeurs plus ou moins grandes et conséquemment produisant des teintes différentes de lumière, il serait impossible de les reproduire, parce que le faussaire ne peut pas juger de l'échelle d'enfoncement qui a produit l'empreinte. Cette impossibilité deviendra plus grande encore si au lieu de produire des dessins connus, tels que des arabesques, des fleurs, etc., on produit des dessins tout à fait inconnus, à l'étude desquels la main n'a jamais été exercée. Mais cette idée, pour fructifier, demande la création de dessins bizarres, irrationnels, inconcevables ; à quelle source puiser ces types excentriques et inconnus ? M. Armand les trouve dans la physiologie, dans la cassure des bois et des métaux. Pour les bois, il trouve des nœuds, des veinages, des loupes dont la bizarrerie, le chatoiement, la direction des fibres affectent des formes infinies, qui ne se reproduisent jamais de la même manière, quoi qu'on fasse, et qui désespéreront à n'en pas douter le faussaire le plus fin et le plus habile. Dans la cassure des métaux et des pierres dures, on rencontre des dessins, des reliefs, qu'il est absolument impossible de reproduire identiques et même analogues. L'invention de M. Armand consiste donc dans des empreintes formées de toutes ces bizarreries insaisissables du caprice naturel, inhérentes à la constitution des corps, soit organisés, soit de la nature morte. Aussi, quand on examine au jour l'un de ces papiers, et la Commission a examiné un billet de cent francs de M. Armand, qu'y voit-on ? des ombres, des demi-teintes, des reflets et des clairs. A quelle profondeur sont enfoncés les clairs ? Impossible au faussaire de le déterminer. A quelle profondeur sont enfoncées les demi-teintes ? Impossible encore de le déterminer. A quelle profondeur sont enfoncés les reflets d'un million de nuances différentes ? Il faudrait, pour les déterminer, un million d'expériences, et la vie d'un homme ne suffirait pas. A quelle profondeur sont enfoncées les ombres ? les ombres qui sont plus épaisses que le papier lui-même. Par quelle succession de plans inclinés est-on parvenu à analyser cette protubérance de pâte, deux ou trois fois plus épaisse que le corps du papier ? L'imagination se perd dans l'étude d'un travail qu'il faudrait entreprendre sans espérance de succès.

» Sans doute, les filigranes de ce papier ne sont ni beaux ni artistiques ; mais, pour le banquier, pour les gouvernements, pour la sûreté, la garantie publique, le Papier Armand est rempli d'un charme infini, puisque chacune des empreintes donne la certitude, la confiance de l'impossibilité de voir jamais apparaître l'imitation, même grossière, du type qui constitue à la fois la sûreté des directeurs responsables et de la sûreté de la forme de l'entreprise, puisque jamais une main, quelque criminelle qu'elle soit, quelque habile qu'elle puisse être, ne peut apporter aucune perturbation dans ses intérêts.

» Il faut joindre à cela, Messieurs, que le Papier de M. Armand est teinturé par des réactifs chimiques, qui rendent impossible toute altération des signatures et de l'impression, et que même dans le collage de ce papier, quand il est blanc, il existe encore une garantie contre les faussaires. »

« Avant que M. Prat-Dumas s'occupât des papiers à filtrer, on n'en avait pas en France de bon, le meilleur que l'on avait venait de Suède. On le fabriquait en hiver et on le séchait par un temps de gelée; l'eau qu'il contenait se congelait avant de s'évaporer et empêchait les molécules de se relier complètement, ce qui le rendait poreux et apte à se laisser transpercer par les liquides.

» Au moyen des matières employées et de leur préparation, M. Prat-Dumas fabrique son papier été comme hiver et tout aussi bon sinon meilleur que celui qui venait autrefois de Suède et à bien meilleur marché. La fabrique est placée sur un ruisseau (la Bonze), dont les eaux excessivement limpides aident beaucoup à ce que ce papier ne contienne aucune matière étrangère; aussi mes produits, après la combustion, ne pèsent-ils que 1|6000 de leur poids, fraction déterminée par plusieurs expériences. »

PAPIERS PEINTS

La fabrication des papiers peints a fait depuis quelques années de grands progrès, surtout pour les tentures bon marché : quelques industriels en France et en Angleterre, sont arrivés à produire des effets merveilleux au moyen de procédés mécaniques rapides et sûrs imprimant les fleurs et les ornements les plus chargés de couleurs avec une perfection inouïe. De l'avis de tous, la France l'emporte sur ses concurrents étrangers par le goût de ses dessins et par la modicité de ses prix.

L'exportation des papiers peints, qui s'était élevée en 1857 jusqu'à près six millions de francs, était réduite de moitié après le traité de commerce; les fabricants ont fait de tels efforts qu'elle est remontée à plus de cinq millions, bien que les prix moyens aient été abaissés d'un cinquième depuis cette époque. L'importation, qui provient presque exclusivement de l'Angleterre, ne dépasse pas 450,000 fr. L'ensemble de la production française atteint presque vingt millions de francs, tandis qu'elle n'était, en 1851, que de onze millions.

La fabrication anglaise à Londres, Manchester, Edimbourg, est assez importante pour exporter annuellement environ pour 2,500,000 fr.

A l'exception des usines de M. Zuber, à Rixheim, et de quelques petits établissements à Lyon, Metz, Caen, Toulouse, Épinal et le Mans, qui n'ont du reste rien envoyé au Champ-de-Mars, la fabrication française est presque entièrement concentrée à Paris dans le faubourg Saint-Antoine. D'après M. Aimé Girard, secrétaire du groupe III, 4,500 ouvriers répartis dans 130 usines fabriqueraient à Paris 18 millions de papier ou les neuf-dixièmes environ de la somme totale de la production française. Le papier peint n'est cependant pas d'origine parisienne, bien que ses plus grandes améliorations aient été imaginées au faubourg Saint-Antoine, dans l'établissement de Réveillon, dont le pillage commença en 1789 les scènes de violence de la Révolution.

L'art du papier peint fut inventé à Rouen par une famille François, qui, de père en fils, depuis 1620 jusqu'à 1750, imita sur la toile et le papier, les tapisseries de haute lisse dont on revêtait alors les murs et qui coûtaient si cher. Les Rouennais exécutaient de fausses verdures de Flandre et même de faux Gobelins, en couvrant le papier avec des huiles adhésives, sur lesquelles ils faisaient tomber, au moyen d'un petit tamis, de la poudre de laine colorée provenant de la tonte des draps. Ces fausses tentures se vendaient avec une telle faveur, que les fabricants ne suffisaient pas à la demande ; elles avaient cependant l'inconvénient de craindre l'humidité, ne pouvaient être pliées comme les tapisseries, et, pour leur transport, demandaient à être roulées sur de gros cylindres de bois. A la même époque, pour enluminer divers papiers, on recouvrait d'une couche de couleur un baquet rempli d'eau, on enlevait à certaines places cette couleur au moyen de planches représentant des fleurs, et en étendant sur la surface du baquet la feuille de papier, on obtenait un fond coloré avec réserves blanches en face des endroits où la couleur avait été retirée par la planche.

Les Lebreton, contemporains des François, fabriquaient surtout les papiers marbrés, et c'était merveille de voir « avec quelle habileté, dit l'Encyclopédie, ils entremêlaient de fils déliés d'or et d'argent les fils colorés du papier. » Vers la fin du dix-huitième siècle, au moment où les toiles peintes devinrent à la mode, on commença à imiter les procédés de l'imprimerie et à créer des planches en relief pour appliquer sur le papier des teintes plates que l'on reliait ensuite à la main. On n'avait pas encore appliqué la fabrication sans fin au papier qui se faisait encore à la main sur des tamis et par conséquent en feuilles d'une étendue limitée ; il fallait donc, pour former un rouleau, coller bout à bout vingt-trois feuilles séparées ; les feuilles étaient imprimées sur des presses presque identiques à celles des typographes, et on les enluminait ensuite.

En 1785, les artistes qui exécutaient ce travail s'appelaient *dominotiers* et avaient poussé l'art de peindre le papier à un tel point de perfection « qu'on s'en sert, dit un auteur du temps, pour meubler et orner les appartements, et qu'on en fait des envois considérables dans les pays étrangers. » Cependant vingt-cinq ans après, en 1810, il n'y avait guère à Paris qu'une seule maison conduite par Jacquemart, successeur de Réveillon. Cette fabrique avait pour spécialité de produire des papiers ornés de fleurs exotiques copiées au Jardin des plantes. Vers cette époque un petit manufacturier de Mâcon, M. Joseph Dufour, qui était venu s'établir à Paris, M. Zuber, à Rixheim, en Alsace, et M. Michel Spœrlin, à Vienne, donnèrent presque simultanément une grande impulsion à la fabrication du papier peint qui, à partir de cette époque, devint une industrie prospère.

Son ornementation suivit les caprices de la mode ; ce furent d'abord les imitations d'architecture, des ornements étrusques, égyptiens, mauresques, puis gothiques et renaissance ; on fit aussi beaucoup de paysages, de vues des Alpes, de tableaux représentant des scènes indiennes ou bien rappelant le souvenir des expéditions militaires du moment ; la prise d'Alger surtout orna longtemps dans les auberges les murs de la salle de billard. Toutes ces impressions se faisaient à la main, avec un outillage se rapprochant de plus en plus des moyens mécaniques ; ainsi M. Zuber, pour colorer les papiers à rayures imitant le coutil, employait le premier un appareil à plusieurs tire-lignes dans lequel la couleur descendait d'un entonnoir superposé.

L'Angleterre et les États-Unis se préoccupèrent beaucoup plus que la France de la production mécanique, bien que plusieurs de nos fabricants aient depuis long-temps cherché à imiter les procédés des imprimeurs en indienne en se servant de cylindres d'abord gravés en taille douce, puis sculptés en relief.

Dès 1842, M. Isidore Leroy avait inventé une machine à cylindres, gravés en relief; en 1847, le même fabricant avait assez perfectionné sa machine pour en obtenir déjà des produits satisfaisants. Le goût du jour, qui préfère aux papiers chargés de décors des tentures simples, à dessins nets et peu compliqués, et qui demande avant toute chose un extrême bon marché, semble donner raison aux fabricants consacrés aux perfectionnements de l'impression mécanique.

A 15 centimes le rouleau de 8 mètres de long sur 50 centimètres de large, on a déjà une tenture suffisante pour des dessins blancs sur papier gris; à 18 centimes de grandes fleurs d'un beau bleu sur le même gris; à 20 centimes les dessins ont trois couleurs, le brun, le bleu et le blanc; à 27 centimes les bouquets de fleurs et les ornements se composent de six couleurs. A partir de 35 centimes ce sont presque des tentures de luxe; parmi celles qui sont exposées, nous signalerons surtout un panneau de salle à manger brun avec dessin ton sur ton du prix de 60 centimes et qui, à quelques pas, donne l'aspect du plus beau velouté en relief; l'effet de saillie n'est obtenu cependant que par l'intelligente application de quatre nuances différentes d'une même couleur.

A 65 centimes, on peut choisir dans un assortiment complet de dessins com-posant de petits bouquets légers à huit et neuf couleurs, si bien exécutés qu'ils ont l'air d'aquarelles à la main, ou de gros bouquets de roses en bistre ton sur ton d'une remarquable valeur artistique; pour ce même prix, nous voyons aussi un bouquet de marguerites de la plus étonnante exécution. Au-dessus de 65 centimes, on entre tout à fait dans le grand luxe : des bouquets de fleurs des champs à dix et douze couleurs très-écartés sur fond bistre sont dominés par des coquelicots d'une vérité surprenante; enfin et comme maximum de prix, M. Isidore Leroy a exécuté un papier à 1 franc par rouleau. Les bandes, en se raccordant, constituent ce qu'il appelle le décor Alhambra, élégant panneau mauresque où les ombres portées sont figurées au moyen du même dessin imprimé avec la nuance un peu peu plus foncée des mêmes couleurs.

L'impression à la mécanique, qui peut fabriquer économiquement un grand nombre de rouleaux d'une même dimension, a le plus grand intérêt à ce que ses dessins soient acceptés avec faveur par le public, et par conséquent elle n'hésite pas à payer très-cher les artistes qui composent ses modèles. Aussi il y a chez certains fabricants quelques dessins dont il a été tiré jusqu'à quinze mille rouleaux.

Les nouveaux procédés de fabrication sont très-curieux : lorsque l'exécution d'un modèle est décidée, on calque les différentes nuances sur un papier transpa-rent et l'on reporte ces dessins sur autant de rouleaux qu'il doit y avoir de couleurs ; les rouleaux sont en bois de poirier et emmanchés sur une barre de fer qui leur sert d'essieu. On sculpte à la main la surface du cylindre de bois de manière à accentuer fortement le relief des parties destinées à reproduire le dessin : pour tous les endroits qui doivent avoir plus de netteté, on incruste dans le bois des filets plus ou moins épais en laiton, et, avant de mettre ces rouleaux en marche, on en couvre le bois d'une peinture siccative dont la couche, assez épaisse, les préserve de l'humidité. Comme ces rouleaux sculptés à la main sont encore assez chers, on a appliqué à la fabrication des papiers peints la gravure au gaz ou pyro-stéréotypie dont nous avons parlé dans un précédent article.

L'alliage métallique que l'on fond dans la matrice de bois gravé est composé d'étain, de plomb et de nickel ; il donne des clichés suffisamment résistants et qui cependant se laissent cintrer assez facilement à chaud. Au lieu de les appliquer sur des cylindres en bois, on les applique sur des cylindres fabriqués en mêlant du plâtre autour d'une barre de fer, servant d'arbre, on les tourne ensuite mécaniquement pour les dresser en cylindres parfaits ; puis on attache, aux places déterminées, les clichés métalliques obtenus par la gravure au gaz. Pour que les rouleaux imprimeurs se chargent plus facilement de la couleur et la déposent plus régulièrement sur le papier, on a imaginé depuis une quinzaine d'années de recouvrir les saillies avec une petite lame de feutre, c'est ce qu'on appelle *chapauder*.

Pendant longtemps on se servit de feutre neuf qui coûtait fort cher, on emploie maintenant les vieux chapeaux ; en ce moment, ce sont les chapeaux réformés des grenadiers de la garde impériale qui, dans une fabrique importante de Paris, servent à recouvrir les saillies des cylindres imprimeurs.

Les machines sur lesquelles se posent ces rouleaux, ne sont pas toutes mues par la vapeur ; la plupart, au contraire, imprimant un, deux ou trois tons, sont manœuvrées à bras d'homme et se composent d'une bassine où l'on met la couleur, d'un drap ou feutre sans fin qui vient prendre cette couleur, et la conduit aux cylindres gravés.

L'ouvrier engage l'extrémité du papier sous un cylindre garni de feutre qui le comprime très-légèrement et l'appuie sur le rouleau imprimeur. En quelques tours de manivelle, les huit mètres de papier ont reçu leur impression et sont recueillis encore tout humides par un gamin qui les soulève sur une baguette et va les accrocher sur les deux traverses du séchoir.

Tous les papiers de 15, 18 et 20 centimes ne sont pas *foncés*, c'est-à-dire que le papier lui-même blanc ou coloré dans la pâte, sert de fond au dessin : un seul passage sous les rouleaux imprimeurs suffit donc pour terminer la fabrication qui, étant simple, est naturellement bon marché.

Ces papiers, gris de plusieurs teintes, chamois ou blancs, coûtent environ 90 fr. les 100 kilogrammes, et renfermant de grandes quantités de ces pâtes nouvelles de bois ou de paille qui remplacent actuellement le chiffon. Les fabricants préfèrent beaucoup les papiers de paille satinés et très-lisses aux anciens papiers remplis de kaolin et de baryte lourds et cassants.

A partir de 30 centimes, les papiers reçoivent une première couleur qu'on appelle le fond. Le fonçage se fait encore dans beaucoup de maisons à la brosse à main sur de longues tables, mais il s'exécute bien plus rapidement avec les procédés mécaniques, au moyen de petites fonceuses mues à bras d'homme, dans lesquelles une grosse brosse circulaire égalise la couleur qui a été d'abord déposée par un cylindre hérissé de poils ; certaines maisons emploient aussi de grandes machines à foncer de provenance américaine et mues par la vapeur. Dans ces dernières, le fonçage est continu et la couleur s'étale sur du papier sans fin, se développant d'un gros rouleau ; une brosse cylindrique de 30 centimètres de diamètre environ, prend cette couleur dans une grande bassine et la projette sur la feuille de papier qui va passer ensuite sous les poils de cinq brosses animées d'un mouvement de va-et-vient qui égalise le fond. A mesure qu'une longueur de 8 mètres a passé sous les brosses, une baguette saisie par deux crochets faisant saillie sur deux courroies parallèles, vient soulever le papier et le mène jusqu'au niveau des deux cordes, également parallèles, tendues au plafond. Ces cordes se meuvent sur des galets, transportent le papier foncé jusqu'à l'extrémité de l'atelier et le ramènent sur une longueur d'environ cinquante mètres. Des tuyaux apportant l'air échauffé par un calorifère s'ouvrent sous le papier et le sèchent entièrement, de sorte qu'à l'extrémité du parcours, il peut être pris sur un cylindre et enroulé de nouveau. Les couleurs employées pour le fonçage comme pour l'impression, sont additionnées de colle animale en proportions suffisantes pour les rendre adhésives.

Les papiers à 6, 8, 10 et 12 couleurs sont imprimés par des machines animées par un moteur à vapeur, et qui, par leur construction extérieure, ressemblent beaucoup aux presses à imprimer les étoffes. Leur pièce principale est un gros tambour garni de feutre autour duquel s'enroule le papier à imprimer, qui est touché successivement par une série de cylindres gravés, étagés sur le parcours de la moitié inférieure du tambour. Au sortir de la machine, le papier est enlevé sur des baguettes et porté au plafond par un mécanisme analogue à celui qui suit la fonceuse.

La difficulté de l'impression multicolore réside dans la rentrure exacte des tons juxtaposés ; on la détermine en réglant la position et la rotation des rouleaux imprimeurs ; une fois cette mise en train faite, il n'y a plus qu'à remplir les bassines à mesure que baisse le niveau de la couleur et l'opération se continue indéfiniment. Pour qu'elle soit profitable, il faut produire sans interruption une quantité importante du même dessin, afin de retrouver le temps perdu par les opérations préliminaires.

La section française comprend plusieurs vitrines de papiers faits à la mécanique, par MM. Zuber, Isidore Leroy, Gilou-Thorailler et Flaunet ; la section anglaise a tendu sur la paroi de la grande galerie des machines, plusieurs échantillons de papiers mécaniques qui nous ont paru notablement inférieurs aux papiers français, excepté le panneau avec gros bouquets de roses jaunes que M. Potter annonce comme imprimé de trente couleurs par des procédés mécaniques. Nous n'approuvons pas beaucoup cette exagération et nous croyons qu'avec six ou huit couleurs bien combinées, on peut exécuter une tenture très-élégante.

Les riches papiers anglais fabriqués à la main peuvent être discutés au point de vue du goût, mais on doit louer leur remarquable exécution ; ainsi le panneau bleu et or de M. John Land et le décors pompéien de M. Horne sont très-beaux ; MM. Scott, Cuthberson et Cᵉ, ont exposé des panneaux dans lesquels plusieurs applications successives de poudre de laine, constituent des reliefs très-profonds d'une grande richesse.

Les papiers peints de luxe sont aussi très-remarquables en France : Citons d'abord un décor très-heureux de M. Bézault, d'après les dessins de M. Victor Dumont, et dont l'impression à la main n'a pas exigé moins de 750 planches ; un beau paysage alpestre, de M. Zuber; les papiers de MM. Follot et Paupette, imitant à s'y méprendre le drap, le velours, le reps et même les rayures du pékin, par une manière ingénieuse de coucher les laines en sens différent. Puis des papiers couverts d'or, d'après les procédés de M. Seegers, des imitations de cuir repoussé par ce même exposant et par MM. Balin frères ; enfin, comme dernier degré de luxe, peut-être un peu trop riches et destinées sans doute à l'exportation, des tentures de M. Josse, dorées, frappées, chromo-lithographiées et même rehaussées de nacre de perle.

Malheureusement, pour pouvoir découvrir les papiers français de la classe XIX, il faut les chercher dans huit ou dix classes où ils ont été disséminés et jusque dans les produits de l'agriculture. Il nous aurait été impossible de les étudier complétement sans l'obligeance de M. Aimé Girard, secrétaire du groupe, qui a bien voulu nous guider.

Dans les sections étrangères nous avons remarqué MM. Balesteros de Santiago, Kabercq de Stockholm, Vetter de Varsovie, Hatton et Simberck de Saint-Pétersbourg, Rœsinger de Naples, et Sperling et Zimmermann de Vienne. Ces derniers ont envoyé une très-belle tenture riche et de bon goût.

Les plus remarquables de tous ces papiers étrangers, sont les magnifiques papiers peints, vernis et dorés, destinés à la reliure et au cartonnage, exposés par MM. Knepper, de Vienne, et Aloïs Dessaüer, d'Aschaffenbourg. Déjà, au siècle dernier, l'Allemagne était célèbre pour ses papiers dorés et argentés, qui venaient surtout de Francfort et de Nuremberg.

En France, la fabrication du papier dit de fantaisie, gaufré, doré, parcheminé, découpé, constitue une industrie très-importante qui produit plus de sept millions de francs et qui occupe, à Paris seulement, plus de douze cents ouvriers.

CÉRAMIQUE — GLACES — VERRERIE

I

L'industrie céramique est largement représentée au Champ-de-Mars. Dans aucune Exposition, ses produits n'ont été aussi nombreux, ni aussi remarquables ; mais, au lieu d'être réunis en un seul groupe, ils sont disséminés dans plusieurs classes. Il s'en trouve partout, aussi bien dans les différentes galeries du palais que dans les constructions du parc et jusque dans l'île de Billancourt. C'est que la céramique, la plus ancienne des industries humaines, est encore aujourd'hui l'industrie mère sans laquelle presque toutes les autres n'existeraient pas. Si elle ne fournissait pas de creusets à la métallurgie, on n'aurait aucun métal, ni fonte, ni acier, ni cuivre, ni or ; sans les cornues de terre cuite pas de gaz, sans pots réfractaires pas de verre et pas de glaces. La céramique donne à l'agriculture ses tuyaux de drainage, elle fournit à la construction des tuiles, les poteries de cheminée, le carrelage ; à la vie domestique, les principaux vases de la cuisine et du service de table.

Depuis quelques années le goût de la céramique décorative s'est développé beaucoup, d'abord sous l'influence de la reproduction d'objets anciens, et maintenant par la création d'ornements nouveaux. D'autres que nous apprécieront les résultats artistiques atteints par la céramique décorative ; nous devons nous borner à faire connaître quels sont les procédés créés dans les derniers temps pour le perfectionnement de cette industrie, et à signaler parmi les sections françaises ou étrangères les productions remarquables, soit par la nouveauté de leur apparition en France, soit par le bon marché de leur prix.

Comme toujours, quand il s'agit de céramique, il nous faut commencer par la manufacture impériale de Sèvres. On a souvent discuté les formes ou la décoration des pièces exposées par elle, on a souvent blâmé les tons rabattus qu'elle emploie sans penser aux difficultés de sa palette restreinte, appliquée à la porcelaine dure, exigeant pour sa cuisson un feu tellement violent qu'il détruit presque toutes les couleurs ; mais on a toujours reconnu la perfection traditionnelle de l'exécution, la nouveauté sans cesse progressive des moyens de fabrication inventés à Sèvres.

Car la manufacture impériale n'est pas préoccupée comme les établissements du commerce des deux questions urgentes dont l'industriel subit toujours l'influence : celle du temps et celle de l'argent ; on ne lui ménage ni l'un ni l'autre. Lorsque le chef d'un établissement industriel meurt ou se retire, ses successeurs n'héritent pas toujours de son génie, et la fabrique, frappée en pleine prospérité par le départ de son maître, voit graduellement décroître son importance et bientôt se disperser le groupe d'ouvriers d'élite qu'il a été si difficile de former. Mais Sèvres, au contraire, appartenant à un propriétaire impersonnel, conserve, depuis de longues années, ses vieilles bandes qui servent de cadres excellents au recrutement de nouveaux apprentis ; et lorsqu'elle perd son chef, il est immédiatement remplacé par un administrateur d'un mérite, sinon identique, du moins égal. Après M. Brongniart, directeur pendant quarante-cinq ans, et le regrettable M. Ebelmen, la manufacture a maintenant la bonne fortune d'être conduite par M. Regnault, dont les vastes connaissances en physique et en chimie ont pu trouver à Sèvres une application journalière. C'est à son initiative qu'on doit la plupart des procédés nouveaux que l'Exposition actuelle montre à leur apogée, tandis que les Expositions précédentes n'avaient fait qu'en signaler les débuts.

Le plus important de ces procédés, applicables à toutes les variétés de la céramique, est l'emploi de la pression atmosphérique pour l'ébauche des grandes pièces. Tout le monde connaît ces merveilleuses tasses de Sèvres, si fines, si légères, et les personnes qui ont visité la manufacture impériale savent comment elles s'obtiennent. Dans un moule épais en plâtre poreux, on verse une sorte de lait de kaolin composé d'eau tenant en suspension de la pâte à porcelaine ; — on laisse déposer quelques instants sur les parois une couche plus ou moins épaisse, et lorsqu'on a vidé la partie restée liquide, un dépôt demeure adhérent au moule ; — le plâtre absorbe énergiquement l'eau contenue dans ce dépôt, l'ébauche ainsi formée éprouve un retrait en se séchant, et la tasse, se séparant spontanément du plâtre, tombe bientôt dans la main si l'on retourne le moule. Ce procédé si ingénieux dans lequel les molécules de la pâte déposée ne subissent pas les inégalités des ébauches faites au tour et à la main, ne pouvait, jusqu'à présent, être employé pour les grandes pièces ; l'épaisseur des objets de forte dimension empêchait la pâte de se sécher assez vite pour conserver la forme désirée.

On essaya d'abord d'insuffler de l'air comprimé pour maintenir le dépôt de pâte laissé contre le moule de plâtre absorbant ; on obtint ainsi d'assez beaux résultats ; mais il était impossible à l'ouvrier de se rendre compte de ce qui se passait dans l'appareil hermétiquement fermé, et l'air comprimé, dont on ne pouvait régler la force, produisait quelquefois des explosions dangereuses.

Aujourd'hui, au lieu de comprimer l'air au dedans on l'aspire au dehors au moyen d'une machine pneumatique. Une cloche de tôle qui enveloppe l'extérieur du moule est en communication avec la pompe aspirante, et la pâte reçoit directement la pression de l'air : l'ouvrier peut graduer l'effort suivant le besoin, et lorsque les pièces sont très-grandes, il descend à l'intérieur du moule et suit facilement les différentes modifications de la pâte. C'est ainsi qu'a été obtenue la pièce capitale de l'exposition de Sèvres, grand vase en blanc dit de Neptune qui mesure plus de trois mètres de haut sur un mètre au moins de largeur.

Une autre invention récente de Sèvres qui, cette année, a donné de merveilleux produits, est celle des pâtes colorées par le mélange intime, avec le kaolin, de différents oxydes métalliques : déjà, en 1855, la manufacture impériale avait exposé des pièces en pâte gris-verdâtre, dit céladon, coloré par le chrôme, et ornées de figures en relief en pâte blanche appliquées au pinceau et terminées à l'ébauchoir. En 1862, Sèvres exposait une petite vitrine, rapportée cette année au Champ-de-Mars pour montrer les progrès obtenus depuis cinq ans, dans laquelle se trouvaient des échantillons de pâtes diversement colorées, toutes cuites au grand feu, c'est-à-dire sous émail, et par conséquent absolument indestructibles au temps.

C'était un progrès très-marqué sur l'ancienne décoration de la porcelaine dure n'admettant jusqu'alors que des couleurs rapportées sur l'émail, et par conséquent plus ou moins périssables. .

Le salon de Sèvres de 1867 renferme des applications tout à fait remarquables de cette théorie nouvelle; une des plus curieuses est un grand vase vert céladon orné de guirlandes de feuilles et fleurs en pâte colorée de diverses nuances parmi lesquelles se trouvent le bleu, le jaune et le rose. A ce vase ont été ensuite ajoutés sur émail les signes du Zodiaque en or mat. Deux grandes coupes faites par M. Gely sont ornées par ce même procédé et montrent tout le parti qu'un habile artiste peut en tirer. Les pâtes blanches légèrement colorées rapportées au pinceau sur des surfaces plus foncées produisent absolument l'effet de transparence des camées en cornaline. Le vase à tête d'éléphant, de M. Solon, les deux autres vases, ornés d'Amours exécutés par le même artiste, sont véritablement merveilleux.

Un grand vase dit de Phidias, copie d'une pièce du temps de la Restauration, actuellement à Fontainebleau, est coulé en pâte colorée aussi en vert céladon, et les personnages se détachent en clair sur un fond vert foncé rapporté après le coulage. L'application la plus compliquée des pâtes colorées se trouve dans un surtout de table composé par M. Forgeot, et formé de divers groupes représentant des femmes en costumes assyriens dont les vêtements sont glacés d'une teinte rosée prenant à la lumière le plus vif éclat.

A côté de ces pâtes colorées, la manufacture expose des vases richement décorés de couleurs beaucoup plus vives et cependant ayant pénétré en partie dans l'émail; c'est ce qu'on appelle le procédé demi-grand feu, inventé par M. François Richard et appliqué par lui et son frère sur des vases jaune-paille, ornés du portrait de Leurs Majestés l'Empereur et l'Impératrice peints en camées.

Plus loin se trouvent de grands vases en porcelaine tendre remarquablement peints par MM. Van Marck et Abel Schilt, et qui se distinguent par leur grande taille et le brillant de leur glacé. A côté d'eux, les yeux sont attirés par un grand pot indien, à dessins de Cachemyre, en porcelaine tendre, avec applications en relief, d'un très-heureux effet et d'une disposition toute nouvelle. M. Goddé, qui a fait ce vase, a inventé récemment une ornementation de la porcelaine tendre rappelant les saillies vermiculaires de la verrerie de Venise ; le procédé est encore secret, et semble devoir nécessiter l'intervention d'un agent chimique qui enlèverait la pâte à certaines places, et la laisserait à d'autres endroits. Pour ne rester étranger à aucune des manifestations de la céramique, Sèvres expose de magnifiques émaux sur cuivre exécutés par M. Gobert : buires, coupes et même un vase d'au moins un mètre de haut.

Depuis quelques années, entraînée par la mode, la manufacture impériale fait des faïences décoratives ; elle en a peu envoyé au Champ-de-Mars, quoique ses magasins contiennent de très-beaux vases modelés ou peints par des artistes de talent ; mais elle a placé sur les parois extérieures du pavillon qui lui est réservé des plaques en terre cuite exécutées dans une idée toute nouvelle et dans le but de remplacer la peinture à fresque pour les églises et les autres édifices publics.

Au lieu d'assembler des carreaux les uns à côté des autres sans tenir compte des figures, on a imaginé de séparer les plaques de terre cuite suivant les contours du dessin, de sorte qu'en juxtaposant ces pièces détachées, le ciment qui les unit détermine seulement une ligne noire le long des chairs ou des vêtements et respecte les figures elles-mêmes. Ce genre de peinture peut être employé par tous les artistes, car il s'applique à l'eau comme la fresque, reste mat comme elle, même après la cuisson, et ne se détériore pas avec le temps. Si Léonard de Vinci avait employé ce procédé pour peindre sa belle fresque de la Cène dans le réfectoire de l'ancien couvent des Dominicains, à Milan, aujourd'hui manége du quartier de cavalerie, on n'aurait pas le regret d'en voir tous les jours tomber les fragments.

Loin de chercher à faire concurrence à l'industrie privée, la manufacture impériale entreprend les expériences coûteuses, cherche, invente, perfectionne et livre ses procédés au commerce qui les emploie et peut vendre ses produits à des prix bien moins élevés qu'elle puisqu'il n'a pas eu à supporter les dépenses d'essais souvent infructueux.

Il est facile, à l'Exposition actuelle, de reconnaître sur les étagères du commerce des pièces en pâte colorée avec rehauts de pâte blanche et transparente, heureuses applications des procédés de Sèvres. La manufacture impériale semble exercer une influence salutaire, non-seulement sur les fabricants, mais encore sur les artistes ; en effet, quelques pièces de l'industrie privée portent des ornements en relief tellement bien réussis qu'ils ont l'air d'être faits, non par des élèves, mais par des artistes eux-mêmes de la manufacture.

Immédiatement après Sèvres et s'efforçant plus que jamais d'atteindre la perfection de la manufacture, viennent les industriels de la Haute-Vienne et du Cher ; MM. H. Ardant, Alluaud, Gibus, Avilland, de Limoges, exposent des porcelaines d'une très-belle fabrication ; M. Pillivuyt, de Mehung, a fait faire de grands progrè à l'ornementation au grand feu (a); MM. Hache et Pepin-Lehalleur, de Vierzon, au milieu d'objets d'une ornementation très-simple et très-élégante, montrent des assiettes en blanc, dites à ourlet, dont le modèle gracieux, la netteté de forme, la blancheur et le bel émail égalent presque les assiettes de la manufacture Impériale; M. L. Faure et Vᵉ Brunet, de Ponsas, près Saint-Vallier (Drôme), ont des produits moins brillants, mais très-utiles et d'un extrême bon marché, des porcelaines dures, blanches ou brunes, allant au feu.

Dans la classe 17, la France est incontestablement victorieuse : l'exportation de nos porcelaines est considérable, car elles se vendent partout, et leur production annuelle s'élève à plus de 20 millions de francs; c'est que la porcelaine dure de notre pays est la meilleure vaisselle de table qui ait jamais été fabriquée. Son émail n'est pas sujet à tressaillir comme celui d'un grand nombre de faïences, jamais elle ne conserve comme elles, dans les gerçures de la surface, des résidus qui, n'étant pas entraînés par le lavage, se décomposent et produisent des émanations malsaines et désagréables à l'odorat. Cependant la porcelaine dure, bien qu'on la cuise aujourd'hui à la houille, est encore une vaisselle chère, et tout le monde ne peut se servir d'assiettes d'un ou deux francs la pièce, au minimum six francs la douzaine. Il reste donc un vaste marché aux autres produits céramiques connus sous le nom général de faïences et qui représentent des compositions bien différentes. Les porcelaines opaques, cailloutages, faïences fines de toutes espèces ont fait des progrès très-remarquables depuis quelques années. Des établissements considérables, appuyés sur de grands capitaux, employant les moyens les plus économiques et les plus rapides de la mécanique moderne, tendent à remplacer partout les petites fabriques de poteries communes.

On a reconnu que ce n'était pas toujours le défaut de dureté de l'émail qui causait les craquelures, car un émail très-dur sur une terre molle se fendille aussi bien qu'un émail mou sur une terre dure. On s'est donc efforcé de composer l'un et l'autre de telle sorte qu'ils puissent éprouver à la cuisson les mêmes mouve-

(a) En même temps que des améliorations fondamentales s'accomplissaient dans ses établissements, la maison Ch. Pillivuyt et Cᵉ poursuivait avec la coopération de M. Halot, chimiste et céramiste attaché à la manufacture impériale, l'étude des couleurs au grand feu, dans le but d'arriver à cuire d'une seule fois la pièce et son décor, et d'obtenir par ce procédé l'éclat et l'inaltérabilité.

A l'Exposition universelle de 1855, M. Pillivuyt avait déjà montré des décorations en relief blanc sur fond de couleur, principalement sur céladon. Aujourd'hui, il expose des décorations et des peintures sous émail, obtenues également au grand feu de four à porcelaine dure, dans les genres polychrome et monochrome.

Dans le genre camaïeu, la fabrique de Mehung dispose de deux couleurs distinctes :

Les camaïeux en bleu.

Les camaïeux en brun.

A l'aide de ces nouvelles ressources, elle est parvenue à décorer des pièces qui sortent des fours tout achevées et ne demandent aucun complément à la moufle. Dans l'ordre des pâtes de couleur, elle soumet des pâtes d'un rose tendre dont elle a façonné diverses pièces moulées ou tournées : ces pièces sont ornées de couleurs très-variées de procédés.

ments d'extension et de retrait. L'établissement qui a obtenu les meilleurs résultats dans ce sens, est la fabrique de Sarreguemines, qui en est à son treize cent soixante-seizième mélange de terre pour ses pâtes, et à la deux millième composition pour ses émaux ; aussi cette fabrique, occupant environ dix-sept cents ouvriers, tient-elle aujourd'hui le premier rang dans son industrie. Elle exporte même en Angleterre, patrie des faïences fines et des porcelaines tendres.

Outre son exposition de grand luxe, Sarreguemines a apporté dans la classe 91, destinée aux produits à bas prix, des objets de vaisselle d'un usage courant et d'un bon marché extraordinaire, surtout relativement à la perfection du travail.

Ainsi les vases en terre jaune pouvant aller au feu sont cotés à 12 francs le cent, des plats de même matière à 20 centimes la pièce ; des assiettes avec ornements en relief à quatre couleurs à 1 franc 60 centimes la douzaine ; des assiettes à dessert représentant des feuilles vertes en relief à 2 francs 60 centimes la douzaine, des tasses et soucoupes en porcelaine tendre couvertes de peintures multicolores à 1 franc la pièce.

Sarreguemines fait aussi des grès très-estimés, des porphyres factices, des imitations de porcelaine de Chine et du Japon, et lutte avec Minton, Copeland et Wedgwood pour la fabrication du parian : cette matière usitée depuis quelques années en Angleterre, encore nouvelle en France, est une composition de kaolin, de silice, de terre alumineuse et de phosphate de chaux, assemblés en proportions calculées de manière à produire, après cuisson, l'apparence jaunâtre du marbre de Paros.

Choisy et Gien, fabriques importantes de quatre à cinq cents ouvriers chacune, oubliées par les organisateurs de leur classe, ont dû aller installer leurs produits dans une annexe située à l'extrémité de la section prussienne du parc. Choisy se distingue par la bonne composition de ses pâtes et son outilllage mécanique ; cette fabrique est la seule, croyons-nous, en France, qui ait employé, mais sans en tirer de résultats satisfaisants, la machine à mouler les assiettes, qu'avait inventée M. Durand. On remarque sur ses étagères, un service Louis XV avec impressions violettes, dont les formes, les dessins, la couleur sont du meilleur goût. Gien appelait l'attention par le bon goût de ses décorations très-fines, imitant surtout les faïences de Rouen et adoptant le style Louis XVI. Son exposition renferme, au milieu de services de table d'un prix moyen, plusieurs assiettes en usage journalier depuis dix ans et dont l'émail n'a été ni rayé, ni tressailli. Gien a obtenu au Champ-de-Mars un très-grand succès, se trouvant presque seul à exposer les petits dessins Louis XV et Louis XVI, des imitations de Rouen et de Moutiers, tandis que la plupart de ses confrères abondaient en larges dessins, en reliefs accentués. La faïencerie Geoffroy a eu pour elle cet effet d'opposition qui réussit presque toujours. Il est vrai que pour des services de table les petits dessins sont mieux appropriés que les grands ramages. Au-dessus des faïences d'utilité journalière, Gien exposait également de magnifiques plateaux peints par Mme Robert et par Mme Gondouin ;

l'un de ces plateaux, peint en rose et représentant des ruines, est particulièrement réussi.

Nous citerons encore parmi les poteries à bon marché : Saint-Clément, dans la Meurthe et Grigny près de Givors, dans le Rhône. Cette dernière fabrique a apporté dans la classe 91, des produits plus communs et d'un prix infime; ainsi, il y a des assiettes à 90 centimes la douzaine; à 1 franc 15 centimes, elles portent déjà des ornements en relief; à 1 franc 35 centimes, elles sont imprimées d'une guirlande d'amours, et à 2 francs 20 centimes, de fleurs mauve assez jolies.

Nous trouvons dans cette même salle 91, des produits de Langeais, de Bayeux, de Cambrai. Nous regrettons que l'espace exigu concédé à cette classe si intéressante des objets à bon marché n'ait pas laissé prendre un plus grand développement aux utiles industries qui la composent.

Les produits de luxe peuvent se voir tous les jours dans de riches et spacieux magasins, l'humble vaisselle des campagnes n'a souvent pour étalage que le pavé du champ de foire, et on aurait pu lui offrir une plus large hospitalité. Il est, de plus, regrettable que tous les objets de cette classe au moins, ne portent pas tous en gros caractères bien lisibles la mention de leur prix.

Langeais, pour être sûr d'occuper une place en rapport avec l'importance de sa fabrication, s'était construit dans le parc un pavillon entièrement en faïence; d'élégantes colonnes entourées d'ornements en relief soutenaient un toit en tuiles vernissées; des plaques et des carreaux émaillés formaient les panneaux; des trépieds, des torchères ornaient les abords, des vases de toutes dimensions couvraient les étagères, et les suspensions à jour, véritables dentelles de faïence, descendaient du plafond pour dominer l'ensemble.

La fabrication de M. de Boissimon a un caractère spécial; ses produits sont tous réfractaires au plus haut degré, et la vieille réputation de la terre de Langeais comme résistance au feu est toujours aussi répandue; aussi ses tuiles réfractaires, ses pièces de four, ses cornues, sont-elles demandées par les usines à gaz et les établissements métallurgiques. L'émail de Langeais est le plus souvent d'un jaune paille d'un ton charmant qui, seul, est déjà d'un effet ornemental, et, lorsqu'il est décoré, se prête aux combinaisons les plus heureuses. La couleur jaune paille est due à une réaction particulière du minium sur les autres éléments de l'émail; le plus souvent le ton uni est rehaussé par une métallisation obtenue au moyen d'une couche de chlorure de platine qui se réduit au feu et sort de la moufle avec le brillant de l'argent; d'autres fois, ce sont des ornements rouges, verts, bleus, disposés par l'impression ou appliqués au pinceau; quelques vases offrent même des peintures multicolores représentant des oiseaux, des fleurs, exécutés avec un véritable sentiment artistique.

La variété des produits de Langeais est extrême : les pots à tabac, les porte-cigares, les pots à eau, les cuvettes, les services de thé et de café, les terrines à pâtés se font en quantités considérables. Les tasses et tous les objets creux et évasés sont obtenus bien plus rapidement qu'autrefois, au moyen d'un procédé perfectionné par M. de Boissimon, et qui résume dans une même opération les avantages du moulage, du coulage et de l'ébauchage. La terre est moulée d'abord dans une cavité en plâtre analogue aux moules dont on se sert pour pratiquer le coulage, et l'opération se termine par la descente, au moyen d'un levier, d'un calibre cylindrique qui vient estamper l'intérieur de la pièce tandis qu'une petite lame horizontale enlève la bavure. Le retrait de la terre, desséchée par la porosité du plâtre, détache du moule l'objet, que l'on polit ensuite à la corne, après l'avoir fixé sur une forme portée sur une tournette.

Langeais fabrique beaucoup de vases particuliers à certaines localités de la France ; ainsi les pots à rillettes de Tours sortent tous de ses fours, les six pots marseillais à taille graduée et les six greselles toulousaines se font chez M. de Boissimon, soit simplement en jaune paille, soit décorés de platine, d'impression ou de peinture. L'usine de Langeais fabrique encore des faïences d'un prix moins élevé et qui ont un grand succès dans les campagnes : ce sont des soupières, des pots à eau, à lait, des écuelles et autres vases d'usage courant, dont la surface reproduit les veines du marbre et le ton de l'écaille. C'est en mélangeant des pâtes plus ou moins ferrugineuses et en recouvrant par un émail transparent le biscuit déjà marbré que l'on obtient cet effet rehaussé par une glaçure que nous avons rarement vue aussi compacte et aussi polie. Ce glacé brillant, qui tient à la haute température subie par ce genre de poterie, pourrait être utilisé pour des produits d'un prix plus élevé ; on ferait avec ces faïences marbrées des services de table ou de toilette, des corps de lampes, des revêtements de murs d'un effet tout aussi décoratif que des faïences peintes et décorées.

Le pavillon de M. de Boissimon, colonnes, toiture et panneaux, a été acheté d'un seul bloc et vient d'être envoyé en Angleterre pour y être reconstruit. Les faïences françaises en général nous semblent avoir atteint, pour le service de table, bien plus qu'autrefois, les conditions d'une bonne vaisselle, qui doit être avant tout : saine à l'usage, — blanche et brillante, — agréable d'aspect et surtout très-bon marché.

Sous ce dernier rapport, la France ne saurait trouver de concurrence qu'en Portugal dont l'exposition céramique est véritablement digne du plus grand intérêt ; nous n'avons pu, comme nous le faisons journellement pour la vaisselle française, constater le plus ou moins d'altérabilité de la faïence envoyée par les exposants portugais ; mais nous avons été charmés des formes naïves et gracieuses de leurs produits et de la modicité des prix affichés sur les différentes pièces : ainsi, les fameux azuléjos dont sont revêtues les maisons de Lisbonne, et dont le palais du Champ-de-Mars renferme de nombreux échantillons, coûtent de 10 à 30 centimes le carreau, suivant qu'ils sont à deux ou plusieurs couleurs, unis ou relevés d'ornements en relief.

Un peu plus loin que ces azuléjos se trouvent exposés par M. Mafra, de petits objets en faïence qui témoignent de la grande habileté des modeleurs de Caldas ; les taureaux surtout et le cheval ont l'air d'avoir été copiés sur les statuettes de nos meilleurs sculpteurs d'animaux et portent l'indication des prix suivants : un taureau. 400 reis, — un cheval, 200 reis, — un poisson pouvant être utilisé comme plat couvert, 120 reis, — une feuille de vigne servant de soucoupe, 40 reis. On pourrait s'effrayer de ces gros chiffres; mais on se rassure en pensant que 80 reis équivalent à peu près à un franc.

Dona Eugenia Vasconcellos expose des moringues et des cruches d'Extremos en terre rouge avec des rehauts blancs en relief, vases qui jouissent de la réputation de rafraîchir et d'assainir l'eau; elles coûtent environ un franc. D'autres cruches en terre noire d'Aveiro et de Coïmbre valent à peine dix centimes. La fabrique de Vista Alegre de M. Bastos, à Aveiro, a envoyé aussi des porcelaines d'une fabrication soignée.

Près du Portugal, dans la section suédoise, nous avons vu de bonnes poteries à bon marché, venant de l'usine de Hœganaes en Scanie; cette fabrique peut exécuter de grandes pièces, parmi lesquelles on remarque un vase en terre cuite de 2 mètres de hauteur et une statue colossale de Neptune. Deux autres établissements suédois, la fabrique de Rœrstrand et celle de Gustafsberg ont envoyé de la porcelaine, de la faïence, des biscuits, du parian, et même quelques imitations de faïence, d'Henri II, qui nous ont paru beaucoup mieux réussies que celles tentées jusqu'à ce jour.

La Hollande expose des pipes de Gouda et des faïences de Maëstricht; la Belgique, des porcelaines cuites à la houille; la Prusse, de la porcelaine, de la sidérolite et d'autres compositions diverses de poteries; la Saxe, de la porcelaine dure de Meissen, dont quelques pièces sont curieuses, soit par leur taille, soit par leur ornementation. Les États orientaux ont tapissé les murailles de leurs palais avec des carreaux de terre vernissés d'un bel aspect.

La section anglaise possède une quantité de produits céramiques de toute espèce et de toute application : les magnifiques grès de Doulton et Watts, destinés au traitement des acides et à différentes préparations industrielles; des tuyaux pour la conduite des eaux mesurant 36 pouces anglais de diamètre, faits par M. Cliff, à Wortley; d'autres non moins grands de Gallichan, à Leigh; deux arcades en terre cuite destinées au South-Kensington, et une quantité d'autres objets de construction modelés avec cette belle terre rouge qui fait si bien sur un fond de verdure. Comme application de la céramique à la métallurgie nous trouvons encore dans la section anglaise des creusets en plombagine de Ceylan, usités maintenant pour toutes les fusions métalliques, qui demandent une température extrême. Après l'Angleterre, c'est la Belgique qui a la plus belle exposition de creusets, de cornues à gaz et de terre réfractaire employée dans l'industrie; nous avons vu dans une annexe de la section belge, outre des pièces de four et des cornues à gaz d'une très-belle exécution, deux plaques destinées à dresser les verres à vitre; l'une d'elles mesurait au moins 3 mètres de haut sur 1 mètre 50 centimètres de large.

La France a fait un beau trophée de cornues à gaz et de produits réfractaires de MM. Bousquet à Lyon, Dalifol à Paris, Muller, à Ivry, et dans la section de construction civile une exposition de terre cuite imitant la pierre, de M. Garnaud, dont aujourd'hui M. Clémandot est devenu le successeur. — Souvent moins chère que la pierre, la terre cuite sert aujourd'hui à faire des lucarnes, balustres, faces de chenaux, bordures de terrasses. Elle offre aux influences atmosphériques une très-grande résistance, aussi a-t-elle été prodiguée dans les villas de Trouville, Dauville, Houalgate et autres stations fashionnables. Notre section montre aussi de belles briques vernissées noires et jaunes de M. Collinot, ainsi qu'un magnifique panneau exécuté sur les dessins de M. de Beaumont d'après le tombeau de l'empereur Soliman, et qui décore le fond d'une sorte de temple de la céramique, dans lequel MM. Collinot et de Beaumont ont exposé de très-beaux vases de taille gigantesque et d'un système de décoration tout à fait particulier.

M. de Beaumont a voulu reproduire, avec le luxe économique des constructions persanes qui donne à leur architecture l'extrême élégance due à l'éclat des émaux, une de ces salles isolées les unes des autres, qui se trouvent disséminées dans les jardins des sérails. La terre qu'il emploie est composée de telle sorte, qu'elle devient par la cuisson une véritable pierre. Aussi dure que le granit et la lave, elle résiste aux intempéries mieux que la pierre de taille ou les meilleures briques. Elle s'émaille parfaitement, en tout ou en partie.

En faisant sur la terre même le trait du dessin qui doit décorer le vase ou le panneau, M. de Beaumont applique une préparation qui se métallise au feu. Cette préparation formant cloison a la propriété d'empêcher l'émail qu'on met en gouttes épaisses dans l'intérieur de couler dehors. MM. Collinot et de Beaumont emploient aussi la peinture sur engaube : Les Persans, très-experts dans ce procédé, étalent sur une terre grossière plus ou moins solide, une couche mince de terre blanche préparée de telle façon, qu'au feu elle adhère à la terre, et permet aux couleurs dont on la décore de conserver toute leur pureté.

Afin de démontrer que l'emploi de la faïence décorative est essentiellement pratique, M. de Beaumont a fait le devis de la façade d'une maison à quatre étages avec cinq fenêtres de façade. Les cadres des fenêtres sculptés dans le style le plus riche de la renaissance, les frises et cordons de chaque étage, les couronnements, les arcs et les grilles des balcons pour vingt fenêtres en pierre cuite, sculptés, parfois à jour, émaillés dans certaines parties, revenaient à six mille francs, c'est-à-dire à un prix inférieur à celui des ferrures, marbres, sculptures et dorures, qu'on emploie journellement dans la construction des maisons. Déjà ces vérités, pour la vulgarisation desquelles M. de Beaumont combat depuis si longtemps, commencent à se faire jour, et l'exposition de 1867 aura servi utilement à les répandre. — La faïence a obtenu au Champ-de-Mars un tel triomphe sous toutes ses formes, que déjà il n'est plus rare de rencontrer la terre cuite émaillée ornant l'intérieur ou l'extérieur de constructions nouvelles.

La Russie, outre les porcelaines de la manufacture impériale de Saint-Pétersbourg et les poteries des Tartares de Crimée, a placé sur l'un des murs de son salon un produit céramique particulier dont elle peut être très-fière ; c'est un genre tout particulier de mosaïque exécuté dans l'établissement impérial de Pétersbourg fondé en 1851 et dirigé par M. Bonafédé. Cette mosaïque n'est pas composée par la juxtaposition de petits cubes de marbre, de lapis et autres pierres coloriées, mais elle est obtenue en fixant à côté l'un de l'autre sur un ciment de petits quadrilatères taillés dans un émail vitreux. Le célèbre Matioli, inventeur de ce système, était mort sans laisser le secret de sa découverte, et n'avait pu réunir que quelques centaines de couleurs, mais M. Bonafédé, en colorant ses émaux avec des oxydes métalliques dans des proportions variées, en activant ou ralentissant leur fusion et leur refroidissement, a obtenu plus de quinze mille nuances, dont les mosaïques exposées montrent la magnifique application. Elles sont la copie de tableaux du professeur Neff, et doivent être destinées à la décoration de la cathédrale de Saint-Isaac.

Toute la gamme des bruns, des gris, des tons de chair et jusqu'au bleu azur le plus vif en opposition au rouge le plus éclatant, se détachent sur un fond d'or fin appliqué sous émail. Au-dessous de ces mosaïques, une vitrine renferme d'autres émaux de M. Bonafédé, qui a su retrouver le secret de l'aventurine et de la purpurine italienne. Ces mosaïques, d'un très-bel effet dans la décoration des monuments, seraient appréciées dans tous les pays, mais, en Russie, elles sont indispensables à cause des variations de température et d'humidité qui détruisent les fresques en très-peu de temps.

En terminant ce résumé bien rapide de la céramique exposée en 1867, qu'il nous soit permis de signaler, dans une classe où on ne les retrouverait certainement pas, les produits céramiques les plus extraordinaires de notre temps, ceux de M. Bapterosses ; ce ne sont que des boutons et des perles de différents émaux ; mais ces boutons et ces perles se font en si grande quantité par des procédés mécaniques si ingénieux, et peuvent se vendre à si bas prix, que, pour cette branche d'industrie, M. Bapterosses a complétement détruit sur tous les marchés du monde la concurrence anglaise représentée cependant par Minton et soutenue par les agents commerciaux du Royaume-Uni. Nous avons visité l'usine de Briare, et nous pouvons attester la vérité des chiffres qui vont suivre : il se fait tous les jours chez M. Bapterosses de six à sept millions de boutons, indépendamment de cinq à six cent mille perles produites par les mêmes moyens et nacrées au bismuth, suivant les ingénieux procédés de M. Brianchon. De ces boutons, un quart environ doit porter une queue ; la bonne division du travail, la perfection des machines et l'habileté acquise par la main-d'œuvre rendent les opérations si rapides, qu'on pose tous les jours à Briare environ quinze cent mille queues dans autant de boutons ; enfin, dans un rayon de trente à quarante kilomètres autour de la fabrique, les femmes et les enfants appartenant à une quarantaine de communes, se distribuent de 21 à 25,000 fr. tous les mois, rien que pour coudre sur les cartes les boutons, ou pour dresser en chapelets les perles produites par l'établissement.

Nous n'avons pu obtenir exactement le prix auquel les produits de Briare sont vendus, mais on nous a assuré que, pour certaines sortes, un paquet de douze dou-

zaines de douzaines ou dix-sept-cent-vingt-huit de ces boutons ne coûtent pas
plus d'un franc vingt-cinq centimes.

II

La classe 16, dans la section française et dans presque toutes les sections étrangères, est peut-être celle qui attire le plus la foule; il ne faut pas en effet une instruction spéciale pour apprécier l'étendue et la pureté d'une glace, la blancheur et
éclat d'un cristal coulé ou taillé, la forme et l'élégance d'un verre uni ou gravé,
blanc ou coloré.

La section française se distingue par une extrême diversité de formes et de coloris; tous les genres y sont représentés et la valeur n'est pas seulement dans les
objets fabriqués, mais encore dans la composition de la matière elle-même. La
France fait les plus belles glaces du monde — sa cristallerie est célèbre dans les
pays les plus éloignés, — elle se suffit amplement comme gobeletterie commune, —
t fournit à sa consommation de verres à vitres, bien qu'elle en importe de Belgique
ne petite quantité; — elle fabrique elle-même toutes bouteilles dans lesquelles ses
ins, ses eaux-de-vie et ses eaux minérales sont expédiés à tous les peuples. La
verrerie est donc une de nos industries nationales les plus importantes; on peut
évaluer ses produits annuels de toute sorte, à plus de 75 millions de francs malgré
extrême bon marché auquel ils ont été réduits depuis quelques années; cette fa-
qrication occupe en France 35,000 ouvriers, hommes, femmes et enfants, population
active, intelligente et souvent d'une adresse merveilleuse.

La supériorité de la France est surtout incontestable pour la fabrication des
glaces, l'importante compagnie qui possède Saint-Gobain, Chauny, Cirey, en France,
Stolberg et Manheim, en Allemagne, a pris un développement si considérable
qu'elle domine non-seulement le marché français, mais une partie des marchés
angers. Ses usines emploient 4,800 ouvriers, et le chiffre des affaires de la compagnie, tant en glaces qu'en produits chimiques, dépasse vingt millions de francs
par an.

Ce fut un Français, M. Lucas de Nehou qui, en 1688, inventa le coulage des
glaces, Abraham Thévart, d'abord associé de Nehou, le supplanta et obtint le pri-

vilége de fabriquer des glaces dans tout le royaume de France, avec défense d'en faire venir de tout autre pays. Il s'installa dans l'ancien château de Saint-Gobain, près la Fère, et fut soutenu par la faveur de Louis XIV, « Pour faire connaître pu-
» bliquement » dit un arrêt du roi, « la protection que nous donnons à ladite ma-
» nufacture, avons permis audit Thévart de faire mettre aux principales portes des
» maisons, magasins et bureaux en dépendant, un tableau de nos armes avec cette
» inscription : *Manufacture royale des grandes glaces*, et d'avoir des portiers vêtus
» de nos livrées. »

Les premières années ne furent pas heureuses pour la compagnie Thévart, les procès se succédèrent et les procédés compliqués de fabrication usités à cette époque, entraînèrent la création d'un passif considérable; une autre compagnie, dirigée par Antoine d'Agincourt, racheta pour 1,960,000 liv. le privilége exclusif de fabrication des glaces en France, ainsi que le château de Saint-Gobain, une manufacture au faubourg Saint-Antoine, une autre à Tour-la-Ville, près de Cherbourg, et toutes les autres dépendances de la première société. Depuis cette époque, Saint-Gobain, conduit par une série de directeurs d'une remarquable intelligence, a simplifié ses procédés de fabrication et produit aujourd'hui plus de deux cents mille mètres carrés de glaces tous les ans. En utilisant toutes les facilités fournies par la mécanique moderne, M. Bivert, le directeur actuel, a augmenté tellement la surface des glaces coulées, que Saint-Gobain expose aujourd'hui une pièce étamée de 5 mètres 90 centimètres de haut sur 3 mètres 68 centimètres de large, ce qui donne 21 mètres 71 centimètres de superficie, et deux autres glaces sans tain dépassant également 21 mètres de surface. En 1851, on était encore à trouver extraordinaire une superficie de 17 mètres, et en 1855 une de 18.

Ce n'est pas la dimension des glaces de Saint-Gobain qui est extraordinaire, mais bien la perfection dans leur matière même ; car aujourd'hui toutes les coulées se font sur de grandes tables de 7 mètres de long sur 5 mètres de large, et les glaces du commerce se découpent dans les grandes pièces en mettant de côté les parties où se trouvent quelques bulles ou autres défauts. La principale difficulté est de planer, polir et étamer, d'une manière tout à fait satisfaisante, des surfaces d'une si grande étendue; ce qui se fait dans l'usine de Chauny où toutes les glaces coulées à Saint-Gobain sont transportées sur un chemin de fer appartenant à la compagnie avec des procédés et des manœuvres si bien conduites que c'est à peine si l'on casse plus de 6 0/0 des glaces créées; encore ce ne sont guère que des écornures aux angles et non des fissures considérables. Aujourd'hui une grande partie des glaces ne s'étame pas et est employée dans la construction soit pour séparer l'une de l'autre des pièces dont on veut cependant réunir l'aspect, soit comme vitrage de toute dimension et d'épaisseur variées; on emploie les glaces comme toiture, on en fait des dalles pour éclairer les sous-sols et les parties basses des navires; Saint-Gobain en expose de toutes sortes, unies ou moulées avec des reliefs, brutes ou polies, blanches ou colorées. Le prix des produits de Saint-Gobain a baissé dans une proportion extraordinaire, ainsi une glace de 5 mètres carrés de surface qui, en l'an

XII de la République, coûtait 5,500 fr., se paye aujourd'hui un peu plus de 300 fr.; en moyenne, le mètre carré de bonne qualité qui coûtait en 1805, 226 fr., en 1835 127 fr., vaut maintenant de 32 à 45 fr., suivant sa pureté.

Saint-Gobain expose, outre les glaces, des anneaux de verre blancs, moulés, de forme et de qualité spéciales pour les phares lenticulaires, de grandes lentilles pour les appareils photographiques amplifiants, des pièces de verre pour les instruments de précision, l'appareil de petites glaces destinées aux photographes et plusieurs espèces de glaces pour différents usages.

Pour être sûr de son étamage, la compagnie a été forcée de préparer à Chauny l'étain et le mercure qui servent à transformer les glaces en miroir. Contrairement à l'idée généralement préconçue, ce n'est pas l'étain, mais bien le mercure qu i donne aux miroirs la faculté de réfléchir avec netteté, et si l'on pouvait mettre derrière une glace du mercure absolument pur, on aurait une image absolument identique à l'objet; avec les procédés de Saint-Gobain, le mercure, emprisonné entre l'étain et le verre, produit, lorsque l'opération a été bien conduite, un effet beaucoup plus durable que celui de l'argenture qui jaunit presque toujours au bout d'un certain temps. Ce mercure vient d'Almaden, en Espagne, dans de petites bouteilles en fer si épais que, renfermant à peine deux litres de métal, elles pèsent au moins 40 kilogrammes. L'étain, venant de Batavia, acheté à Amsterdam, aux enchères et par lots, est épuré, laminé et battu dans l'usine de Chauny qui, aujourd'hui, ne travaille plus seulement pour la manufacture de glaces, mais aussi pour le commerce et surtout pour les chocolatiers dont les produits sont enveloppés avec une mince feuille d'étain.

Les feuilles destinées surtout à ce dernier usage s'obtiennent par coulage sur une toile couverte d'un vernis; il faut que le métal soit assez liquide pour pouvoir couler, et cependant pas assez chaud pour que la toile vernie sur laquelle on le répand puisse être brûlée. Saint-Gobain expose plusieurs feuilles d'étain pour l'étamage, entre autres une feuille de six mètres de long sur quatre mètres de large. Cette feuille d'étain est exactement semblable à celle qui a servi à étamer la plus grande glace.

Toutes remarquables qu'elles sont, les pièces envoyées par Saint-Gobain ont fait, en 1867, moins d'effet qu'aux expositions précédentes; on est aujourd'hui habitué aux dimensions extraordinaires, et l'emplacement de ces grandes glaces a été peu favorablement choisi:

III

Pour tout ce qui est verre proprement dit, c'est-à-dire pour les produits vitri-
fiés, translucides, ne renfermant pas de plomb, la substitution du combustible minéral aux produits des forêts est aujourd'hui presque partout effectuée en France;
aussi nos verreries produisant des bouteilles, de la gobeletterie et des verres à vitres
sont-elles presque toutes établies sur les bassins houillers où ils trouvent en abondance et à un prix relativement peu élevé, le combustible dont ils ont besoin en
quantité considérable. On calcule en effet que, pour produire un kilogramme de
verre à bouteille, il faut environ deux kilogrammes de houille; aussi c'est auprès
de nos houillères du Nord ou du bassin de la Loire que se trouvent les verreries
les plus importantes. On a cherché à réduire la dépense de combustible en employant les fours nouveaux qui réussissent si bien dans quelques industries de même
nature. Le procédé Siemens a pu être utilisé avec certaines natures de houilles;
mais avec les charbons de la Loire, très-plastiques et qui se prennent en masses
compactes, on n'a pu obtenir une descente régulière du combustible sur la grille;
on a donc été forcé d'y renoncer, ainsi qu'à l'emploi du gaz en cuve. On essaye
aujourd'hui les fours Bœtius avec certaines modifications.

Le nombre des bouteilles de toutes sortes produites chaque année dans notre
pays est évalué à 145 millions. Plusieurs maisons importantes en ont exposé des
échantillons intéressants qu'il nous a été assez difficile de retrouver; nous ne savons pourquoi cette branche de la verrerie a été séparée des autres produits similaires et envoyée dans une autre partie du palais. Nous retrouvons là dans cette séparation les inconvénients principaux du système de classification adopté au
Champ-de-Mars; au lieu de suivre un classement matériel et de ranger les produits par leur nature, on les a groupés suivant l'usage auquel ils sont destinés, ce
qui éloigne les uns des autres les objets faits avec une même matière.

L'exposition de bouteilles, verres à vitres et gobeletterie la plus en vue dans le
local restreint qui est consacré à ce genre de produits intéressants est celle de
M. Charles Raabe et Cⁱᵉ, à Rive-de-Gier, Gisors et Vienne; elle renferme, outre les
différentes formes de bouteilles pour les vins français et étrangers, des spécimens
de bouteilles pour toutes les eaux minérales de la France, auxquelles cette compa-

gnie fournit les récipients nombreux qui permettent de les exporter au loin. Ses établissements à Rive-de-Gier, Gisors et Vienne, contenant 22 fours pour les bouteilles, 5 destinés aux verres à vitres et 3 pour la gobeletterie occupent presque continuellement 2,400 ouvriers, hommes, femmes et gamins ; ils ont produit l'an dernier 26,340,000 bouteilles dont les sables du Rhône, le sel marin, le carbonate de chaux forment la matière première. On doit au directeur, M. Charles Raabe, une innovation adoptée aujourd'hui dans d'autres établissements et qui épargne la vue des ouvriers : autrefois, pour placer autour de l'ouverture de la bouteille la bague ou renforcement en verre nécessaire aux manœuvres du bouchage, on remettait la bouteille dans le four et les ouvriers devaient suivre du regard au milieu de cette fournaise ardente, le filet de verre qu'ils ajoutaient autour du goulot, ce qui les rendait souvent aveugles ou tout au moins incapables de travail à partir de la cinquantième année ; à Rive-de-Gier on refoule le verre, avec une sorte de mâchoire en fer cannelé, non plus à l'ouvreau, mais sur un banc placé en dehors du four et par conséquent sans aucun danger pour la vue des verriers. Comme tour de force de gobeletterie, la verrerie de Rive-de-Gier a placé au milieu de son étagère un grand verre à bière d'un mètre trente centimètres et d'une contenance de quatre-vingt-dix litres ; cette pièce n'a pas été moulée, mais faite au bout de la canne et taillée ensuite à la meule.

MM. Richarme, dont les verreries sont également situées dans le bassin du Rhône, à Rive-de-Gier, Assailly et Valence, ont exposé entre autres curiosités des bouteilles contenant 160, 165 et même 250 litres, et pour l'étonnement des profanes, des bouteilles enfermées dans d'autres bouteilles ; ce qui, en verrerie, passe pour une preuve d'habileté professionnelle. MM. Deviolaine à Vauxrot et de Poilly à Follembray, dans l'Aisne — Landelle, à Epinac, ont également envoyé des échantillons de leurs bouteilles estimées. Dans la même annexe où sont reléguées les bouteilles, on a accordé une place bien peu apparente aux remarquables produits de MM. Patoux et Drion, à Aniche ; — à côté sont les tuiles en verre, les tubes, les verres à vitres de M. Vallet, de Forbach ; — les beaux verres à vitres de Velars qui doivent leur blancheur à la pureté du carbonate de chaux qu'emploient MM. Leverne et Cᵉ ; — les verres à vitres, la gobeletterie, les tuiles en verre de M. Renard de Fresnes, près Valenciennes, qui exposent aussi des échantillons de bouteilles.

Dans la galerie, et mieux éclairés, sont des émaux et cristaux pour bijoutiers et lapidaires, exposés par MM. Guibert et Martin, des tubes de verre de cristal en toutes couleurs pour les fabricants d'épingles à tête de verre, les émailleurs et les nombreux industriels qui emploient le verre coloré. Près d'eux est une belle collection de verres blancs et de couleur, unis, moulés, taillés et gravés, envoyés par M. le comte de Dampierre de Bligny (Aube), et qui auraient pu très-bien figurer dans la salle d'honneur de la classe 16, près des beaux produits de Vallerysthal, dominés par une coupe en verre jaune transparent d'un ton et d'un éclat magnifiques. Sans blâmer l'espace donné aux cristaux à base de plomb, nous trouvons encore que les verres de gobeletterie ont aussi leur importance ; on peut obtenir avec eux de jolies formes, une teinte moins blanche, il est vrai, que celle des cristaux, mais aussi moins lourde, moins laiteuse, plus artistique peut-être : leur bas prix relatif doit être pris en grande considération ; ainsi le même verre à pied qui se vendrait en cristal au moins un franc, coûte au plus quarante centimes en verre, et, suivant nous, peut-être aussi léger, aussi élégant.

En général, la fabrication de la cristallerie est beaucoup mieux soignée que celle de la gobeletterie, surtout moulée, destinée presque entièrement au service des campagnes, des auberges et des cafés qui emploient des quantités considérables de chopes, de bocks, de carafes et de verres épais et massifs auxquels principalement on demande de la solidité et le plus extrême bon marché.

Notre exposition de cristallerie est véritablement éblouissante : Saint-Louis nous semble avoir fait des progrès importants depuis les Expositions précédentes ; ses vases opalins à fleurs peintes sont très-beaux et leur matière n'est pas d'une opacité assez absolue pour empêcher le jeu de la lumière au travers des peintures ; de grands vases bleus, gravés, croyons-nous, à l'acide fluorhydrique, des porte-bouquets d'un ton rose charmant se font remarquer au premier plan.

Plus loin est la cristallerie de Lyon, qui expose, entre autres objets importants, une jolie fontaine à trois vasques ; à côté d'elle, la cristallerie de Pantin a placé une quantité de cristaux de table, de lustres, de vases artistiques colorés, parmi lesquels sont deux buires vertes et or d'une bonne forme et d'un ton de tourmaline très-réussi. M. Monot, directeur de cette cristallerie, a installé dans le parc un four complet avec sa carquaise, ses ferrasses et tout l'attirail de la profession ; des ouvriers habiles soufflent, modèlent, taillent et gravent des cristaux devant le public émerveillé de leur adresse.

Jamais Baccarat n'a paru si brillant et n'a attiré un si grand nombre de visiteurs. Notre première cristallerie nationale a apporté au Champ-de-Mars pour près de 500,000 fr. de cristaux, et pas une des pièces qui figurent dans cet envoi, pas un des nombreux modèles placés sur les tables, n'a été mis en vente avant l'Exposition. La pièce principale est une fontaine monumentale en cristal taillé, de 7 mètres 30 centimètres d'élévation, et dont la vasque principale a trois mètres de diamètre ; elle est placée désavantageusement au milieu des autres produits et perd une partie de son effet par l'absence de recul ; il lui manque aussi son complément naturel, un écoulement abondant d'une eau limpide, ce qu'on aurait pu lui donner en la plaçant dans le jardin. Deux vases de 1 mètre 60 centimètres de haut, et dont les anses ont 70 centimètres, sont aussi des pièces de dimension peu ordinaire ; devant la fontaine sont placés deux autres vases de couleur pourpre sur lesquels des dessins gravés à la mo'ette représentent la terre et l'eau avec toutes leurs productions entourées d'arabesques, dans lesquels oiseaux, insectes, poissons, végétaux forment des ornements nets et arrêtés.

Au dessus pendent plusieurs lustres, un surtout, dans lequel une cuvette de 90 centimètres, entièrement doublée de bleu, a subi une opération de taille qui a

enlevé complétement le cristal coloré pour obtenir le fond de la coupe en cristal
blanc, et ne laisser subsister qu'une bordure bleue. Autour de la fontaine, s'élèvent
encore plusieurs grands vases, — quelques-uns ayant l'opacité de la porcelaine, ce
qui nous semble sortir des limites de la cristallerie, les autres plus légèrement opa-
linés et conservant une demi-transparence sur laquelle s'enlèvent en vigueur des
fleurs et des feuilles d'une magnifique exécution. Bien que nous n'approuvions pas
cette tendance à sacrifier la transparence, première qualité du cristal, pour tâcher
de lui donner l'apparence d'une matière céramique opaque, nous trouvons cependant ces vases fort beaux comme exécution de peintures et comme couleur de
pâtes.

Les verres opaques, diversement colorés, se vendent très-bien, surtout pour l'exportation, et le magasin du dépôt de la Compagnie en est bien autrement garni que
les tables de l'Exposition; comme nous disait un des administrateurs de Baccarat,
l'étalage de l'Exposition est presque exclusivement dans le goût français, tandis que
le magasin de vente renferme peu d'objets de ce goût, et, pour les neuf dixièmes au
moins, est rempli de cristaux offerts à l'exportation. Il faut bien fabriquer des
objets d'usage appropriés à toutes les nations du monde pour vendre tous les ans
pour 5 millions de cristaux. C'est ce qui explique la diversité de formes et de décorations, qui se ressentent des habitudes et des goûts des peuples auxquels ils sont
destinés.

Les étagères de la cristallerie sont remplies de carafes, de pots à fleurs, de vases
de toute forme et de tout usage, en verre simple, doublé, triplé, filigrané, gravé à
la molette pour les objets de luxe et, pour les moins chers, à l'acide fluorhydrique :
au-dessous est un grand comptoir couvert en glace étamée, sur lequel sont groupés
pour plus de 150,000 fr. de service de table en cristal limpide et brillant, depuis
les verres mousselines si légers jusqu'aux épaisses salières, massives carafes taillées
en pointes de diamant. Ces cristaux de table si beaux ont le plus grand mérite de
coûter 50 p. 100 de moins que leurs similaires étrangers, aussi Baccarat est-il
en prospérité sans cesse croissante et occupe-t-il aujourd'hui 1,740 ouvriers, près
du double de ce qu'il employait en 1849.

Bien que dans le cours de nos études nous nous occupions bien plus des procédés
de fabrication que des relations des ouvriers avec leurs directeurs, nous devons
dire cependant qu'au milieu de toutes les usines que nous avons visitées, Baccarat est peut-être celle où ces relations nous ont paru les meilleures. Conformé-
ment au vieil usage qui régit les verreries de temps immémorial, les ouvriers
verriers et leurs familles sont logés gratuitement dans l'intérieur de l'usine; mais,
contrairement à presque tous les autres établissements similaires, Baccarat n'a
pas de travail de nuit; la fabrication se fait de jour dans des ateliers larges, aérés,
propres, où tout est disposé pour éviter que les ouvriers aient à souffrir de
la chaleur des fours, encore aujourd'hui chauffés au bois, quelques-uns même par
le système Siemens, dans lequel les gaz de la distillation du bois sont conduits
presque froids sous les creusets où ils sont brûlés.

Les apprentis, qui rendent de si grands services en verrerie, sont l'objet d'une institution spéciale; les orphelins ou ceux dont les familles n'habitent pas Baccarat sont nourris et blanchis pour la somme de 9 fr. par mois, retenus sur leurs gages; un certain nombre de gamins de douze à seize ans, si utiles comme servants autour des fours, n'étant pas assez bien nourris par leurs parents au gré de la compagnie, reçoivent, pour 1 fr. par mois, au milieu de la journée, un repas composé d'un bouillon gras, de 100 grammes de viande de bœuf et de 100 grammes de pain; ils sont de plus instruits gratuitement dans une école, dont les leçons sont obligatoires : les enfants des ouvriers restent à l'école jusqu'à la douzième année, âge avant lequel on ne les reçoit pas dans les ateliers.

Les ouvriers ont encore des classes le soir pour les adultes, et, trois fois par semaine, une école de dessin obligatoire pour les apprentis des ateliers de taille, gravure et décors; les autres ouvriers qui désirent se perfectionner dans l'art du dessin y sont admis sur leur demande. Des caisses de retraite, de secours, non-seulement pour les ouvriers, mais encore pour leurs orphelins, fonctionnent depuis longtemps à Baccarat, et rattachent à la cristallerie la population ouvrière, dont les salaires sont suffisants non-seulement aux besoins journaliers, mais encore à l'accumulation de l'épargne. La caisse de la cristallerie recevait autrefois les fonds des ouvriers jusqu'à concurrence de 10,000 francs par personne, mais l'accumulation devenant trop considérable, on fut forcé de réduire à 6,000, puis à 4,000 fr. la somme que chacun pouvait confier à l'administration. Malgré ces réductions successives, les fonds déposés sont encore aujourd'hui de 840,000 fr., et les économies des ouvriers connues de la direction dépassent trois millions.

IV

Bien que la section française de la classe XVI puisse soutenir à elle seule la concurrence avec toutes les sections étrangères réunies, ces dernières n'en sont pas moins très-intéressantes par l'importance et la particularité de leurs produits.

Les Belges, nos plus proches voisins, ont une installation assez pauvre en objets d'art, mais très-riche en verres à vitre et en verres à bouteilles auxquels on n'a ménagé ni l'espace, ni la lumière. Les maîtres verriers du Hainaut, qui trouvent autour de Charleroi tous les éléments de leur fabrication, charbon, sable. sulfate de soude et castine, ont envoyé une quantité d'échantillons de vitres dont quelques-uns sont d'une dimension extraordinaire ; ainsi MM. Bennert et Givort, à Jumet, près Charleroi, exposent un carreau de vitre d'un seul morceau de 2 mètres 87 centimètres de haut sur 79 centimètres de large. Plusieurs autres fabricants ont exposé sans les développer les manchons que l'on ouvre pour former les verres à vitre ; le plus haut d'entre ces manchons appartenant à MM. Schmidt, mesure 3 mètres 50 centimètres de haut.

Quand on se rappelle le procédé de fabrication de ces manchons de verre, on comprend quelle adresse il a fallu pour souffler au bout d'une canne et allonger régulièrement sans le casser un cylindre d'une telle longueur. Ceux que nous avons vu faire chez M. Raabe, à Rive-de-Gier, n'avaient pas en moyenne plus de 1 mètre 50 centimètres environ, et cependant la manœuvre de leur fabrication nous paraissait déjà bien surprenante, car l'ouvrier doit d'abord enrouler à l'extrémité d'une tige de fer creux une masse de verre et en soufflant par cette tige allonger doucement et progressivement la boule primitivement formée, au moyen de la force centrifuge développée, en imprimant à la canne un mouvement de balancier ; puis, par un effort de hardiesse qui stupéfait le spectateur, le verrier, faisant une sorte de moulinet très-étendu, porte le cylindre à la longueur voulue. Quelle adresse a dû déployer l'ouvrier de M. Schmidt pour faire un moulinet avec une canne de près de 2 mètres portant à son extrémité un cylindre en verre de 3 mètres 50 centimètres.

La même salle belge renferme un autre tour de force exposé par M. Lefebvre, à Lodelinsart : c'est une bouteille soufflée d'une contenance de 336 litres, la plus grosse de l'Exposition. M. Devilez, du même pays, expose de beaux verres colorés en rouge et en violet de grande dimension.

La Société d'Herbatte, près de Namur, est le seul représentant de la cristallerie et de la gobeletterie belge, qui occupe cependant un grand nombre d'ouvriers et porte en Angleterre et en Amérique beaucoup de services de table. La grande verrerie de Val-Saint-Lambert, à Seraing, près de Liége, dont les ouvriers sont au nombre de 1,200, n'a rien envoyé. — Le service Léopold II, le service Prince-Impérial, le service Nothomb, et les autres verres et cristaux de la Société d'Herbatte nous ont paru d'une matière assez belle, mais de formes en général peu réussies.

M. P. Segout, le grand porcelainier et faïencier de Maëstricht, expose dans la section hollandaise des verres et cristaux d'usage courant ; M. Bouvy, de Dordrecht, des verres bombés et des tuiles de verre, légères et parfaitement disposées pour leur mise en place; une pareille couverture doit réunir le plus extrême bon marché à un aspect élégant et surtout à une légèreté qui rend facile l'établissement des charpentes de la toiture. Près de ces tuiles est un véritable chef-d'œuvre envoyé par l'établissement royal de peinture sur verre d'Amsterdam : sur une planche d'un mètre environ de large et de 70 centimètres d'élévation sont peintes trois têtes de chevaux buvant dans un abreuvoir; celui du milieu est blanc, son voisin de gauche est bai-cerise et celui de droite bai-brun. Ce panneau, habilement enchâssé dans des abat-jour et présenté en transparence avec le soin que les Hollandais seuls savent mettre à faire valoir les objets d'art, est d'un effet surprenant.

La Prusse réunie à la Confédération de l'Allemagne du Nord a fait une bonne exposition en différents genres de verreries; l'étalage le plus apparent est celui du comte de Schaffgotsch, seigneur de Warmbrunn (Josephinenhütte), à Schreiberhau, près Hirschberg; son étagère porte un grand nombre de vases, coupes, flacons et autres objets de luxe en verre, de toutes dimensions et de tout prix; ces produits présentent une extrême variété dans leur nature et leur ornementation.

On y remarque entre autres de grands vases opalins avec peinture, représentant une Marguerite de Faust et une allégorie de la guerre avec le cortége des maux qu'elle entraîne; de grands cornets et une coupe dont l'intérieur est revêtu d'une doublure métallique imitant l'or, de belles coupes couleur tourmaline, rehaussées d'or et une quantité de petits objets à bon marché, en verre coloré diversement travaillé. MM. Siegwart frères, à Stolberg, près Aix-la-Chapelle, exposent des cristaux d'usage et divers objets de verre blanc et vert, ainsi qu'une collection de ces petits bâtons en verre noir ou diversement coloré qui servent aux épingliers d'Aix-la-Chapelle à faire une tête aux épingles d'acier. M. le comte de Solms-Baruth s'est adonné à la fabrication des verres à vitre coloriés, des carreaux de couleur dont il montre une belle collection en verre jaune, rouge, vert et bleu d'un très-beau ton, ainsi que des objets en verre de couleur destinés principalement à l'éclairage, — pour former le corps des lampes ou servir d'abat-jour; quelques-uns de ces derniers sont en verre doublé, vert en dehors, blanc en dedans.

MM. Wisthoff et Cᵉ établis sur le bassin houiller de la Ruhr, exposent des verres à vitres, des verres d'optique, des bouteilles, d'énormes dames-jeannes, des alambics pour les distillateurs, des cornues pour les fabricants de produits chimiques et, comme curiosité, du verre soluble. M. Hanemann à Dresde, montre des miroirs argentés, et dont le cadre est fait au moyen d'ornements tirés de la glace elle-même. L'idée de remplacer, pour changer les glaces en miroir, le mercure et l'étain par l'argent a été conçue dans le but de faire échapper les ouvriers aux dangers que présente le maniement habituel du mercure; de plus, les glaces argentées ne s'abîment pas comme les glaces étamées dans les voyages de long cours et l'argenture peut se mouler à toutes les formes, tandis que l'étamage au mercure ne peut s'appliquer que sur les surfaces absolument planes. M. Liebig, en mettant en contact une dissolution ammoniacale d'argent avec l'aldéhyde, produisit un dépôt métallique brillant qui restait adhérent à la surface des vases de verre dans lesquels ces liquides avaient été versés. L'argenture s'est ensuite exécutée en versant sur la glace une dissolution étendue d'azotate d'argent ammoniacal avec de l'acide tartrique, et en chauffant légèrement, ce qui fait déposer une couche d'argent très-adhérente au verre. Après un lavage, on recommence la même opération et l'on dépose une seconde couche; l'argent est ensuite protégé par un revêtement de peinture au minium qui remplace le parquet nécessaire aux glaces étamées. Jusqu'à présent, l'argenture a été appliquée surtout à des surfaces courbes et, pour les surfaces plates, à des miroirs de petite dimension.

La section autrichienne de la classe XVI est très-brillante ; elle se compose surtout de produits venant des fabriques de Bohême, qui continuent à soutenir leur vieille réputation. Les verriers de ce pays ont la plus grande habileté à colorer le verre dans la masse et, à le tailler et à le graver presque toujours à la main et à la molette.

Le verre de Bohême n'est pas à proprement parler un véritable cristal, car il ne contient pas de plomb : il se compose de quartz hyalin pulvérisé pour remplacer le sable, d'un calcaire saccharoïde qui, par la cuisson, fournit d'excellente chaux très-pure, de potasse, et de sulfate de soude fabriqué avec des sels gemmes ; le silicate qui résulte de la fusion de ces matières a moins d'éclat que le cristal à base de plomb, sa teinte est moins absolument blanche, mais il est très-dur et très-léger, se taille et se polit parfaitement et est surtout d'un prix très-modique. La grosse gobeletterie de Bohême, dont l'étalage de MM. Stœle, à Suchenthal, offre de nombreux échantillons, produit un verre un peu jaunâtre, mais très-brillant et d'un bon marché extraordinaire ; ses formes sont très-heureuses et l'on peut, de 60 cent. à 1 fr., suivant l'ornementation et la taille, se procurer un gobelet à anse, un peu lourd, mais solide, plus large du fond qu'à l'ouverture et qui, par conséquent, ne se renversera pas sur la table comme nos verres à pied. M. Stœzle n'expose pas de verres colorés, mais il a envoyé un petit guéridon tout en verre, dont le plateau a malheureusement été fêlé dans le voyage ; cette pièce, fabriquée d'abord en verre bleuâtre, a été ensuite revêtue à l'intérieur d'une couche métallique qui lui donne par transparence un aspect nacré sur bleu d'un très-agréable effet. A côté de M. Stœzle, M. Reich, de Vienne, a exposé un grand nombre d'objets en verre bon marché, coloré, taillé, gravé, doré, dont il vend dans toute l'Allemagne des quantités considérables.

La cristallerie de luxe est représentée par plusieurs grandes étagères, bien disposées : celle de M. Kralik, de la maison Meyer neveu, à Adolf, près Winterberg, porte des pièces très-remarquables, entre autres de grands vases roses, bleu-turquoise, vert tendre, des urnes blanches, dont le verre est marbré de stries, tantôt opalines, tantôt transparentes, deux grandes coupes, vert tourmaline et des peintures sur verre d'une belle exécution. L'exploitation industrielle de M. Guillaume Kralik a pris un grand développement dans les cinq usines qu'il possède et où il fabrique toute espèce de verres creux et cylindriques, blancs ou colorés, lisses ou façonnés : il fait aussi des verres à vitre et des vitraux de couleur de toutes nuances : la fabrication se fait au bois de pin ou de sapin abattu dans les forêts qui entourent les usines. Pour la coupe de ces bois et leur transport, l'extraction et le transport du quartz, la préparation de la potasse et des autres matériaux nécessaires aux verreries, M. Kralik emploie environ 4,000 personnes, qui, dans ces régions montagneuses de la Bohême, ne pourraient autrement gagner leur vie.

M. le comte Harrach de Neuwelt, qui occupe aussi un très-grand nombre d'ouvriers, expose de beaux produits aux couleurs franches et pures, des verres craquelés et de grandes pièces ornées de figurines en verre fondu et moulé par des procédés nouveaux. Celles qui attirent le plus justement l'attention sont des fontaines en verre de couleur supportées par des enfants, des dauphins ou des cygnes en verre blanc un peu verdâtre, et dont la surface, en quelque sorte dépolie, donne aux statuettes un aspect tout à fait nouveau.

Les autres exposants ne fabriquent pas, en général, leur matière première, mais sont ce qu'on appelle en Bohême, des raffineurs, autrement dit des décorateurs. Chez eux, le verre fondu dans des usines, au milieu des forêts inhabitées, est transporté à l'état brut, et reçoit la taille, la gravure, la peinture et la dorure dans des centres de population où il est possible de se procurer les ouvriers absents aux lieux même de la production première. M. Hofmann, l'un de ces raffineurs, expose des vases rouges et jaunes à gravure blanche, véritables classiques de la Bohême, ornés du cerf traditionnel très-nettement gravé sur une matière très-pure. Ses verres blancs taillés sont aussi très-brillants. Nous aimons moins les grands vases rehaussés d'or en verre tellement foncé et si près du noir qu'il en perd sa transparence.

L'étalage de M. Hegenbarth, d'Haida, se distingue par une profusion de décors où la couleur n'est plus mêlée dans la masse, mais appliquée sur la surface et fixée par un passage au feu ; les pièces les plus nombreuses sont des vases en verre vert enluminés d'une profusion d'armoiries, d'ornements, aux couleurs les plus vives. Le rouge, le jaune, le bleu, quelquefois mêlé d'or, s'enlèvent hardiment sur le fond vert. Signalons aussi une ornementation à petites raies alternativement bleues et rouges qui, à quelques pas, produit un ensemble violet assez réussi ; ce même décor à petites raies est répété en rouge et vert par le même exposant.

M. Pelikan, à Ullrichsthal, montre sur un dressoir de près de 6 mètres de long des échantillons colorés dans la masse en bleu foncé, bleu clair, blanc, jaune, rouge foncé et rouge clair sur lesquels le cerf bohémien est reproduit en transparence blanche par la gravure à la molette : les couleurs sont belles, l'exécution est bonne, mais les graveurs de Bohême ne pourraient-ils donc pas trouver autre chose que ce cerf, très-beau et très-bien fait, mais trop souvent reproduit ? M. Zahn à Zlatno en Hongrie, expose quelques pièces de verrerie dont il a irisé la surface par un procédé dont il nous semble s'exagérer l'importance s'il est vrai qu'il en ait, comme on nous l'a dit, refusé dix mille livres sterling à un acquéreur anglais ; cette irisation est pour le verre ce qu'est le procédé Brianchon pour la céramique, c'est-à-dire d'un usage restreint à certaines applications.

M. Lobmeyr, de Vienne, ne produit pas non plus la matière première, qu'il travaille si bien ; mais il fait exécuter au dehors sa gobeletterie et ses cristaux d'après des dessins des meilleurs artistes, et il se réserve la propriété des modèles. Toute son exposition porte le cachet du goût le plus exquis ; ses services de table d'une forme charmante et d'une gravure légère et élégante, sont d'un prix infime, si on le compare à celui des cristaux anglais. Le ton un peu grisâtre de la matière est loin de diminuer leur valeur artistique.

La pièce la plus remarquée est une sorte de grand calice monté en bronze doré, dont la matière simule le cristal de roche, et dont la monture est rehaussée par des cabochons en améthyste et en émeraude ; le dessin a été fait pour M. Lobmeyr, par M. Schmidt, architecte de la cathédrale de Vienne.

Des coupes, des porte-bagues, des carafes gravées d'ornements délicats couvrent l'étagère dont le fond est une grande et belle glace avec ornements en verre pour cadre. Dans la galerie sur laquelle s'ouvre l'exposition de M. Lobmeyr, pendent des lustres exposés par le même fabricant ; ils offrent une particularité qui produit à l'œil un excellent effet, leur armature en fer doré est recouverte de cristal taillé qui la cache en partie et dans lequel joue la lumière : deux de ces lustres sont surtout remarquables ; l'un, de 120 bougies, est du prix de 6,000 fr. ; l'autre, de 60, est du prix de 1,300 fr. ; ils sont, l'un et l'autre, d'un dessin très-léger et d'une ornementation qui, à notre avis, l'emporte de beaucoup sur tous leurs similaires.

La verrerie de Venise n'est pas au Champ-de-Mars moins bien représentée que la verrerie de Bohême ; à aucune autre exposition, elle ne s'était montrée avec tant d'éclat. — L'île de Murano, faubourg de Venise, fut le berceau de l'art de la verrerie en Europe ; pendant tout le moyen âge, 30,000 habitants, desservant plus de quarante grandes fabriques fournirent au monde entier de la verrerie, des miroirs, des lustres, des émaux, des imitations de perles, de marbre, de pierres précieuses, de vitraux pour les églises et même des maîtres verriers qui enseignèrent leur art aux barbares du Nord et de l'Occident, après une longue période de décadence pendant laquelle les ouvriers de Murano, réduits à un bien petit nombre, se bornèrent à faire des millefiores, des perles, du jais et autres petits objets destinés plutôt à satisfaire la curiosité des visiteurs étrangers qu'à constituer une industrie véritable. Depuis quelques années, grâce aux efforts de l'abbé Vincent Zanetti, et de M. Antoine Colleoni, chef de l'administration communale, la verrerie de Murano semble renaître et son principal représentant à l'Exposition universelle de 1867, M. Antoine Salviati, vient d'être décoré de la Légion d'honneur.

Bien que le verre de Venise contienne une petite quantité de minium, il n'est pas un cristal ; le sable de l'Adriatique, la soude et la potasse, ajoutés dans des proportions calculées forment un verre qui ne se refroidit pas rapidement et conserve pendant le travail une plasticité extrême permettant de lui donner les mille formes dont les artistes verriers de Murano se plaisent à décorer leurs produits. Il n'est pas aussi transparent, ni d'une blancheur aussi absolue que les cristaux français ou anglais, mais il est d'une incroyable légèreté et peut s'étendre en couche aussi mince que le vernis le plus limpide, ce qui le rend susceptible d'applications particulières. — On appelle en général *verre soufflé* le verre vénitien parce que l'ouvrier se sert presque uniquement de sa canne, du pontil, de pincettes ou de ciseaux pour donner au verre toutes sortes de formes, sans le mouler, le tailler ou le graver comme dans tous les autres pays ; il se sert bien de temps en temps de quelques matrices pour produire des ornements en relief réguliers, mais ces procédés ne constituent pas, à proprement parler, un moulage. Il faut que le verrier maintienne sans cesse la pièce qu'il travaille assez chaude pour que l'addition d'une nouvelle quantité de verre en fusion ne vienne pas briser l'ouvrage déjà produit, et cependant assez froide pour que la pièce dressée ne se déforme pas à la chaleur du four ; souvent l'ouvrier ou plutôt l'artiste, vaincu par les difficultés même de son art, est forcé instantanément de modifier ce qu'il voulait faire et de changer un cygne en dauphin, une rose en dahlia, ou réciproquement, suivant les caprices de la fusion.

Telle pièce, exposée par M. Salviati, a été plus de cent fois remise au feu, et, pour la conduire à bonne fin, il a fallu non-seulement l'habileté de l'ouvrier, mais encore de grandes chances de fabrication. Ce n'est pas seulement dans la forme qu'est la difficulté pour le verrier vénitien, mais encore dans l'état chimique du verre lui-même ; tantôt coloré en bleu verdâtre clair et transparent sous le nom d'*aqua marina*, tantôt rendu blanc et opaque sous le nom d'*alabastro*. Légèrement opalisé comme le *girasole*, rouge et transparent dans le *rubino*, parsemé d'or comme l'*aventurine*, il se fond, se soude, s'étire et se tord plus ou moins heureusement suivant le voisinage où on le place. L'artiste doit savoir quelles affinités ont les verres colorés aussi bien comme fabrication que comme aspect ; souvent où l'aventurine ferait mieux, il est forcé de mettre du rubino ou de l'alabastro. Le public ne peut se rendre compte de ces complications infinies ; il apprécie cependant le résultat et sent bien qu'il y a là autre chose qu'une production mécanique ou machinale d'un même modèle incessamment répété. Chaque pièce, si commune et si bon marché qu'elle soit, est un véritable objet d'art bien rarement reproduit d'une manière identique sans qu'il y soit ajouté ou retranché.

La pièce capitale de l'exposition de Murano est un grand lustre de quatre ou cinq mètres de hauteur fait par les ouvriers de M. Salviati pour le musée de leur ville ; ses bras, tout en verre, sans armature de métal, peuvent porter soixante bougies ; de larges feuilles et de grandes fleurs toutes en verre imitées des anciens modèles de Venise l'ornent magistralement. Cette belle œuvre, à laquelle on aurait dû consacrer une place honorable, puisqu'elle est faite par un groupe d'ouvriers dans une intention nationale et artistique, est tristement reléguée, couverte de poussière dans un café chantant, accolé, nous ne savons pas pourquoi, à la section italienne ; si encore on n'y chantait que des mélodies italiennes !

Il est impossible de décrire tous les objets exposés, nous signalons cependant une grande coupe portée par trois dauphins, — un assortiment complet de verres en forme de calices, dont la coupe est de toute couleur, portée sur des pieds à jour ornés de couronnes, de fleurs, de feuilles, de dauphins, de cygnes et de reliefs de toute sorte, — des plats où l'aventurine se croise avec le bleu, le blanc avec le rubis, et où des bulles d'air serrées entre deux couches de verre, donnent à la surface l'apparence de petites vagues régulièrement figées ; d'autres plats, où les

verres de couleur, s'en allant en pointes imitent les langues de feu de la flamme et
portent le nom de *Fiamma* ; une foule de coupes et de verres si légers qu'ils semblent justifier la légende prétendant que leur poids ne suffirait pas à les faire casser
s'ils tombaient ; un d'entre eux surtout en forme de petit baril est une véritable
bulle de verre, et flotterait certainement en l'air s'il était rempli d'hydrogène ; les
verres mousselines de nos verreries semblent massifs à côté de ces merveilles de
légèreté. Des glaces entourées de cadres en verre avec feuilles et fleurs colorées
rappellent les anciennes glaces de Venise, si recherchées aujourd'hui dans les
ventes ; des lustres de dix-huit bougies valant l'un 300 fr., l'autre 250, sont relativement bien meilleur marché que les lustres ornés de bouchons de carafes, vendus
si cher par les Anglais et les Français.

M. Salviati couvre aussi un large panneau avec des mosaïques dont plusieurs
représentent des portraits modernes, parmi lesquels on remarque quelques-uns des
souverains ; suivant nous, le costume moderne, déjà peu favorable à la peinture à
l'huile, est tout à fait déplacé dans les arts d'ornement tels que la mosaïque et la
tapisserie, et nous apprécions mieux un christ sur un fond d'or, dont le modèle
est attribué à Carlo Dolci ou à Ludovico Caracchi, la madone de Murano debout
sur champ d'or, un saint Nicolas, l'évêque Wickcam et autres figures à costumes
plus artistiques que le nôtre.

Nous estimons aussi, comme elles le méritent, toutes les mosaïques de pur ornement, soit comme décoration murale, soit comme meuble ; des fleurs, des oiseaux
d'une exécution parfaite ornent des tables et des guéridons d'un grand prix. Pour
faire les fonds d'or de ces mosaïques, M. Salviati a été conduit à emprisonner une
feuille d'or entre deux couches de verre, l'une épaisse, l'autre tellement mince,
qu'il faut quelque attention pour en reconnaître la présence. Cette sorte de vernis
de verre protége le métal contre la sulfuration, l'oxydation ou toute autre action
atmosphérique ; ce procédé serait très-avantageusement employé pour toutes les
dorures ou argentures architecturales, soit au dedans des salles de réception ou de
spectacle, soit au dehors des constructions. Dans un recoin peu visité de l'exposition de Murano, nous avons trouvé un lot d'ornements en relief ou en creux, revêtus d'une mince couche d'or protégée par ce vernis vitré qui lui-même peut être
coloré et changer par transparence le ton du métal sous-jacent : ainsi l'on peut
verdir ou rougir l'or, bleuir ou violacer l'argent, peut-être trouvera-t-on le moyen
de fixer ainsi la couleur rouge du cuivre, la plus belle des couleurs métalliques,
malheureusement si altérable qu'elle est presque inconnue.

Les Russes ont peu d'exposants ; le prince Menshikoff a envoyé de la gobeletterie
de cristal, MM. Kosteref, des bouteilles ; MM. Hordliczka, quelques verres et services de table ; la manufacture impériale des verreries de Saint-Pétersbourg, des
vases, cassettes, porte-bouquets, coupes, bocaux et carafons en verre coloré, et la
fameuse collection des émaux de MM. Bonafédé, qui a été acheté par le musée
d'Edimbourg. Il est probable que la distance et la difficulté des transports auront
arrêté les fabricants russes, car depuis vingt ans cette industrie a fait dans ce pays

des progrès considérables. **D**'après le travail officiel de **M.** de Buschène, on compterait actuellement en Russie 227 fabriques occupant 11,000 ouvriers, et produisant pour 28 millions de francs de verre fabriqué tous les ans. Vladimir, Saint-Pétersbourg, Riasan, Orel, Moscou, Nijni-Novogorod, Lublin et quelques autres localités seraient le siége de cette fabrication. Les produits exposés et principalement ceux de la manufacture impériale sont très-satisfaisants.

La manufacture des glaces de Manheim, dans le grand duché de Bade, fondée en 1853, occupe déjà de 5 à 600 ouvriers qu'elle loge presque tous gratuitement; elle a envoyé une glace brute pour toiture de 4 mètres 53 centimètres de long sur 2 mètres 7 centimètres de large, deux autres glaces polies, l'une étamée, l'autre transparente à peu près de même grandeur; une glace polie façonnée à biseau. Cette usine étant une des dernières montées parmi celles qui sont possédées par la compagnie de Saint-Gobain, a profité de tous les perfectionnements modernes; la fonte du verre s'y fait au gaz, elle a de plus une taillure spéciale pour fabriquer par des procédés mécaniques les biseaux, chanfreins et ornements en creux très en usage aujourd'hui à l'imitation des anciennes glaces de Venise. Elle est dirigée par **M.** le comte de Bauer, et ses institutions ouvrières en font une des colonies industrielles les plus florissantes.

Un exposant du même duché, **M.** Acker, à Gaggenau, près Rastadt, fabrique des coussinets en verre pour arbre de machine, des gauvets et des crapaudines pour les broches de filature; d'après **M.** Acker, ces coussinets en verre seraient d'une solidité à toute épreuve, d'un très-bas prix et économiseraient plus de la moitié du graissage si coûteux dans les grands ateliers. Pour beaucoup d'applications, il serait peut-être possible de remplacer l'huile par de l'eau. **M.** Acker fabrique aussi des tubes en verre pour conduites d'eau, des tubes manomètres pour chaudières à vapeur, des robinets en verre pour les chimistes, et autres objets d'usages spéciaux.

La Bavière expose surtout des carreaux de vitres de couleurs, des glaces et des miroirs de petite dimension, surtout argentés; les premiers, fabriqués par **M.** Adolphe Wagner, de Sarrebruck, les autres par **M.** Oswald, de Furth; elle montre aussi des verres bombés exposés par **M.** Vopelius de Soulzbach; des perles, du jais et de la verroterie de **MM.** Scharrer et Koch, et de **MM.** Jacob, Samuel, Bettemann, à Bayreuth. Mais les pièces principales de l'exposition bavaroise sont deux énormes vases de plus de 3 mètres de haut, en verre opaque blanc et bleu, fabriqués à Rabinsten chez **M.** Wilhem Steigerwald.

La fabrique portugaise de Marinha-Grande, fondée par Stephens, et léguée par lui au gouvernement portugais, expose de bons échantillons de verres et cristaux, parmi lesquels on remarque une grande coupe en cristal taillé blanc et bleu. L'Espagne a deux exposants, **M.** Cifuentes, qui a envoyé de la gobeletterie fondue à la houille en creusets ouverts, et une autre personne dont il nous a été impossible de découvrir le nom sur une étagère qui porte un grand nombre de verres ou cristaux moulés d'une teinte un peu violacée. L'Amérique n'a de particulier que la vitrine de M. Schuster, de New-York, renfermant des verres gravés au moyen du tour à guillocher.

L'exposition de la cristallerie anglaise est très-importante ; elle n'a pas la variété de couleurs de la France, de la Bohême ou de Venise : mais ses cristaux, tous à base de plomb, sont d'une blancheur et d'un éclat tout à fait supérieurs aux autres fabrications. Comme gravure et comme taille, la perfection des cristaux anglais est aussi incontestable ; aussi le public se porte-t-il avec empressement aux étalages de la cristallerie anglaise, et déjà bon nombre de produits ont été vendus à des souverains et à des altesses connus comme bons appréciateurs d'objets artistiques.

M. Dobson a placé sur ses étagères des services, des vases et des carafes de très-grand prix ; les water-jug de 4,000 fr. n'y sont pas rares ; l'un d'eux, gravé de chimères et de fleurs d'eau, est un véritable chef-d'œuvre d'exécution, d'autres dont les dessins sont empruntés au style grec, représentent le char de l'Amour, le char de Thésée, le char du Soleil ; ils ne sont pas moins bien gravés. En avant de la table se trouve un canard en cristal, dont les plumes sont merveilleusement imitées par la finesse de la gravure. Dans un autre genre, signalons un grand water-jug aplati dont les deux faces parallèles sont taillées à toutes petites pointes de diamant qui nous a paru un véritable chef-d'œuvre de taille.

De l'autre côté de la galerie, MM. James Green brillent par leur cristal taillé extrêmement réfringent ; ils nous ont montré notamment des salières précieusement mises à l'abri de la poussière dans une boîte renfermée elle-même dans leur buffet. Ces salières véritablement ont bien plus l'air d'être destinées à faire de fausses rivières de diamants qu'à orner un service de table. Bien que M. James Green ait rouvert ses étagères de cristaux taillés à larges facettes, il a également exposé de beaux vases gravés. — MM. Philips. Pellatt, Copland, John Millar ont aussi de très-belles expositions en cristaux taillés et gravés. Nous avons surtout remarqué sous la vitrine de ce dernier un claret-jug d'un modèle particulier ressemblant beaucoup à un large anneau de verre creux à surface gravée.

L'étagère de M. Powell s'éloigne un peu de l'uniformité classique de ses voisins : quelques-uns de ses cristaux sont rehaussés d'ornements en couleurs aigue-marine ou rose ; au-dessus de sa table pendent de jolies corbeilles portées par deux cercles se coupant à angle droit formées du cristal le plus pur et le plus brillant. M. Defries expose des objets en verre coloré, entre autres la couronne d'Angleterre et la couronne impériale, qui nous paraissent d'assez mauvais goût, ainsi qu'un grand lustre porté sur un pied, et dans lequel le rouge, le vert et le bleu se heurtent et produisent à l'œil l'effet le plus désagréable. Près de là se trouve l'étagère de M. Henri Green, dont le cristal, d'un blanc parfait et d'une taille habile, fait un contraste heureux ; un des claret-jug de cet exposant représentant l'Amour et la naissance des fleurs est un bon spécimen de gravure à la mollette ; M. Henri Green ne dédaigne pas non plus d'employer la gravure à l'acide fluorhydrique dont nos fabricants usent aujourd'hui sur une si grande échelle ; il nous a montré tout un service gravé par ce procédé avec une finesse et une légèreté de très-bon goût.

Le célèbre M. Chance a, comme toujours, une magnifique exposition de glaces, de verres à vitre blancs et colorés, mats et transparents, de lentilles et de prismes pour appareils astronomiques, phares, photographie, et autres applications scientifiques et industrielles.

MM. Aire et Calder sont les seuls exposants anglais pour les bouteilles et ustensiles de verre ; il est vrai que leur collection est aussi complète que possible, car elle comprend toutes les bouteilles et flacons si nombreux qui garnissent les caves et les offices des maisons anglaises. On y trouve les bouteilles à ale, à porter, à porto, à sherry, les capsules à gingembre, les flacons à pickles, de charmants petits tonneaux en verre dont nous ignorons l'usage, puis de nouveaux systèmes de fermeture de flacons et de bouchage de bouteille. Parmi ces derniers, l'un d'entre eux nous a paru devoir réussir assez bien : au lieu d'enfoncer dans le goulot un bouchon plein en liége, on y adapte seulement une bague intérieure en liége, et l'on y enfonce un bouchon en verre à tête élargie et dont le corps, faisant coin, comprime toujours le liége et ferme hermétiquement la bouteille.

Telle est, sauf omission, l'exposition de la verrerie au Champ-de-Mars ; peut-être la plus complète, la plus générale et celle qui prouve combien la réelle civilisation commence à se répandre, car il nous semble que les progrès de la verrerie chez un peuple indiquent chez lui le bien-être, la facilité de transport, les habitudes d'ordre et le sentiment du *sweet home*.

COUTELLERIE

Autant qu'il est possible de juger par les vitrines du Champ-de-Mars, la coutellerie française nous semble avoir fait de très-grands progrès, les formes sont meilleures, les détails sont plus soignés. Bien que plusieurs exposants n'aient pas cru devoir indiquer les prix sur leurs produits ou les aient marqués par des chiffres incompréhensibles, il est cependant facile de voir par les mentions fixées à certaines pièces que l'ensemble des prix a plutôt baissé que monté, et, cependant, les salaires et la valeur vénale de toutes les matières premières employées dans la coutellerie se sont au contraire élevés. Cette modicité dans les prix vient d'une bonne répartition du travail et de l'application des machines-outils à la confection de tout ou partie des pièces qui constituent le couteau.

Il y a peu d'années encore, la mode ne voulait que des couteaux anglais, et toute lame qui ne portait pas la marque de Mappin, de Mac Daniel, ou tout au moins l'indication de Sheffield, ne pouvait se montrer sur une table élégante ; aujourd'hui, Thiers, Châtellerault, Nogent ont des marques estimées, aussi bien en France que dans les pays étrangers. Châtellerault est surtout devenu célèbre pour sa coutellerie de table et ses rasoirs de bonne qualité ; cette coutellerie de table a pris un développement considérable depuis qu'il n'est plus d'usage de manger avec son couteau de poche.

Il n'y avait guère, au commencement de ce siècle, que les grandes maisons et les restaurants de haut parage pour joindre à la cuiller et à la fourchette un couteau non fermant, à manche le plus souvent orné. [Nos grand'mères avaient toutes dans leurs poches un couteau fermant, presque toujours avec une seconde lame en argent pour le fruit ; les cabarets et les auberges joignaient assez rarement à leur couvert en fer un couteau non fermé. Aujourd'hui c'est tout le contraire, il y a bien peu de dames qui aient conservé l'habitude de porter un couteau et même un canif ; à Paris et dans les villes, les hommes ont souvent un petit outil garni d'une lime à ongles, d'une lame de canif pour couper l'extrémité fermée des cigares, d'une longue aiguille pour les percer s'ils sont trop durs, d'un crochet à boutonner les gants ou les bottines ; mais l'ancien couteau à serpette ou à tire-bouchon est réservé aux habitants de la campagne, aux amateurs du jardinage, aux chasseurs et aux voyageurs. Quant à chercher une arme dans son couteau de poche, cela ne se fait plus : c'est une fantaisie passée en France, depuis les fameux couteaux-poignards enfantés par le mouvement romantique, et qui séduisaient notre enfance par leur fier aspect.

Il y a bien encore quelques personnes qui achètent à Luchon ou à Cauterets des couteaux prétendus catalans longs et incommodes, mais qui au besoin pourraient servir à la défense. Les gens qui sont réellement exposés préfèrent le revolver ; les autres se fient à la gendarmerie nationale et ne portent pas de couteau du tout.

La présence du couteau de table est donc devenue indispensable dans toutes les salles où l'on mange et la consommation de cet article s'accroîtra avec le progrès de la civilisation. Pour favoriser ce mouvement, il fallait arriver à produire, à très-bon marché, des couteaux en même temps solides et d'apparence honorable ; c'est Châtellerault qui a le mieux réussi à confectionner ces couteaux à manches de bois noir ou noirci, à viroles d'argent ou de maillechor, qu'on retrouve partout aujourd'hui et qui s'expédient au prix de 4 à 8 fr. la douzaine dans toutes les parties du monde. Les mêmes, avec manche blanc en os ou en ivoire, se font à des prix de plus en plus élevés suivant le modèle et la richesse de la garniture.

Pour arriver à produire rapidement et à si bas prix les milliers de douzaines de couteaux que vend Châtellerault, il a fallu recourir à la division du travail et à l'emploi de moyens mécaniques. Trois maisons s'occupent de cette fabrication : MM. Pagé, Pingault et Mermillod ; ce dernier, qui, il y a vingt ans, a sauvé de l'oubli la coutellerie de Châtellerault, vient d'être nommé chevalier de la Légion d'honneur et l'avait bien mérité.

M. Pingault est le plus jeune fabricant : sa coutellerie des Barres date à peine de dix-huit mois ; mais les progrès qu'il fait sont rapides, et si la nouvelle forgeuse qu'il monte en ce moment réussit comme il est en droit de l'espérer, elle pourra faire descendre à 3 fr. la douzaine le prix de ces couteaux noirs qui se vendent aujourd'hui 4 fr. 50 c. ; M. Pingault fournira donc pour 25 c. un couteau de table fort convenable, sans user de l'artifice qui consiste à rapporter à la lame, découpée par un emporte-pièce dans une tôle d'acier, une bascule en fonte polie, au lieu de la forger d'une seule pièce. Avec la nouvelle forgeuse de M. Pingault, la lame porte sa bascule sans avoir les difficultés du forgeage à la main dans une enclume fendue comme cela se pratique aujourd'hui. Les barrettes d'acier dans lesquelles sont découpées les lames passent d'abord entre les cylindres d'un fort laminoir qui prépare la barrette à sa transformation en formant la maquette de la lame ; ce laminage laisse une épaisseur suffisante pour la bascule et dessine la queue. Les trois parties sont ensuite terminées par la forgeuse entre deux étampes fortement comprimées par une presse à genouillère. Ce procédé, qui a parfaitement réussi comme expérience, devra aussi réussir dans la fabrication courante. M. Pingault fait déjà mécaniquement les manches au moyen d'une série de machines-outils qui découpent, planent, cisèlent, percent le poirier, l'ébène, l'os, la corne et l'ivoire.

Dans ces derniers temps, M. Pingault s'est préoccupé des justes plaintes que font les acheteurs de couteaux de table contre le défaut d'adhérence entre la lame et le manche. En effet, pour la plupart de ces couteaux à bon marché, la queue de la lame n'est retenue dans le manche que par un ciment de résine et de poudre de briques, très-solide tant que le couteau n'est pas exposé à la chaleur ; mais si on le lave à l'eau bouillante, ce qui arrive dans un très-grand nombre de cas, la queue de la lame tourne dans le ciment ramolli et finit par se séparer du manche. Frappé de cet inconvénient, M. Pingault a constitué un modèle de couteau dans lequel trois chevilles de fer traversent le manche et la queue de la lame, et fixent l'un à l'autre de manière qu'ils ne craignent plus l'eau chaude.

Nogent fait aussi quelques couteaux de table, mais fournit surtout des lames aux couteliers de Paris, qui les montent avec plus ou moins de luxe et de bon goût. Parmi ces derniers, outre les maisons Cardeilhac, Touron, Marmuse, Picault, dont les vitrines sont si richement garnies, nous avons remarqué, dans l'exposition de M. Jules Piault, un beau service dont la monture en ivoire est du goût le plus pur et le plus élégant.

L'exposition de Nogent brille surtout par les ciseaux et les couteaux professionnels. Ainsi M. Girard expose des flammes de boucher, des couperets, des hachoirs (a); M. Vitry des ciseaux de luxe, MM. Sommelet et Wichard, des ciseaux de toutes

---

(a) Nous extrayons d'une note publiée par M. Girard les renseignements suivants :

« Ma maison est une des plus anciennes de Nogent. Elle remonte aux premières émigrations langroises. Elle fut une de celles qui les premières de Nogent, parcoururent et firent parcourir la France pour l'écoulement des produits, créèrent des comptoirs à Paris, à Lyon et dans le midi. Ses divers représentants firent pendant longtemps le même genre d'affaires que moi seul ai modifié. en ce sens qu'en dehors et en plus, je suis devenu industriel et producteur direct. J'ai fondé, en 1861, une usine hydraulique relativement considérable, pour la fabrication de la grosse coutellerie. La force de mon usine est de 15 chevaux et j'y ai ajouté une machine à vapeur à condensation comme force-adjuvante, de 12 chevaux. Je puis donc disposer de 27 chevaux de force, soit le quart à peu près de la force totale de vingt usines de la contrée.

» Ainsi pour obtenir une meilleure qualité, je n'emploie que des aciers de premier ordre, et ces aciers sont traités par mes forgerons avec un soin qui leur conserve tout leur mérite. Comme les objets forgés sont ébarbés à la meule, il n'est plus nécessaire de les soumettre. pour les limer, à un recuit qui attendrit l'acier en le décarburant. Par un procédé spécial de trempe à l'eau froide aérée et toujours maintenue à la même température, par le chauffage des outils au même degré dans un four à réverbère j'obtiens une trempe excellente et d'une qualité invariable. Mon procédé de trempe est celui usité pour la trempe des lames de Damas qui ont acquis une réputation universelle. L'abaissement du prix de revient est obtenu par l'application du procédé économique enseigné par la science moderne : le principe de la division du travail. Chaque article produit, passe en moyenne dans seize mains.

» Mes ouvriers, je puis l'affirmer, puisque je puis le prouver par mes écritures de commerce. reçoivent dans mon usine, un salaire constant s'élevant à plus du double du salaire obtenu par les ouvriers qui travaillent isolément. Certains ouvriers, devenus producteurs habiles, voient leur salaire s'élever au quadruple.

» J'ai voulu. depuis le traité de commerce. une prospérité soutenue, progressive, en rapport

formes et de tous prix, et l'intéressante collection des maquettes indiquant les différents temps de la fabrication des deux branches. La vitrine de M. Thuillier-Lefranc, aussi de Nogent, est remplie de ciseaux de tailleurs et de coiffeurs, de cisailles, de sécateurs, dont quelques-uns atteignent des proportions véritablement gigantesques.

L'exposition de Thiers est la plus nombreuse; c'est aussi cette ville et ses environs qui, à eux seuls, produisent les six-dixièmes de la fabrication totale de la France. Tous ceux qui ont été visiter l'Auvergne se rappellent des ateliers si pittoresques des couteliers de Thiers, avec leurs larges fenêtres au cintre surbaissé, tout ouvertes sur la rue ou la route et qui rappellent les anciennes boutiques des piliers des halles; là, le coutelier, ses enfants et ses apprentis, travaillent en famille et manient sans relâche le marteau et la lime ou font tourner la meule. Quelques-uns des établissements de Thiers se servent de la force d'eau de la Durole. Nous nous souvenons même d'avoir vu un des petits ateliers établis sur le célèbre cordon de Thiers utiliser, au moyen de la transmission d'un mince fil de fer, la chute du torrent tombant à plus de cent mètres au-dessous de lui.

Thiers fait surtout le couteau fermant, et est arrivé à le fabriquer à des prix qui défient toute concurrence; c'est de là que viennent tous ces couteaux vendus dans les boutiques à soixante-cinq centimes des étalagistes ambulants; c'est de Thiers que sont exportés, pour rentrer en France comme curiosités, tous ces couteaux espagnols, aux manches ornés de cuivre et décorés de couleurs voyantes et

avec l'écoulement de ma fabrication. Je n'ai monté mon outillage qu'au fur et à mesure de mes besoins et je puis lui donner, où je suis placé, toute l'importance nécessaire. Ma fabrication personnelle, pour l'année 1866 a été de 9,124 douzaines de couteaux et de 3,000 douzaines de tranchets, soit 145,188 pièces, ce qui fait pour 300 jours de travail une moyenne de 480 pièces par jour, dont la vente s'est élevée nette à 85,800 francs. En dehors de ma production à l'usine j'occupe encore, et il le faut, un très grand nombre des 5,000 ouvriers du groupe. Ils m'ont livré, dans le cours de l'année, 13,341 douzaines d'articles de coutellerie diverse, soit 160.092 pièces pour le service de ma clientèle. Les articles par moi livrés à la consommation générale en 1866 s'élèvent à 25.165 douzaines, soit un chiffre total de 305,580 pièces.

» Je vais ajouter à ma fabrication celle du sécateur d'un nouveau système pour lequel j'ai pris un brevet d'invention le 27 novembre dernier. Je m'outille pour le faire dans de bonnes conditions de prix, de perfection et de quantité, assuré de sa supériorité sur les autres sécateurs. Il arrive souvent, en se servant d'un sécateur, que la branche d'arbre qu'on veut couper s'écrase, se fendille, se mâche entre les lames, se coupe mal ou laisse une meurtrissure préjudiciable à .a taille et surtout sur les branches en sève. Ces graves défauts ont fait jusqu'alors désapprouver le sécateur par les hommes compétents. Aussi nos grands maîtres en arboriculture consentent-ils à se servir de préférence de la serpette, dont l'emploi est plus lent, plus difficile et toujours plus dangereux. L'application du guide à coulisse vient remédier à ces inconvénients et faire du sécateur un instrument de précision. En effet, la vis du guide sert à donner juste la pression nécessaire des deux lames l'une contre l'autre, empêche le moindre écart, ne permet pas qu'une branche puisse être meurtrie au point de section et fait une coupure plus nette que ne le ferait une serpette qui laisse quelquefois une bavure à l'endroit terminal de la branche; tandis qu'avec le sécateur à guide, le point d'appui (la petite lame) étant un peu tranchant, mais beaucoup moins que la grande lame, l'écorce de chaque côté se trouve simultanément attaquée et il en résulte que la section

fait nettement, sans écrasement ni bavure. »

que nous retrouvons placés dans la vitrine de M. Journoux-Riberon. M. Dessalle-Vedel a affiché sur ses couteaux les prix du plus incroyable bon marché ; à vingt-cinq centimes, il livre des couteaux à deux lames ; à soixante-cinq centimes, des couteaux à trois, quatre et cinq pièces ; à quatre-vingt-quinze centimes, des couteaux à six et huit pièces, enfin à douze francs la douzaine des couteaux à dix pièces, c'est-à-dire portant avec une lame ordinaire, une scie, un crochet à boutons, une flamme à saigner les bestiaux, un greffoir en ivoire, une serpette, un canif, un tire-bouchon, un emporte-pièce et un poinçon.

M. Sabatier empose une belle collection de couteaux spéciaux, surtout à la boucherie, et des couteaux de table et autres, mais sans indication de prix. M. Astier Frodon montre également une belle collection de couteaux de boucher. M. Saint-Joannis Blondel, outre ses échantillons de coutellerie diverse, a exposé des découpoirs avec lesquels il taille mécaniquement à l'emporte-pièce ses lames et ses ressorts. Nous regrettons beaucoup que MM. Chatelet et Cornet, dont la vitrine renferme, outre les couteaux de table, des rasoirs et des ciseaux, une très-belle collection de solides couteaux en corne grise, n'aient pas jugé à propos d'en indiquer le prix.

Nous avons aussi regretté de ne pas voir, dans l'exposition de Thiers, ces excellents couteaux à lames minces, qu'une virole tournante rend fixes, et dont le manche arrondi se place dans le canon d'un fusil pour faire de la lame une véritable baïonnette. Nous avons en vain cherché dans la vingtième classe l'eustache de Notron et de Saint-Étienne, qui se vend encore aujourd'hui de trente-cinq à quatre-vingt-cinq centimes la douzaine.

En résumé, la coutellerie française peut être fière de son exposition, et nous sommes persuadé que son exportation s'en accroîtra, bien qu'elle soit déjà d'un quart sur environ [vingt millions de produits. Ces vingt millions de francs représentent un nombre considérable de pièces, car le département du Puy-de-Dôme fabrique annuellement à lui seul plus de quarante-huit millions de coutellerie diverse.

A très-peu d'exceptions près, nos fabricants se servent des aciers français provenant de Rive, dans l'Isère, des aciéries environnant Saint-Étienne, et surtout de M. Holzer, de Firming ; quelques-uns de nos fabricants en renom, emploient, surtout pour les rasoirs, l'acier Huntsmann, de Sheffield, mais en bien moins grande proportion qu'ils ne le prétendent, les aciers fondus français destinés à la coutellerie s'étant considérablement améliorés depuis quelques années.

La classe 20 de la section anglaise est peu nombreuse, elle ne renferme que six exposants, presque uniquement de coutellerie de luxe et de poche qui vendent aux visiteurs ces petits outils portatifs dans lesquels les Anglais excellent ; mais la grande fabrication à bon marché de Sheffield s'est abstenue d'exposer. Nous avons cependant trouvé parmi les produits de M. Moreton, de Sheffield, à la classe 10, une collection de couteaux de table à bon marché.

La Belgique a trois représentants : MM. Beauduin et Dethier, de Gembloux ont une bonne collection de coutellerie de toute sorte, la maison J.-F. Licot, de Namur, une grande vitrine très-importante renfermant des couteaux de table, des couteaux fermant et quelques pièces dont plusieurs assez belles, M. Notte, de Gembloux, toute une coutellerie d'exportation à manche de nacre représentant des figures de toutes sortes, principalement Napoléon Ier les bras croisés.

Le fameux centre manufacturier de Solingen a envoyé peu de chose, M. Herder des ciseaux, M. Schwarte des canifs et des rasoirs, M. Hartz quelques beaux couteaux fermant, dont l'un à manche de nacre et à dix-huit lames, et M. Karl Reinh de beaux échantillons de sabres.

Bien que le catalogue annonce neuf couteliers autrichiens, hongrois et styriens, il nous a été impossible de découvrir leurs vitrines. Nous avons été plus heureux avec le Portugal, dont un seul exposant, M. Vieira, de Guimarès, montre des ciseaux et des sécateurs dont la qualité nous a été garantie excellente par des Portugais qui s'y connaissent.

La Suède ne pouvait manquer d'avoir un succès en coutellerie; aussi le mot *vendu* est-il placé sur les larges couteaux à manches en bois sculpté, en marbre gris et vert ou brun et rouge, exposés par M. Stahlberg, d'Eskilstuna, à côté desquels se trouvent des ciseaux richement damasquinés dans la vitrine de M. Helgestrand. Le même mot *vendu* se trouve sur presque toutes les pièces de coutellerie renfermées dans l'Exposition russe; les larges lames à forme étrange, les gros manches arrondis envoyées par MM. Varypaeff ont séduit les acheteurs, presque tous les exposants de la classe 20, viennent de Pavlovo, près de Nijny-Novgorod. Dans la vitrine de M. Kapoustine, nous avons retrouvé comme attendrissant souvenirs d'enfance, plusieurs brillantes paires de mouchettes d'un acier du plus beau poli, mais sur lesquelles cependant il n'y a pas le mot : *vendu*.

Nous n'avons pas vu de coutellerie chinoise, mais les États orientaux ont envoyé beaucoup d'échantillons de couteaux, ciseaux, rasoirs et instruments du même genre; la Turquie à elle seule compte trente-deux exposants dont nous recommandons la vitrine aux amateurs de formes locales; il y a là des rasoirs, des ciseaux, des canifs et de magnifiques eustaches d'un goût tout à fait particulier.

CARROSSERIE

La carrosserie occupait dans la grande galerie du palais et dans plusieurs annexes une place importante. Ses progrès récents sont très-remarquables, surtout dans notre pays : la carrosserie française commence à être estimée hors de son propre marché; elle exporte actuellement des voitures pour plus de 4 millions de francs; en 1829, son exportation était de 18ō,911, et en 1841 de 49˙,457 fr. L'importation des voitures étrangères, malgré les facilités données par le traité de commerce, est restée presque nulle.

Dans les dernières années, les procédés mécaniques et le principe de la division du travail, si longtemps repoussés aussi bien par les maîtres que par les ouvriers, se sont répandus et ont apporté de notables améliorations dans le prix et la qualité, sinon de l'ensemble, du moins de quelques parties.

L'application des machines à toute chose est souvent regrettable; rien ne peut remplacer dans la fabrication de certains produits l'habileté et le goût de l'ouvrier, mais les manœuvres de force et de précision gagnent toujours à être exécutées à la machine qui n'a ni distraction ni fatigue; aussi, voyons-nous les meilleures maisons ne pas hésiter à employer des essieux, des ressorts, des roues préparés avec des moyens mécaniques, dans des usines spéciales, outillées de manière à fabriquer mieux, plus vite et plus économiquement qu'elles ne pourraient le faire dans leurs propres ateliers. L'Exposition permet d'examiner les progrès accomplis dans ce sens. MM. Petin et Gaudet d'Assailly; Dietrich, de Niederbronn; Jackson, de Saint-Seurin; Lemoine, de Paris, exposent des ressorts et des essieux de toutes formes et de toutes grandeurs; les sections étrangères en montrent également; MM. Gibson et Briggs, du Canada; Wecker, de la Hesse; Gouvy, des frontières prussiennes, et la fabrique de Kœping, en Suède, exposent des essieux et des ressorts; MM. Blanchard et Scott, des États-Unis, ont envoyé des jantes en bois courbé et des roues entières; la compagnie de Leamington, des roues très-belles et très-recherchées par la carrosserie anglaise.

En France, on a placé dans le pavillon annexe de la section une nombreuse collection de moyeux, de rais, de jantes et de roues, au milieu desquels s'étend une longue série de dessins représentant les machines destinées à les confectionner. Nous avons voulu nous rendre compte de cette fabrication si intéressante, et nous sommes allé à Courbevoie visiter la fabrique elle-même. Là, nous avons vu de grands approvisionnements de bois non-seulement en grume, mais encore en pièces séparées dont la dessication est favorisée par le morcellement. Ainsi les magasins contenaient, le jour de notre visite, 87,000 rais d'acacia destinés à la carrosserie proprement dite; 40,000 rais de chêne destinés au charronnage, et 15,000 autres rais pour les roues de pompes à incendie, de brouettes, de voitures à bras; 15,000 moyeux en orme et 35,000 jantes en frêne séchaient en attendant l'assemblage. Dès qu'elles sont employées, ces différentes pièces sont remplacées par d'autres identiques obtenues en façonnant des plateaux qui attendent leur tour; les bois en grume se débitent incessamment pour remplacer les plateaux et maintenir dans le séchoir un approvisionnement constant de quinze mois e plus.

Une série de machines-outils tourne les rais et les moyeux et pratique dans ces derniers les mortaises avec une netteté et une précision bien supérieures à celles que donnerait le meilleur charron; d'autres outils assemblent les différentes pièces de la roue et posent le cercle, autrefois fixé à chaud et maintenant placé à froid au moyen d'une presse hydraulique. Dans le cas où ce dernier procédé deviendrait tout à fait usuel, il prolongerait de beaucoup la durée des roues : les jantes du meilleur bois, le mieux choisi et le plus sec, se détachant assez rapidement du cercle lorsque leur surface a été réduite en charbon par la chaleur du fer.

On ne saurait trop encourager ces perfectionnements qui doivent assurer la conservation des diverses parties d'une roue, toutes solidaires les unes des autres, car de la roue dépend surtout la sécurité d'une voiture, et il n'en est pas de ce produit industriel comme de bien d'autres dans lesquels les imperfections ne sont souvent qu'importunes, tandis que celles d'une voiture peuvent être mortelles. Aussi la carrosserie, surtout pour la confection des trains, ne doit-elle employer que des bois, des fers et des aciers dont elle soit absolument sûre, ce qui explique le prix élevé de ses constructions, et la faveur attachée à certaines marques de fabrique devenues à tort ou à raison des brevets de solidité.

Les fers employés par nos fabricants sont toujours extraits de fontes au bois et proviennent du Berry ou de la Suède; les bois d'orme, d'acacia, de frêne et de chêne sont tirés autant que possible des régions voisines, car les bois n'aiment pas à être changés de conditions atmosphériques. Pour suivre les modifications que le temps leur fait subir, M. Colas, directeur de l'usine de Courbevoie, a découpé des cubes dans différentes essences françaises et exotiques, il les a conservés pendant un certain nombre d'années après avoir noté exactement leur poids et leur dimension. Aujourd'hui, il expose ces tubes, qui ont subi diverses modifications et montreront aux industriels qui emploient le bois quelle rétraction et quelle diminution de poids les matières ligneuses peuvent éprouver avec le temps. Parmi les bois étrangers, le bois d'amaranthe est le plus employé dans la fabrication des roues. Les caisses des voitures se font en noyer français; à l'imitation de la carrosserie anglaise, nos fabricants ont voulu essayer l'acajou, mais ils y ont presque tous renoncé parce qu'il prend mal la couleur, surtout lorsqu'il vient d'Honduras.

La peinture s'est également perfectionnée, ainsi que les vernis, comme qualité et comme emploi; les caisses reçoivent de quatorze à seize couches successives; les huit premières, quelquefois dix, sont de simple céruse mélangée d'ocre; immédiatement après, une peinture grise, puis la fausse teinte presque toujours noire, la teinte, le glacé, deux couches de vernis français, non parce qu'il est moins cher, mais parce qu'il sèche plus vite et reçoit bien le poli, enfin une couche dernière de vernis de provenance anglaise. Entre l'application de ces différentes couches, il y a les temps d'arrêt nécessaires pour le séchage, le ponçage, les applications de mastic, ce qui porte au moins à deux mois le temps nécessaire pour terminer une caisse.

La peinture des voitures nous a paru être à peu près également bonne dans tous les pays; le choix des couleurs dépendant absolument du goût du moment, peut être contesté, mais l'exécution est satisfaisante presque partout. La France semble avoir entièrement abandonné le bleu pour le havane et le vert olive, qui dominent aussi chez les Anglais.

La fabrication en elle-même n'offre pas non plus de grandes différences, et il serait difficile de signaler une supériorité hors ligne, soit d'une nation, soit d'un individu. Certainement, si l'on considère l'ensemble, les voitures anglaises ne sont pas supérieures aux nôtres, les voitures belges, prussiennes, hollandaises, sont très-bien faites, et un fabricant de Rome, M. Casalini, a exposé deux landaus qui, sans leur bourrellerie un peu grossière, auraient l'air de sortir de l'un de nos meilleurs ateliers. Les formes tendent à devenir semblables, et il faut y regarder de bien près pour trouver quelque différence dans la coupe ou quelque particularité nouvelle destinée à augmenter le confort de la voiture.

Si l'on examine surtout les sections française et anglaise qui ont apporté un grand nombre de très-belles voitures, on peut dire qu'en général le goût dominant est celui des formes légères, peut-être un peu grêles. La jolie voiture verte rechampie de jaune de Cockshoot, celle de Laurie, bien malheureusement surchargée de filets d'or, et la calèche au train rouge de Binder, sont des types d'une élégance un peu trop cherchée; les calèches de Hooper, de Peters et de Belvalette sont plus mâles, comme on dit en carrosserie, sans être trop lourdes.

Les landaus dominent, et leur complication a exercé l'intelligence mécanique des constructeurs, car cette voiture, très à la mode aujourd'hui, est d'un maniement assez difficile. Il faut ouvrir la capote en deux et cependant ne pas casser la glace qui perd tout à coup ses supports. Plusieurs carrossiers français ont appliqué un appareil qui soulève mécaniquement la glace et la fait rentrer dans le panneau inférieur; un autre perfectionnement a été cherché par M. Henningue, exposant dans la section prussienne un landau dont le cocher, au moyen d'un levier, peut ouvrir les capotes sans descendre de son siége. M. Erhler a exposé un très-beau landau comme spécimen de sa fabrication de grand luxe ; M. Belvalette un autre plus léger, dans lequel nous avons remarqué une amélioration importante : le fond de la caisse en tôle d'acier n'offre pas le rebord épais qu'il faut enjamber pour descendre, on supprime ainsi l'un des deux marchepieds. Ce même exposant a osé amener au Champ-de-Mars un mail-coach fabriqué en France, pour lutter avec les mails-coach anglais d'Hooper et de Peters, et la comparaison n'est pas à son désavantage.

Les voitures de gala sont représentées par deux grands coupés à housse, l'un de Binder, l'autre de Erhler, par un autre grand coupé de Delaye, dont la serrurerie laissée en blanc passe, de l'avis des carrossiers eux-mêmes, pour un chef-d'œuvre de forge, et par une berline à glaces, de Kelner, à caisse bleue, à train rouge, garnie de soie blanche, couverte de dorures et destinée évidemment à quelque prince oriental. C'est aussi vers l'Orient que seront sans doute expédiées les voitures de M. William Thomas, de Liverpool, ornées de bronze d'aluminium éclatant, ou bien couvertes d'abeilles d'or.

Avant de quitter la carrosserie de luxe, signalons deux systèmes nouveaux de fermeture pour les portières, inspirés par l'idée de supprimer le levier intérieur difficile à mouvoir, et accrochant souvent les vêtements. Dans l'un de ces procédés, le levier est logé dans une mortaise creusée à la partie supérieure de la portière en avant de la glace ; dans l'autre, il est entièrement caché et conduit par une sorte de mouvement de sonnette que l'on fait agir en tirant un gland d'ivoire attaché à un cordon de cuir, comme dans le coupé brun n° 50.

Nous signalons à ceux auxquels elles pourraient plaire les ailes en glace au lieu de cuir adoptées par M. Hermans, de la Haye ; la voiture hollandaise, moitié landau, moitié coupé, de M. Henrich, d'Arnheim ; la victoria à train rouge, de MM. Brandt et Genossen, de Berlin, dont le siége repose sur une énorme vis, remplaçant les cercles ordinaires du train ; enfin, la calèche de MM. Van der Borght, de Bruxelles, qui a imaginé de superposer quatre ressorts à pincettes sur quatre autres ressorts de même nature pour faire une voiture à huit ressorts, sans employer les soupentes.

Autant les équipages de grand luxe sont nombreux, autant sont rares, surtout dans la section française du palais, les voitures d'usage ordinaire et d'un prix très-modéré ; à l'exception d'un phaéton-omnibus de Dameron, du phaéton à poney et du petit omnibus de château de M. Charcot, voitures bien établies et à bon marché, qui ont été maltraitées par la chute d'un madrier tombant de la galerie, notre carrosserie n'a guère envoyé que des produits chers.

Est-ce la faute des organisateurs de la section, ou bien celle des fabricants de voitures à bon marché ? Mais aucun de ces derniers, à Paris ou en province, n'a rien conduit au Champ-de-Mars, et cependant nous aurions aimé à y voir, portant l'indication de leurs prix, les chars à bancs d'Épinal, les bourbonnaises de Cusset ou de Clermont, et même une de ces bonnes carrioles à deux roues et à quatre ressorts, avec lesquelles les maraîchers des environs de Paris font maintenant le service des halles. Nous regrettons que le charronnage se soit abstenu si complétement, car il a fait des progrès au moins aussi importants que ceux de la carrosserie, soit pour l'emploi des ressorts, soit pour la bonne répartition de la charge.

Nous constatons aussi l'abandon presque complet, dans la section française, de la voiture à deux roues, et cependant elle a son emploi dans certains cas, et offre surtout le grand mérite de pouvoir être livrée à des prix abordables pour les petites bourses ; ainsi nous trouvons dans la section anglaise un très-bon cart à quatre places, marqué au prix de vingt-huit livres, une autre petite voiture à deux roues pour poney, également à quatre places, baptisée par son constructeur du nom d'*Alexandra Drag*, quoique ressemblant beaucoup aux voitures du Bourbonnais et de l'Auvergne ; un *Irish cart*, le plus commode et le moins cher des équipages de campagne et de chasse ; il ressemble à un bât placé par-dessus deux roues basses comme sur le dos d'un mulet ; on peut y éviter le vannage si désagréable dans les voitures à deux roues en s'éloignant ou s'avançant sur les siéges en arrière ou en avant, suivant le besoin.

La section russe expose des droschki, de M. Iakoleff, valant huit cents à mille francs, très-bonnes et très-solides voitures de campagne.

Les voitures de place ne sont représentées ni dans la section française, ni dans les sections étrangères ; on n'a en effet rien trouvé d'entièrement satisfaisant pour ce service. Le fiacre ou le coupé de régie sont avant tout des voitures d'affaires que l'on emploie pour gagner du temps ; mais, à Paris, restés encore trop lourds malgré leurs récents perfectionnements, ils vont le plus lentement qu'ils peuvent, tandis que les équipages de luxe mènent au bois les promeneurs à fond de train.

C'est le contraire à Londres, où les cabs et les hackney coaches rivalisent de vitesse pendant que les landaus et les barouches se dirigent noblement vers le parc au trot relevé et cadencé, comme il convient à des chevaux de bonne maison qui ne doivent jamais avoir l'air pressé. Le cab avec ses couleurs voyantes, ses harnais brillants est la gaieté de la rue ; nos fiacres attristent le macadam de leur air morne et de leur sombre livrée. On dit que la Compagnie impériale fait en ce moment confectionner de petites victorias légères pour être menées par un seul de ses poneys ; espérons que ces nouvelles voitures seront peintes d'une couleur plus réjouissante que le brun sale des fiacres actuels, et qu'elles marcheront un peu plus vite.

Nous n'avons pas à faire les mêmes reproches aux omnibus de Paris, dont le spécimen exposé dans l'annexe est un véritable chef-d'œuvre de carrosserie appliquée aux voitures publiques. La compagnie construit elle-même ses voitures dans des ateliers munis de l'outillage le plus moderne pour découper les bois et forger les fers. Des approvisionnements considérables de chêne, d'orme et d'acacia sont débités et préparés à l'avance pour acquérir la siccité voulue.

Une machine spéciale tourne huit rais à la fois ; des scies Perrin, des tours, des raboteuses et des taraudeuses font le reste du travail ; les essieux coudés sont en fer du Berry, les ressorts solides et élastiques en acier de Saint-Etienne ou d'Essen, et les cercles de roue sont d'anciens bandages de locomotives ou de wagons fatigués par le service des chemins de fer, mais encore très-bons pour le nouvel usage auquel on les emploie.

Les panneaux de la caisse sont en tôle aussi bien dressée que le bois le mieux travaillé. La peinture jaune paille, dit jaune de spooner, est de provenance anglaise, les autres couleurs sont françaises. Il est impossible de voir une voiture mieux appropriée à sa destination. Le diamètre des roues et leur épaisseur, la disposition des ressorts, les dimensions de la caisse sont si bien calculés, que deux chevaux peuvent traîner, sans trop d'efforts, outre le conducteur et le cocher, vingt-huit voyageurs suffisamment à l'aise, et sentant moins les réactions du pavé que dans bien des voitures de maître.

Les omnibus de la Compagnie parisienne, dont la parfaite solidité est facile à constater, sont la preuve la plus évidente du bon résultat que donne l'emploi judicieux des machines; aussi n'est-il pas douteux que, dans un avenir très-prochain, il se montera de grands établissements qui façonneront des pièces spéciales comme on fabrique déjà les roues, et qu'à côté des voitures de grand luxe, dont le prix augmentera toujours en raison de leur exécution de plus en plus parfaite, il se formera une excellente carrosserie à bon marché, moins élégante il est vrai, mais très-suffisante pour les exigences nouvelles de la circulation.

MATÉRIEL DES CHEMINS DE FER

Une des questions les plus importantes de l'économie sociale dans notre civilisation moderne est celle des chemins de fer; elle touche aux intérêts commerciaux de toute nature, à la défense du pays, à notre fortune, à nos plaisirs, quelquefois même à notre vie. Ce nouveau procédé de transport a tout modifié dans les habitudes publiques et privées. La construction des voies ferrées s'est exécutée au moyen des grands capitaux, soit des particuliers unis entre eux, soit d'actionnaires subventionnés par les gouvernements, rarement par les États eux-mêmes. Leur succès est donc un exemple permanent du pouvoir del'association; il a, de plus, répandu partout l'usage des titres et des valeurs immobilières. Les rapports des, localités de l'une à l'autre et avec la capitale sont entièrement changés; toutes les villes situées sur une même ligne finissent par avoir entre elles les relations existant autrefois entre les cités traversées par un même fleuve; il s'établit un échange constant de produits et de voyageurs qui développe et active la production en donnant de la valeur aux terres autrefois les plus abandonnées. Les stations intermédiaires voient aux jours de marché envahir leurs wagons de troisième classe par une foule d'acheteurs arrivant de tous les environs et enlevant les denrées à mesure qu'elles se présentent.

Les relations de capitale à capitale n'ont pas eu de moindres conséquences politiques et sociales. L'Exposition du Champ-de-Mars, dont les résultats internationaux sont déjà si grands, aurait-elle pu, sans les chemins de fer, recevoir les produits d'abord, puis les visiteurs venus de tous les points du globe?

De grandes améliorations ont été obtenues, depuis quelques années surtout, comme économie dans la construction du matériel fixe et roulant, comme sécurité de marche et comme confort des voyageurs. Elles ne sont pas toutes dues à l'initiative de la France, et les sections étrangères contiennent d'intéressants spécimens dont nos compatriotes, de plus en plus voyageurs, ont pu constater souvent l'heureuse application.

Les progrès de la métallurgie ont déterminé une diminution considérable sur le prix des rails, partie constitutive du chemin de fer. Le rail en fer laminé, qui se payait, en 1855, 320 francs la tonne, ne coûte plus guère, en 1867, que 18 5 francs.

On a fait de nombreux essais de rails fabriqués avec les nouveaux aciers fondus principalement en métal Bessemer, et bien qu'ils coûtent encore environ 500 francs la tonne, on a trouvé avantage à les employer pour toutes les parties de la voie exposées à une usure plus rapide que celle des autres points. Ainsi les aiguillages, le voisinage des gares, certaines rampes, sont aujourd'hui garnis en acier fondu. Il est probable qu'une plus grande expérience des convertisseurs Bessemer fera prochainement descendre encore le prix de l'acier fondu et augmenter son emploi.

Les établissements métallurgiques français et étrangers ont envoyé une grande quantité d'échantillons de rails en fer ou en acier fondu ; nous avons surtout remarqué les échantillons du Creusot, ceux d'Assailly, de Terre-Noire, de Seraing, et surtout ceux de M. Krüpp, d'Essen (Prusse rhénane), qui en a composé une vitrine avec l'art d'exhibition qui caractérise sa maison. Plusieurs cassures de rails en acier fondu, exposées par M. Krüpp, ont été polies et sont du plus vif éclat.

La diminution constante des anciennes forêts pouvant fournir des arbres assez forts pour qu'on puisse y découper des traverses, et l'usure assez rapide de ces dernières, malgré toutes les préparations qu'on peut leur faire subir, ont fait aussi rechercher des procédés pour remplacer le bois par d'autres matières. — Il a été question de l'ardoise posée de champ et qui pourrait donner une traverse résistante et inaltérable, mais assez chère ; on a été naturellement conduit à essayer le fer. Plusieurs pays ont exposé différents modèles de traverses en fer et même d'appareils particuliers remplaçant les traverses. MM. Horder, de Bergwerks, notamment, exposent cinq échantillons de rails surmontant deux ailettes de 20 centimètres chaque, courant dans le sens du rail, et le soutenant dans toute son étendue ; de distance en distance, de petites traverses en tôle, de champ, joignent les deux rails ; les ailettes sont fixées aux rails par de forts boulons. Il nous semble qu'avec le perfectionnement actuel du laminage, il serait possible de produire d'un seul morceau le rail et ses annexes.

Dans l'un des modèles, au lieu d'être horizontales, les ailettes sont obliques et semblent s'enfoncer dans la terre ; ce système a été employé dans le Brunswick et, dit-on, jusqu'en Polynésie, dont le terrain sablonneux se prêterait parfaitement à son usage. La section wurtembergeoise montre aussi des rails à ailettes toujours disposés longitudinalement. Dans la section anglaise, nous avons vu un spécimen de voie ferrée sur de grosses masses de fonte établies de distance en distance.

La section française comprend plusieurs échantillons non plus d'ailettes, mais de véritables traverses enfoncées dans le ballast, perpendiculairement à la direction des rails. Celles de M. Langlois, de Paris, sont en fer mince et laminé ; les traverses de M. Vautherin, industriel de la Franche-Comté, sont en forte tôle, et leur section représente à peu près la moitié d'un hexagone dont la face supérieure porterait le rail. Dans l'espace convexe, on entasse du ballast qui bientôt fait corps avec le terrain de la voie et adhère à la traverse de manière à empêcher tout glissement dans les courbes : ces traverses sont en épreuve au chemin de fer du Nord, près de la gare d'Auvert ; sur le chemin de fer de Lyon, près de Dijon, et sur quelques points du grand central belge. Leur prix est un peu plus élevé que celui des madriers de bois, ces derniers coûtant environ neuf francs, tandis que les traverses en fer coûtent encore un peu plus de onze francs. On ne sait pas encore quelle est la différence de durée, mais il n'y a pas exagération à la porter au double pour le fer. On prétend, ce que nous n'avons pas été à même de constater, mais ce qui n'est pas improbable, que l'état électro-négatif dans lequel sont maintenus les rails par le passage fréquent des trains se communique aux traverses en fer et les préserve de l'oxydation. Cette particularité rendrait inutile de les garantir par une ou plusieurs couches de peinture.

Les bandages de roues en acier fondu, forgés sans soudure, sont nombreux ; quelques-uns atteignent des dimensions considérables, comme le bandage pour roue de locomotive à grande vitesse exposé par M. John Cokerill, de Seraing, et qui mesure 2 mètres 40 centimètres de diamètre. M. Krüpp expose une paire de roues en acier fondu d'un seul morceau, de sorte qu'il n'y a plus danger de fracture par défaut d'assemblage ; le prince Jean de Lichtenstein, administrateur des usines d'Adamsthal, près Brünn, en Moravie, et M. Gans, à Bude (Hongrie), exposent des roues de wagon en fonte coulée en coquille, durcie et trempée en quelque sorte par le refroidissement du moule métallique, comme les bombes du major Palliser.

Les ressorts ne manquent pas non plus ; en Prusse, MM. Krüpp, Horder, l'usine de Bocküm ; en Angleterre, MM. Spencer et Turton ; en Autriche, les usines d'Eibinvald ; en Suède, l'usine de Kœping, ont envoyé des ressorts dont il est impossible de juger le mérite à première vue, mais qui paraissent cependant bien conditionnés. En France, cette industrie semble se concentrer dans un petit nombre d'établissements : la compagnie d'Imphy, Saint-Seurin et l'aciérie d'Assailly, les hauts-fourneaux d'Alvard, et MM. Gouvy de Hombourg et Verdié de Firminy ont envoyé de beaux échantillons.

Les locomotives sont nombreuses aussi et très-belles ; les machines françaises et anglaises l'emportent comme élégance de formes sur les machines allemandes, qui cependant ont de grandes qualités. Des deux côtés de la Manche, on recherche la rapidité aussi bien que la force ; sur les rives du Rhin et du Danube, on se préoccupe beaucoup de l'aménagement ; les chauffeurs et les mécaniciens sont toujours protégés par de grands paravents vitrés. Les locomotives françaises sont aujourd'hui fabriquées avec une telle économie et une telle habileté, que nos constructeurs vont lutter même sur le marché anglais, où le Creusot a obtenu plusieurs fois déjà la soumission de fournitures importantes.

En 1855, les locomotives se payaient environ 2 francs 10 centimes le kilogramme ; en 1866, le prix moyen est descendu à 1 franc 75 centimes. On a créé des appareils fumivores pour substituer au coke spécial de la houille ou des briquettes d'agglomérés, combustibles bien moins cher. On est arrivé à faire franchir aux locomotives des rampes de 25 à 30 millimètres ; l'Autriche expose une locomotive à train articulé très-intéressante parce qu'elle a fait pendant quatre ans le service entre Orvitza et Steyerdorf, sur des rampes de 20 millimètres par mètre avec des courbes de 114 mètres de rayon. Avant d'être mise en service, elle avait été exposée en 1862, à Londres, et avait été honorée de la grande médaille d'or. Elle vient aujourd'hui à Paris faire constater son succès.

Les Etats-Unis, l'Angleterre, l'Italie, le Wurtemberg, le grand-duché de Bade et la Prusse ont envoyé des locomotives, toutes remarquables dans leurs bonnes dispositions ; en France, le Creusot, M. Gouin, M. Cail, l'usine de Graffenstaden, les compagnies d'Orléans, de l'Est, du Midi, du Nord et de Lyon rivalisent d'invention et d'exécution pour produire ces engins de traction qui font aujourd'hui le service sur toutes nos lignes.

Les locomotives-tender, de plus en plus usitées pour desservir les mines, les usines, les travaux de terrassement, les chemins de fer départementaux, et pour faire le service intérieur des gares, sont très-nombreuses au Champ-de-Mars, surtout dans les sections anglaise et française. Il est dès à présent possible de prédire à ces machines un avenir très-prospère ; elles rendront de précieux services aux transports intermédiaires et seront aux grandes locomotives ce que les caboteurs et les yachts de plaisir sont aux bâtiments de long cours.

Les appareils accessoires de toute sorte, mécaniques ou électriques, pour les manœuvres, l'aiguillage, les freins et les signaux, sont aussi exposés dans toutes les sections. Nous avons remarqué dans la section prussienne un indicateur ingénieux, qui écrit sur une bande de papier quel a été pendant tout le temps du voyage l'effort de la traction ; au moyen d'un crayon mobile à l'extrémité d'un levier. En comparant, avec le poids du train et l'inclinaison des rampes, la quantité de houille dépensée par le conducteur, on obtient des bases certaines d'appréciation.

Les wagons destinés à différents usages témoignent des améliorations cherchées pour le transport des marchandises et des voyageurs. Les Anglais ont envoyé quelques modèles, les Etats-Unis ont exposé principalement des wagons destinés au service des rues ; l'Italie, des ambulances ; la Suisse, un de ces excellents wagons où l'on voyage si commodément sans crainte de ses voisins, car le conducteur peut traverser le train d'un bout à l'autre ; les touristes y sont libres d'aller admirer le paysage sur une terrasse communiquant avec la voiture. Des wagons hollandais sont très-confortables dans leur construction un peu massive.

La France expose ses beaux wagons, si solides et si bien disposés pour les trains de grande vitesse ; deux modèles nouveaux présentent des dispositions particulières : l'un, envoyé par la Compagnie de l'Est, comprend deux étages et peut loger soixante-dix-huit voyageurs ; l'autre, également à deux étages, construit dans les ateliers de MM. Gargan et C⁁, est destiné aux chemins départementaux ; enfin une voiture de M. Fell, construite spécialement pour la traversée du mont Cenis, présente sous sa caisse des galets qui agissent horizontalement en se cramponnant à un rail central pour gravir les rampes escarpées des Alpes.

Les voitures prussiennes l'emportent sur toutes les autres : les voyageurs n'y sont pas considérés comme de simples colis qu'il faut remettre à destination le plus rapidement possible, on y témoigne plus de déférence pour la dignité et le bien-être de l'homme ; si bien qu'en Allemagne les secondes places valent encore mieux que nos premières, et si vous demandez : *Erste classe*, on vous donne un billet de seconde. Les coussins y sont garnis de ressorts dont toute personne qui a pris le train de Cologne a pu apprécier l'utilité sur le chemin du Nord ; des tables, des filets reçoivent les sacs de nuit, parapluies, cannes, cartons à chapeaux et autres petits paquets qu'il est difficile de loger dans les wagons français. Pendant l'hiver, les boules d'eau y sont discrètement portées par une ouverture extérieure qui n'exige pas la manœuvre de leur introduction par les portières, si désagréables surtout pendant la nuit. Si, en insistant, vous vous êtes fait donner une place de ce qu'on appelle *coupé*, de l'autre côté du Rhin, vous êtes dans un véritable salon, avec glaces, dorures et même guirlandes de fleurs peintes, ce qui est fort honorable d'aspect. Les Allemands semblent avoir cherché à imiter les aménagements des bateaux à vapeur et non, comme nous, ceux de l'ancienne diligence.

Quant aux wagons-poste royaux, il est impossible de rien voir de mieux combiné : un filet qui s'abaisse devant les stations où le train ne s'arrête pas, reçoit le sac des dépêches qui s'échappe de l'encliquetage ; un tapis épais garantit du froid les employés, qui trouvent dans des casiers très-ingénieusement disposés toutes les facilités désirables à l'accomplissement de leur classement.

En résumé, l'exposition de la classe 63 est une des plus belles et des plus intéressantes à étudier. Sans vouloir demander à nos Compagnies des changements incompatibles avec l'étroitesse de nos voies et le peu de hauteur des ponts et des tunnels, on pourrait cependant leur conseiller d'appliquer, sinon à tous les wagons d'un train, au moins à quelques-uns d'entre eux, une partie des améliorations présentées par les constructeurs étrangers.

II

La compagnie du chemin de fer d'Orléans a publié sur son exposition la note suivante que nous nous empressons de reproduire presque entièrement :

Le matériel de chemins de fer exposé par la Compagnie d'Orléans se compose de :

1° Une locomotive à dix roues accouplées pour trains de marchandises sur très-fortes rampes, n° 1201, *le Cantal* (pièces détachées y annexées) ;

2° Une locomotive à quatre roues accouplées, n° 203, pour trains de grande vitesse ;

3° Une voiture à voyageurs, de première classe, n° 435, pour trains de grande vitesse ;

4° Une machine pour l'essai des pièces métalliques entrant dans la construction du matériel roulant des chemins de fer, etc.;

5° Un camion à deux chevaux, à flèche, pour le transport des marchandises dans Paris (à Billancourt).

Ce matériel a été construit dans les ateliers de la Compagnie, à la gare d'Ivry.

Ces ateliers, fondés en 1839, lors de l'ouverture de la première section de la ligne de Paris à Orléans, exécutaient dès l'origine une partie du matériel nécessaire à son extension. Depuis cette époque jusqu'au 1ᵉʳ janvier 1867, il y a été construit 244 locomotives, soit une moyenne de 12 à 14 locomotives par an. En outre, il a été fabriqué plus de 600 voitures à voyageurs et environ 6,000 wagons à marchandises.

Les ateliers d'Ivry, munis d'un puissant outillage, occupent 1,350 ouvriers de tous les corps d'état. Les ateliers de Tours et de Périgueux, qui font principalement les travaux de réparation ordinaire, occupent plus de 800 ouvriers. Cet ensemble de 2,200 ouvriers est maintenu à toutes les époques de l'année ; lorsque les travaux de réparation augmentent, ceux des constructions neuves sont momentanément ralentis. Depuis plusieurs années, la valeur des travaux de toutes sortes exécutés annuellement dans ces divers ateliers s'élève à plus de 6,500,000 francs, dont 5,000,000 pour les ateliers d'Ivry.

La locomotive *le Cantal* est destinée à remorquer les trains de marchandises entre Aurillac et Murat (Figeac à Arvant).

Dans le sens d'Aurillac à Murat, il y a une montée de 18 kilomètres en rampe de 30 millim., coupée par deux paliers de stations. Dans le sens de Murat à Aurillac, une rampe de 30 millim. continue de 9 kilomètres avec un palier. Les courbes sont très-nombreuses et du rayon de 300 mètres. En raison des conditions du trafic entre les deux têtes de ligne, Figeac et Arvant, on a prévu que le service ne comprendrait que deux espèces de trains : 1° des trains mixtes, à vitesse moyenne de 40 kilomètres ; 2° des trains de marchandises, à vitesse variable entre 15 et 25 kilomètres. Les premiers seront remorqués par des machines à six roues accouplées de grand diamètre, de Figeac à Aurillac et de Murat à Arvant, et par des machines à huit roues accouplées, d'Aurillac à Murat. Les seconds, par les machines à huit roues accouplées indiquées ci-dessus et, pour le passage [des rampes de 30 millim., par des machines du type *le Cantal*.

La locomotive *le Cantal* a été établie pour remorquer des trains de 150 tonnes de poids brut. Elle est à deux cylindres extérieurs et à dix roues accouplées. Elle porte son combustible et son eau. Nous avons adopté deux cylindres de préférence à quatre, afin d'obtenir le meilleur effet utile de la vapeur en divisant le moins possible son emploi. Deux cylindres suffisent d'ailleurs pour remorquer un train de 150 tonnes, et c'est le maximum que la résistance des attelages permet sur des rampes de 30 millim. Nous avons adopté dix roues accouplées, parce que ce nombre est nécessaire pour ne pas dépasser le poids de 12 tonnes par essieu, fixé habituellement comme limite pour la résistance de la voie. L'emploi de bandages durs en acier fondu nous fait considérer l'accouplement de dix roues comme étant aussi pratique que celui des machines à huit roues, munies de bandages ordinaires. Nous avons adopté le système de machine-tender, portant son combustible et son eau, parce que la distance à parcourir (48 kilomètres) est relativement courte et que l'alimentation peut se faire à presque toutes les stations, à des réservoirs remplis d'une manière très-économique à cause des circonstances locales. Les dispositions générales étant ainsi arrêtées, nous avons été conduit par l'étude des détails à donner les dimensions suivantes aux parties principales de la machine :

Diamètre des cylindres.	0 m. 500
Course des pistons.	0 m. 600
Diamètre des roues au contact.	1 m. 070
Timbre de la chaudière.	9 athm.
Longueur de la grille.	1 m. 83
Largeur »	1 m. 13
Surface »	2 mq. 07
Hauteur du ciel du foyer au-dessus de la grille à l'avant	1 m. 390
» » à l'arrière	1 m. 140
Volume de la boîte à feu.	2 mc. 690
Distance des tubes au-dessus de la grille.	0 m. 400
Nombre de tubes.	280
Longueur des tubes (totale).	5 m.
Diamètre intérieur des tubes. . . . côté du foyer.	0 m. 0145
» côté de la cheminée.	0 m. 046
Épaisseur moyenne des tubes.	0 m. 002 1/1
Surface de chauffe. . . . . . . des tubes.	200 mq.
» du foyer.	10 »
» totale.	210 »
Diamètre moyen du corps cylindrique de la chaudière.	1 m. 600
Épaisseur des tôles (acier fondu) du corps cylindrique.	0 m. 010
Volume de vapeur contenu dans la chaudière,	3 mc. 915
Longueur intérieure de la boîte à fumée. . . haut.	1 m. 100
» » bas.	0 m. 850
Longueur transversale »	1 m. 840
Diamètre intérieur de la cheminée.	0 m. 450
Écartement des essieux extrêmes.	4 m. 53
Jeu latéral des boîtes d'essieux (maintenu par des plans inclinés) pour passer dans les courbes de 200 mèt. de rayon. . . . . 1er et 5e essieux.	0 m. 017
2e et 4e essieux.	0 m. 007
Poids de la machine vide.	47.500 kilog.

Poids des outils et agrès.	350 »
» de l'eau dans la chaudière (avec 0.10 c au-lessus du ciel du foyer)	5,580 »
» de l'eau dans les caisses.	5,100 »
» du charbon dans le foyer.	300 »
» » les caisses.	1,500 »
» de la machine avec approvisionnements complets au départ.	60.630 »
» de la machine avec approvisionnements épaisés.	53,730 »
» moyen en marche.	57,180 »
Charge moyenne sur chaque essieu.	11,436 »
Charge remorquée en rampe de 30 millim.	150 tonnes

L'écartement des roues extrémes ayant atteint 4^m,53, il y avait lieu, pour faciliter le passage dans les courbes de faible rayon, de permettre aux essieux de se déplacer latéralement. Pour obtenir ce résultat, nous avons employé, comme d'habitude, la disposition à plans inclinés. Cette disposition imaginée et mise en pratique par la Compagnie d'Orléans (brevet du 1er juillet 1862) a déjà été présentée à l'Exposition universelle de Londres et existe maintenant sur plus de la moitié de ses locomotives. Elle consiste en une pièce spéciale à inclinaison convenable, placée entre les boîtes à graisse et le siège d'appui des ressorts de suspension. L'expérience de plusieurs années a fait connaître l'angle à adopter, suivant la charge qui pèse sur chaque essieu, pour conserver à chaque type de locomotive une stabilité satisfaisante.

Dans la machine *le Cantal* la disposition ordinaire a été modifiée. La partie mobile est interposée entre le coussinet et les boîtes à graisse, afin que leur mouvement de glissement vertical reste bien assuré (voir le modèle exposé). Pour ne pas contrarier le jeu latéral des essieux par la raideur des bielles, celles-ci sont réunies par une articulation sphérique, les tourillons de manivelle restant d'ailleurs cylindriques. Ce mode d'articulation permet aux bielles de suivre le mouvement latéral des essieux et de céder aux mouvements de torsion résultant des inégalités de la voie et de la surélévation du rail extérieur à l'entrée des courbes.

Il était avantageux avec une chaudière de grande dimension de donner au foyer la plus grande largeur possible. La disposition spéciale du longeron, extérieur à l'arrière, a permis d'atteindre la limite de largeur fixée par la distance entre les bandages des roues. En outre, les boîtes à graisse des roues d'arrière sont aussi éloignées que possible de la grille.

La bielle motrice est placée entre les deux bielles d'accouplement. Il résulte de cette disposition un minimum d'effort à la rupture au collet du tourillon de manivelle des roues motrices.

Les roues accouplées forment deux groupes de deux essieux chacun, séparés par l'essieu moteur. Dans le but de répartir également la charge portée par chacun d'eux, les deux essieux d'un même groupe ont leurs ressorts de suspension réunis au moyen de balanciers.

L'appareil de contre-vapeur destiné à modérer la vitesse des trains sur les pentes rapides est appliqué à la machine *le Cantal*. Cet appareil, employé d'abord par le Chemin de fer du Nord de l'Espagne, puis par la Compagnie de Paris-Lyon-Méditerranée, est disposé comme celui de cette dernière Compagnie, avec cette particularité qu'il comprend en plus deux soupapes de sûreté placées sur les cylindres, dans le but d'éviter l'accumulation de pression dans la chaudière.

Nous citerons encore les autres dispositions de détail suivantes :

1° La boîte à fumée allongée à sa partie supérieure et la cheminée placée vers son extrémité, de manière à favoriser le mouvement des gaz sortant des tubes.

2° La cheminée prolongée dans la boîte à fumée, de manière à gagner le plus de longueur possible.

3° La sablière disposée dans l'embase de la cheminée, pour avoir du sable toujours sec et le distribuer en avant des premières roues.

4° Les entretoises de foyer semi-creuses. La perforation intérieure des entretoises, au lieu de régner sur toute leur longueur, n'a que $0^m,035$ de profondeur environ à chaque extrémité, et le trou n'a que $0^m,004$ de diamètre, au lieu de $0^m,008$ qu'on donne aux entretoises creuses étirées ; elles conservent ainsi presque toute leur section. Leur fabrication est très-peu coûteuse. (Un spécimen est exposé.)

5° Les soupapes de sûreté ont leurs balances à ressorts fixées sur un balancier compensateur, de manière à leur permettre de s'ouvrir simultanément.

6° Une échelle graduée d'une manière spéciale pour le tube de niveau d'eau indique, dans chaque changement de profil, la quantité d'eau qui existe au-dessus du ciel du foyer.

7° Les deux portes du foyer facilitent la répartition du combustible sur toute la surface de la grille et permettent de travailler facilement le feu sur les côtés latéraux.

8° La grille, système Raymondière (breveté s. g. d. g.), est formée de larges bandes de fer plat, de $0^m,010$ d'épaisseur, posées sur champ et séparées par des têtes de rivets rondes n'offrant que des points de contact. Leur espacement est de $0^m,01$. Par conséquent, la surface libre de la grille pour le passage d'air est de la moitié de sa surface totale. Les barreaux sont, en outre, parfaitement rafraîchis par l'air, n'ayant ni talons, ni entretoises. Ce système de grille, expérimenté sur plusieurs de nos locomotives, donne de bons résultats ; sa fabrication et son montage sont très-simples.

9° Le double tiroir du régulateur. — Cette disposition, employée, depuis plusieurs années, sur un grand nombre de locomotives de la Compagnie, rend la manœuvre des régulateurs très-facile ; elle empêche en outre le grippement des surfaces. Le petit tiroir, qui s'ouvre seul au premier mouvement du levier à main, donne accès à la vapeur sous le grand tiroir, et lorsque celui-ci s'ouvre à son tour, par la continuation du mouvement du levier, la pression étant équilibrée, il n'existe plus de frottement sur les surfaces en contact. Les deux tiroirs se referment également au moyen du levier, manœuvré en sens inverse.

La locomotive *le Cantal* est l'une des plus puissantes machines qui aient été construites jusqu'à ce jour pour l'exploitation des chemins de fer à fortes rampes. Elle peut remorquer facilement le train le plus lourd que comportent les attelages du matériel français. Pour utiliser une machine encore plus puissante, il faudrait, au lieu de tirer les trains dans les rampes, s'imposer la règle de les pousser. Ce dernier moyen n'est pas sans offrir de notables inconvénients.

La mise en exploitation des lignes complètes de Paris à Agen et Toulouse, a rendu nécessaire l'emploi d'un type de locomotive assez puissant pour remorquer à grande vitesse des trains de 10 à 12 voitures, sur des rampes variant de 10 à 16 millim. d'inclinaison et ayant des courbes de 300 à 500 mètres de rayon.

La puissance de traction et d'adhérence nécessaires dépassant de beaucoup les conditions habituelles des machines à roues libres, nous avons adopté des machines à 4 roues accouplées de grand diamètre. Le type de locomotive construit pour répondre à cette nécessité est à cylindres extérieurs avec accouplement à l'arrière et foyer en porte-a-faux. Cette dernière particularité, souvent critiquée pour les machines à grande vitesse, n'a présenté aucun inconvénient. La stabilité la plus complète a été obtenue par l'écartement des roues extrêmes, qui a atteint 4 mètres et par l'arrangement d'un nouveau mode de suspension de l'arrière de la machine.

Pour faciliter le passage dans les courbes de faible rayon, nous avons placé les roues accouplées à l'arrière et les roues porteuses à l'avant, en donnant à celles-ci un déplacement latéral de 14 millim., au moyen de la disposition à plans inclinés. Cette position évite aux bielles d'accouplement les chocs qui ont lieu à l'entrée des courbes et aux aiguilles de changement de voie.

Les conditions déterminées par le type ci-dessus indiqué conduisaient à un poids considérable qu'il était important de réduire autant que possible. Dans ce but, la chaudière et presque toutes les pièces du mécanisme sont en acier fondu.

Le poids de la machine à vide est de 30 tonnes et ne dépasse pas 34 tonnes en feu ; sa puissance et son adhérence sont telles qu'elle peut remorquer aussi avantageusement des trains omnibus à 45 et 50 kilom. que des trains de vitesse à 60 et 70 kilom.

La locomotive n° 203, sortie des ateliers d'Ivry en décembre 1864, a fait depuis lors le service des trains sur les lignes d'Agen et de Toulouse (rampes de 10, 12 1/2 et 16 millim.). Depuis cette époque jusqu'au 28 février 1867, elle a effectué un parcours total de 145,734 kilom. (soit en moyenne 5,605 kilom. par mois ou 67,260 kilom. par an). Sa consommation a été de 5 kilogr. 91 de houille par kilomètre. La dépense d'entretien s'est élevée à 2,658 francs ou 0 fr. 01 c. 82 par kilomètre.

Les 12 machines de même type (n°ˢ 201 à 212) ont effectué ensemble un parcours de 1,328,229 kilom., soit 59,300 kilom. par an, et, pour chaque machine, avec une consommation moyenne de 6 kilogr. 14 de combustible et une dépense moyenne d'entretien de 0 fr. 01 c. 40.

Ces machines sont pourvues de l'appareil fumivore Tenbrinck qui permet l'emploi des houilles les plus fumeuses pour tous les trains de voyageurs. Cet excellent appareil fumivore est appliqué sur 350 locomotives de la Compagnie.

Le type des locomotives nᵒˢ 201 à 212 ayant donné une entière satisfaction à tous les points de vue, la Compagnie a décidé que 12 autres machines semblables seraient mises en construction. Elles sont en cours d'exécution aux ateliers d'Ivry.

Diamètre des cylindres.	0 m. 430
Course des pistons	0 m. 650
Diamètre des roues motrices au contact	2 m. 020
Timbre de la chaudière.	9 atim.
Longueur de la grille.	1 m. 380
Largeur »	1 m. 013
Surface »	1 mq. 40
Hauteur du ciel du foyer au-dessus de la grille, avant.	1 m. 550
» » arrière.	0 m. 940
Volume de la boîte à feu avec bouilleur.	1 mc. 600
» sans bouilleur.	1 mc. 740
Distance des tubes au-dessus de la grille.	0 m. 830
Nombre de tubes.	179
Longueur des tubes.	5 m
Diamètre intérieur des tubes. . . . côté du foyer.	0,042 1/2
» côté de la cheminée.	0 m. 044
Épaisseur moyenne des tubes	0 m. 002 1/4
Surface de chauffe avec foyer Tenbrinck	
» des tubes.	128 mq. 78
» du foyer avec bouilleur	8 mq. 13
» totale.	136 mq. 91
Diamètre moyen du corps cylindrique de la chaudière.	1 m. 240
Épaisseur des tôles en acier du corps cylindrique.	0 m. 008
Volume de vapeur contenu dans la chaudière.	2 mc.
Longueur intérieure de la boîte à fumée.	0 m. 900
» transversale »	1 m. 450
Diamètre intérieur de la cheminée.	0 m. 410
Écartement des essieux extrêmes.	4 m.
Poids total de la machine vide (avec agrès)	30,000 kilog.
» en feu.	34,000 »
Poids adhérent.	24,300 »
Charge remorquée en rampe de 10 millim.	126 tonnes.
» 12 1/2	108 »
» 16.	90 »

Outre les voitures du type ordinaire, à trois compartiments de 1ʳᵉ classe, la Compagnie emploie des voitures à un ou à deux coupés. Parmi celles-ci, un certain nombre possèdent un coupé à 3 fauteuils-lits ; d'autres, un coupé contenant un lit de malade et une place de fauteuil, avec water-closet. Toutes les voitures de 1ʳᵉ classe construites depuis plusieurs années, ont reçu les améliorations dont la voiture exposée nᵒ 435 offre les applications, et parmi lesquelles nous signalerons les suivantes :

La charpente de la caisse est construite en bois de teck en raison de l'extrême résistance que ce bois offre à la pourriture. Pendant quelques années ce bois a été employé pour les panneaux, mais nous avons dû y renoncer à cause des difficultés qu'il y avait à les fabriquer et à les réparer. Aujourd'hui nos panneaux sont en tôle peinte et vernie.

Les centres des roues sont en fer plein laminé. La Compagnie d'Orléans est la première qui ait mis en pratique ce système de roues, destiné à prévenir le soulèvement de la poussière. Elles résistent bien au service à grande vitesse. Elles sont fabriquées par l'usine de la Providence.

Au lieu d'un ressort unique de choc et de traction, nos voitures portent deux ressorts distincts, l'un pour le choc, l'autre pour la traction. Cette disposition assure le contact des tampons en marche et évite une cause du mouvement de lacet.

Les rondelles en caoutchouc, interposées entre la caisse et le châssis, ont pour effet, non d'augmenter l'élasticité de la suspension, mais d'empêcher la transmission des vibrations produites par le roulement à grande vitesse. Cette disposition adoptée depuis 1855, ayant été appréciée par les voyageurs, nous l'avons appliquée successivement à toutes les voitures de 1ʳᵉ classe. A l'époque de l'exposition de Londres nous en avons fourni les dessins à un ingénieur anglais qui nous en avait fait la demande et qui depuis a propagé ce système sur les chemins de fer, en Angleterre. C'est aussi dans le but d'amortir les vibrations que les brancards en bois ont été conservés au train, de préférence aux brancards en fer employés habituellement pour les wagons d'une grande longueur. Nous avons également maintenu, malgré l'augmentation d'entretien qui en résulte, l'emploi déjà ancien de la garniture de velours aux châssis de glace. De tous les moyens employés pour détruire le bruit assourdissant occasionné par la trépidation des châssis vitrés, la garniture de velours est celui qui donne les meilleurs résultats.

Nous attribuons à ces divers perfectionnements une diminution sensible de la fatigue des longs voyages à grande vitesse sur le réseau de la Compagnie d'Orléans.

La machine à essayer la résistance des métaux a été étudiée en vue d'essayer la résistance à la traction, à la compression ou à la flexion, des échantillons de métaux bruts et des pièces ouvrées en fonte, fer ou acier, entrant dans le matériel des chemins de fer.

Elle est destinée aussi à la vérification des ressorts, non comme moyen usuel d'essai de la fabrication, mais pour contrôler pratiquement les données théoriques obtenues par le calcul. La machine indique : le moment où commence la déformation et l'allongement du métal à une phase quelconque de l'essai, la charge en kilogrammes correspondante, la charge de rupture et l'allongement total de la pièce. Elle constate également les pertes de flèche subies par un ressort sous des pressions croissantes et continues. Tous les renseignements utiles sont donnés mécaniquement : l'expérimentateur n'a qu'à lire les indications sur les curseurs. Les pressions sont contrôlées par un manomètre.

La machine se compose de 4 parties distinctes :

1° D'un banc creux, supporté par trois pieds, muni de deux ouvertures horizontales destinées à livrer passage à une traverse en fer à double T. Cette traverse, à l'aide de deux petits chariots, sert d'appui aux ressorts et autres pièces à essayer, soit à la flexion, soit à la compression.

2° D'un appareil composé d'un système de leviers équilibrés dans le rapport de 1 à 10, terminé par un dynamomètre muni d'une aiguille à maxima, laquelle indique à un moment quelconque de l'expérience, et même après la rupture de la pièce, la charge sous laquelle celle-ci a cédé.

3° D'une presse hydraulique spéciale, capable de donner une pression ou une traction de 30,000 kilogrammes. A l'extrémité de la tige du piston est adaptée une vis à l'aide de laquelle on peut, avec une clé, produire un effort suffisant pour mettre les pièces à essayer en état de subir le travail de la presse.

4° D'un compresseur particulier. Ordinairement, dans les presses hydrauliques, la pression s'exerce au moyen d'une pompe à injection qui agit par chocs successifs et, par conséquent, ne fournit que des indications approximatives ; nous avons eu recours à un moyen plus exact : il consiste dans un compresseur à vis pouvant, d'une façon continue, faire parcourir au piston de la presse proprement dite, une course de 8 à 10 cent. Ce parcours est toujours suffisant pour les essais à la traction et à la compression. Pour les vérifications de ressorts, qui peuvent exiger une flexion de 40 à 50 cent., cette course est obtenue au moyen de quatre ou cinq pulsations du compresseur, dont le volume n'est que le cinquième de celui du cylindre de la presse. — Le dit compresseur est, à cet effet, muni d'une boîte à clapet qui permet au liquide introduit de conserver la pression déjà acquise. Cette boîte à clapet permet en outre, à l'aide d'une simple manœuvre, de produire l'inversion de l'aspiration et du refoulement du liquide contenu dans la bâche.

Dans le cas de refoulement dans la bâche, le piston de la presse rentre dans le cylindre par le seul effet de la pression atmosphérique. L'appareil compresseur porte une soupape de sûreté et un manomètre. Une manivelle transmet le mouvement au piston par l'intermédiaire d'une vis sans fin, d'un pignon et d'un écrou tournant sur le prolongement fileté dudit piston ; le rappel de celui-ci se fait au moyen d'un volant calé sur l'écrou.

La compagnie d'Orléans construit et entretient elle-même dans ses ateliers d'Ivry, le matériel employé au service de son camionnage dans Paris. Les dispositions représentées par le camion n° 194, sont celles qui ont été adoptées pour le matériel neuf.

Les roues, entièrement en métal, sont composées d'un centre en fer forgé d'après les procédés de MM. Arbel, Deflassieux et C⁰ ; d'une boîte en fonte fermée et graissée à l'huile ; d'un bandage en acier. Elles n'ont besoin d'aucun entretien jusqu'au moment de l'usure complète des bandages. Les fusées d'essieux et les boîtes sont cémentées et trempées. Les ressorts, étagés d'après les indications du calcul, sont pourvus de liens pour empêcher la séparation des feuilles de se produire dans les cahots. Leur flexibilité a été fixée de manière à permettre la suppression des ressorts transversaux employés habituellement, et qui ont le défaut de changer, sous charge, la direction des fusées d'essieux. La suppression de ces ressorts transversaux a conduit à adopter une disposition particulière de l'avant-train ; les armons, un peu allongés, sont droits et en fer à double T ; ils sont réunis à leur extrémité postérieure par une pièce en fer qui reçoit les menottes des ressorts. La flexion des ressorts d'avant est limitée, comme cela se fait ordinairement pour ceux d'arrière.

Toutes les pièces en fer soumises au frottement et susceptibles de s'user rapidement, sont cémentées et trempées. Leurs diverses dimensions, déterminées par le calcul, ont été réduites autant que possible, et il a été fait usage, dans le même but, de matières de choix pour leur fabrication.

Les brancards en bois du châssis ont une largeur telle qu'ils peuvent résister sans fléchir, non-seulement aux poids les plus lourds, mais encore aux efforts transmis par le moulinet et qui font ordinairement ployer le tablier tout entier. La charge traînée par deux chevaux sur ces camions, est ordinairement de 4.000 kilogr., soit 25 sacs de farine ou 16 pièces de vin ; elle atteint quelquefois 4,500 kilogr.

La Compagnie a mis en service ce système de camions depuis près d'un an. Leur solidité et les bonnes conditions de leur roulement donnent toute satisfaction. »

LE CREUSOT

L'exposition du Creusot est splendide; que l'on nous pardonne cette expression un peu enthousiaste, mais qui sera certainement confirmée par toute personne au courant de l'industrie métallurgique. Il faut écouter, dans le pavillon spécial où se termine en ce moment l'installation de notre premier établissement industriel, les témoignages d'admiration que font entendre les visiteurs étrangers charmés et surpris par la beauté des produits, par le goût et l'élégance avec lesquels ils sont présentés, par l'ordre méthodique qui a présidé à leur classement.

Pour nous qui avons eu plusieurs fois la bonne fortune de visiter le Creusot à différentes époques de sa croissance, nous n'avons éprouvé aucun étonnement, nous avons eu seulement à constater ce que nous savions déjà, que le Creusot était un monde à part, une sorte d'empire du fer, très-distinct des autres établissements similaires, — conservant son originalité, même dans l'aménagement intérieur du pavillon où il a voulu donner, avec simplicité, un aperçu très-restreint de sa puissance et de ses lois.

En 1783, Daubenton, dans une lettre à l'Académie des sciences, écrivait, en parlant du Creusot alors appelé *Creuset* : « Cet établissement est une des merveilles du monde. » En 1867, nous répétons la même phrase avec la certitude de ne pas être contredit; nous engageons ceux qui douteraient de notre affirmation à aller eux-mêmes s'assurer qu'elle n'est aucunement exagérée : le Creusot ouvre libéralement ses portes, et en quelques heures le chemin de fer de Lyon conduit dans l'usine même. Tous ceux donc qui s'intéressent à la production du fer, cet agent premier de notre civilisation, tous ceux qui cherchent la solution des problèmes ardus de la question ouvrière, peuvent, après une étude de trois ou quatre jours, se convaincre que la France possède un établissement modèle où il se produit et se façonne à un bon marché relatif du fer de qualité supérieure, et cela par les soins de 10,000 ouvriers restant depuis longues années dans des rapports excellents avec l'administration qui les régit.

L'exposition du Creusot est bien le résumé des forces morales et matérielles de l'usine, indiquant clairement qu'avec cette houille et ce minerai on a obtenu cette fonte et ce fer, et qu'en travaillant ces métaux sur place avec un personnel instruit, élevé et dirigé dans un certain ordre d'idées, on a pu obtenir les machines exposées, machines acceptées aujourd'hui non-seulement en France, mais encore en Angleterre, comme meilleures et moins chères que la plupart de leurs semblables. Producteur et consommateur à la fois, le Creusot a su quelle fonte et quel fer convenaient le mieux aux machines qu'il fabriquait ; il a donc conduit sa métallurgie vers un but déterminé. Se servant lui-même d'un grand nombre de machines fixes ou mobiles, il a pu les étudier sans cesse et apporter à ses constructions les modifications dictées par l'usage journalier.

Les conditions de travail du Creusot sont toutes exceptionnelles : elles résultent de circonstances heureuses dans le choix primitif de l'emplacement et de certaines chances favorables habilement exploitées. Comme situation géographique, le Creusot se trouve au centre de la France : communiquant par le chemin de fer de Lyon avec la Méditerranée et la capitale, par le chemin de fer du Bourbonnais avec le réseau d'Orléans et de l'Ouest, il est de plus relié par le canal du Centre avec la Loire, la Seine, la Saône et les canaux d'Alsace ; il peut donc recevoir et envoyer sans aucun camionnage toutes les matières premières encombrantes, ainsi que les lourds produits dont le transport, toujours onéreux, est souvent impossible sur les routes ordinaires, tandis qu'ils circulent si rapidement et à si bas prix sur les rails et les canaux. Comme on peut le voir par les plans en relief exposés dans son pavillon, le Creusot est établi sur des couches houillères qui lui fournissent du charbon de toutes les sortes, depuis les houilles grasses, jusqu'à l'anthracite ; à sa porte et pour compléter son approvisionnement sont Montchanin, Monceaux-les-Mines, Blanzy, un peu plus loin, Saint-Etienne et ses inépuisables houillères. A 30 kilomètres de ses hauts-fourneaux, il possède les minerais de fer de Mazenay dont la couche à peine distante du sol d'une quarantaine de mètres, vient, dans ces dernières années, de s'élargir graduellement de quatre-vingts centimètres d'épaisseur à plus de deux mètres. Une heure à peine de trajet sur un chemin de fer à grande section sépare les puits des hauts-fourneaux, et c'est le même wagon qui, sans transbordement, reçoit le minerai tombant de la benne et le verse dans le wagonnet portant la charge à l'ouverture du gueulard.

Les différences de niveau de la petite vallée occupée par le Creusot ont été sagement utilisées pour la construction de plates-formes à plusieurs étages qui facilitent le service des hauts-fourneaux. Sur le plan le plus élevé s'exécute la fabrication du coke métallurgique dont l'Exposition montre de beaux échantillons ; ce coke provient d'un mélange de houilles grasses du Treuil, près de Saint-Etienne, avec les poussières d'anthracite du Creusot. Les échantillons exposés ont été cuits soit dans l'un des cent cinquante fours horizontaux déchargés par un propulseur mécanique à vapeur, soit dans l'un des dix fours verticaux dits fours Appolt, établis ur la terrasse. Près de la manutention des cokes et sur la même plate-forme sont classés les minerais que nous retrouvons dans les vitrines de l'Exposition ; les uns sont indigènes, comme le minerai oolithique à gangue calcaire de Mazenay, rendant 27 à 28 0/0 de fer, ou les minerais en grain de Saint-Florent (Berry), qui donnent de 38 à 40 0/0 de métal ; les autres viennent de l'île d'Elbe et rendent de 58 à 70 0/0, ou des mines algériennes du Mokta-el-Haddid ; celles-là sont les plus riches, car elles contiennent 65 0/0 de matière utile.

Si nous étions au Creusot, nous descendrions de la plate-forme et nous irions au pied des quinze hauts-fourneaux voir s'en écouler les fontes de toutes qualités. Au Champ-de-Mars, nous n'avons qu'à regarder dans la vitrine suivante pour les retrouver toutes depuis la fonte destinée aux fers à rails jusqu'aux fontes de deuxième fusion employées aux usages de la fonderie la plus grosse comme la plus fine. La production moyenne de la fonte est au Creusot de 450 tonnes par jour ; une partie est vendue au commerce, la plus grande quantité est changée en fer dans l'usine même.

Nous ne pouvons décrire les nombreux spécimens de fer de toutes sortes exposés par le Creusot ; les spécialistes seuls en comprendraient le mérite : nous signalons cependant comme tour de force de laminage une tringle de 12 mètres 60 centimètres sur 16 centimètres de diamètre, des rails pliés et non rompus, des casques et des chapeaux en tôle emboutie qui prouvent la ductilité du métal. Les forges du Creusot produisent 110,000 tonnes de fer forgé y compris les fers à **T**, les cornières et les tôles de tout échantillon.

Un plan d'ensemble des nouvelles forges expose leur heureux aménagement et montre leurs proportions considérables ; le bâtiment principal ne mesure pas moins de 400 mètres de long sur 100 mètres de large. Ce vaste espace est entièrement libre sans cloison, sans recoin, l'air et la lumière y circulent librement, et les ouvriers y sont aussi à leur aise qu'en plein air, tout en étant garantis du soleil et de la pluie ; les dispositions ont été si bien prises que la fonte amenée des hauts-fourneaux sur rails est rechargée devant les fours à puddler du côté sud de la forge et qu'après avoir subi toutes ses modifications, elle ressort du côté nord, encore sur des wagons, fabriquée en barres, en rails, en tôles, sans parcourir deux fois le même chemin et sans s'arrêter de jour ou de nuit à aucun endroit, pendant plus de temps qu'il n'en est strictement nécessaire pour la transformer.

Des 110,000 tonnes de fer qui sortent de la forge, une partie s'en va dans le commerce à l'état de fer marchand, une autre partie est conduite sur rails à l'usine annexe de Châlons pour y devenir, soit le viaduc de Fribourg, soit le pont tournant de Brest, ou bien encore le pont d'el Cinca, et tous ces ponts, toutes ces charpentes en fer, tous ces réservoirs d'eau, tous ces bateaux à vapeur en tôle que depuis vingt-cinq ans les ateliers de Châlons ont fabriqués pour la France ou l'étranger.

Enfin, la plus grande partie du fer, au sortir des forges, retourne aux ateliers de construction du Creusot, dont le travail non interrompu depuis plus de trente ans a fourni à la marine des machines dont l'ensemble constitue 39,345 chevaux-vapeur ; — aux chemins de fer 1,100 locomotives courant sur nos rails et ceux de nos voisins : sans compter les cylindres hydrauliques, les souffleries, les marteaux-pilons, les chaudières et les machines-outils qui ont porté la marque du Creusot sur tous les points du globe où l'on emploie les machines et le fer sous quelque forme que ce soit.

Le pavillon du Champ-de-Mars renferme comme échantillon : une machine de 950 chevaux (nominaux), destinée au navire cuirassé *l'Océan* et qui peut développer une force réelle de 3.800 chevaux : elle est composée de trois cylindres de 2 mètres 10 centimètres de diamètre et de 1 mètre 30 centimètres de course. Dans ce pavillon se trouvent encore plusieurs autres machines fixes d'une force moindre et trois locomotives de taille et de puissance bien différentes. La moyenne est la copie exacte d'une des seize locomotives tenders qui font le service dans les cours intérieures de l'usine et le transit de Mazenay au Creusot ; la plus petite, véritable bijou, desservira le chemin de fer à section étroite des mines de Blanzy. Elle passe dans des courbes de 15 mètres, remonte des pentes de 0,003 et ne pèse que cinq tonnes et demie ; il est impossible de voir une machine mieux combinée et plus coquettement exécutée.

La troisième peut être considérée, à l'égal du fameux *Gladiateur*, comme une de nos gloires nationales ; elle fait partie d'une commande exécutée au Creusot pour l'administration du Great-Eastern railway : vingt locomotives semblables sorties des mêmes ateliers sont déjà en service sur cette ligne et montrent aux Anglais que nos constructeurs ne sont pas si loin des leurs qu'on l'aurait cru il y a vingt ans. Cette machine qui pèse 29,000 kilog. peut parcourir 90 kil. à l'heure en traînant 27 wagons ; le diamètre de sa roue motrice est de 2 mètres 20 centimètres. La perfection de tous ces produits explique bien comment le chiffre des ventes annuelles du Creusot s'est élevé à la somme de 35 millions.

A côté des preuves matérielles de sa puissance productrice, le Creusot a exposé une série de tableaux, travaux intellectuels, documents de toute sorte ayant pour but de faire voir les progrès accomplis dans l'instruction et le bien-être de la population de l'usine. Quelques chiffres recueillis dans l'un de ces documents nous apprennent qu'en ce moment les dépôts personnels versés par les ouvriers dans la caisse de l'administration se montent à 2,436,725 fr. et que la valeur des maisons possédées par des personnes ayant travaillé ou travaillant encore dans les ateliers est de 8,522,400 francs, répartis entre 1,230 propriétaires, ce qui constitue un total de 11 millions d'épargne pour les hommes du Creusot. Il nous semble que ces chiffres suffisent pour indiquer l'intelligence et la sagesse de la population, surtout si l'on ajoute que le Creusot ne possède ni un juge de paix, ni un huissier, ni un gendarme : un commissaire cantonal et deux agents suffisent à maintenir l'ordre dans une population de 23,000 âmes composée presque exclusivement de mineurs, de forgerons et de mécaniciens.

MATÉRIEL DE LA NAVIGATION

I

Le matériel de la navigation tient au Champ-de-Mars une place importante; les dessins, les modèles, les embarcations, les machines et les instruments de toute sorte attirent l'attention du public, non-seulement dans la grande galerie, mais encore dans les nombreuses annexes élevées sur la berge de la Seine. La construction des navires est en effet l'industrie qui depuis quinze années a subi les plus profondes modifications.

Dans les marines militaires, la navigation à vapeur a remplacé presque entièrement la navigation à voiles; ce même moteur est employé absolument seul pour le transport des correspondances et des passagers à grande vitesse; ses avantages, tous les jours plus reconnus, lui assurent dans peu de temps tout le cabotage, et quant aux transports lointains, bien qu'il se construise encore quelques navires à voiles, un grand nombre de longs courriers portent déjà des machines à vapeur.

La substitution de la tôle au bois est aussi de plus en plus fréquente; elle est la conséquence naturelle de l'élévation des prix du bois et des difficultés que les formes nouvelles imposent aux constructeurs. Comme on peut le voir par tous les modèles exposés, les navires tendent à s'allonger beaucoup proportionnellement à leur largeur, partout les bâtiments en tôle, sept à huit fois plus longs qu'ils ne sont larges, mus par des hélices attelées à de fortes machines remplacent presque absolument les vaisseaux à voiles en bois, à proue arrondie et dont la longueur ne dépassait pas quatre fois la largeur. Lors même que l'on construit en bois, de larges ceintures en tôle croisée sont nécessaires pour assurer la solidité des navires dont la longueur deviendrait dangereuse sans l'intervention d'attaches métalliques. Outre ces modifications communes aux marines marchande et militaire, il en est une spéciale à cette dernière qui est venue apporter les changements les plus complets dans les conditions anciennes : c'est la création de bâtiments cuirassés à grande vitesse, d'une extrême stabilité, et pouvant accomplir des voyages aussi lointains que les meilleurs paquebots, comme ils viennent de le prouver récemment en traversant plusieurs fois l'Atlantique.

La création de cette flotte, due à un homme de génie, M. Dupuy de Lôme, est un événement considérable aussi bien pour l'industrie métallurgique que pour la construction navale ; elle a déterminé dans nos forges l'établissement d'un outillage spécial et a puissamment contribué au perfectionnement du laminage du fer, qui est arrivé aujourd'hui à produire des résultats qu'on n'aurait jamais osé prévoir.

M. Dupuy de Lôme ne s'attribue pas l'idée première du blindage d'un navire ; mais ce que la France peut revendiquer, grâce à lui, et ce que les commissaires anglais ont loyalement reconnu dans le jury des récompenses, c'est d'avoir fait les premiers navires cuirassés qui aient été utilisables réellement, et après les avoir créés, d'y avoir apporté tous les perfectionnements qui les rendent invulnérables sans leur ôter leurs qualités nautiques.

Les premières embarcations blindées dont le souvenir soit resté dans l'histoire avaient été inventées en 1782 par le général Darson, pendant le siège de Gibraltar ; leurs murailles en bois de chêne massif d'un mètre cinquante centimètres d'épaisseur furent incendiés par les boulets rouges des Anglais malgré l'écoulement d'une circulation d'eau que Darson avait préparée (entre deux parois) pour éteindre le feu ; de l'autre côté de l'Atlantique, en 1812, John Stevens, d'Hoboken, proposa au gouvernement des États-Unis de construire un bâtiment « qui devait être mis en mouvement et tourner pour le service des canons au moyen de la vapeur ; il devait être revêtu d'une armure inclinée en fer. »

En 1821, Paixhans affirmait « qu'il était possible de construire un très-petit navire, qui, monté seulement de quelques soldats sans expérience, aurait assez de puissance pour détruire le vaisseau de haut-bord le plus fortement armé, » et il pensait que l'on pouvait assurer la conservation des navires en ne leur donnant pas de hauteur au-dessus de l'eau, « et, disait-il en terminant, nous pensons qu'il ne serait pas absolument impraticable de faire un appareil métallique assez résistant pour arrêter même le choc immense des fortes bombes du calibre de 200. »

Mais sous la Restauration, la métallurgie n'était pas suffisamment outillée pour produire l'appareil métallique demandé par Paixhans et il n'entrait pas encore dans les habitudes de se servir pour toutes choses de fer forgé, fondu ou laminé. Il se fit cependant quelques expériences de tir sur des plaques de fer, à Woolwich en 1827, à Metz en 1835, à Hoboken en 1841 ; d'après Holley, ces derniers essais déterminèrent la commande d'une batterie cuirassée par le gouvernement américain à MM. Stevens, et, dans la même lettre où ces constructeurs assuraient « que le fer équivalait, comme résistance, à seize fois son épaisseur en bois, ils proposaient déjà l'hélice submergée et les gros canons en fer forgé chargés par la culasse, rayés et lançant des boulets revêtus de plomb et d'étain. » De 1846 à 1856, la question fut étudiée de nouveau en Angleterre et en Amérique ; on fit à Portsmouth, à Woolwich et à Hoboken, une série d'expériences sur les plaques de fer et les blocs de fonte, mais cependant sans construire de navire.

La destruction presque instantanée des flottes turques à Sinope par les boulets creux des Russes vint démontrer la nécessité de cuirasser les navires, si on ne voulait pas les voir mettre en pièces par les obus ogivo-cylindriques des canons rayés de gros calibre. Comme on préparait alors une attaque contre Cronstadt, il fut convenu que les Français et les Anglais feraient chacun cinq batteries flottantes cuirassées avec des plaques de 10 centimètres d'épaisseur; les batteries françaises furent lancées en mars 1855, et le 18 octobre trois d'entre elles, *Dévastation*, *Lave*, *Tonnante*, démantelèrent en trois heures la forteresse de Kinburn à 850 mètres de distance; sous la grêle de boulets dont les Russes les couvrirent, elles demeurèrent invulnérables. L'une d'entre elles, *la Lave*, n'eut pas un seul homme de blessé; les deux autres ayant reçu deux ou trois coups par les sabords, comptèrent à elles deux vingt-deux hommes d'atteints; cette épreuve détermina le gouvernement français à la transformation radicale de sa flotte. M. Dupuy de Lôme fut chargé de ce travail.

Le Napoléon, construit par cet habile ingénieur, avait déjà constitué un progrès immense : avant lui les vaisseaux français et anglais les mieux combinés avec les plus fortes machines n'obtenaient qu'une vitesse restreinte et ne pouvaient guère dépasser 10 nœuds ; dès les premières expériences *le Napoléon* atteignait 13 86/100 nœuds à l'heure, il montra toute sa puissance dans la journée du 22 octobre 1853, célèbre dans les fastes de notre marine, quand les escadres anglaise et française durent franchir le détroit des Dardanelles. L'escadre anglaise attendit plus d'une semaine pour pouvoir vaincre le courant tandis que *le Napoléon*, remorquant le vaisseau à trois ponts *la Ville-de-Paris*, dépassant et laissant derrière lui tous les autres navires, franchit rapidement le détroit et ne fut rejoint que plusieurs heures après par le reste de l'escadre française.

L'amiral Bouët Willaumez explique d'une manière claire et saisissante, comment M. Dupuy de Lôme put faire le pas immense qui sépare *le Napoléon* de la frégate *la Gloire;* « qu'on prenne, dit-il, ce même vaisseau *le Napoléon* comme point de départ, qu'on lui conserve sa carène, sa machine de 900 chevaux et sa batterie basse, qu'on enlève ce qui est au-dessus, sa seconde batterie, sa batterie du pont et la moitié de la mâture, qu'on supprime la moitié de l'équipage, la moitié des vivres, des munitions, des agrès, des rechanges, on aura allégé *le Napoléon* de 900 tonneaux, et on pourra le charger d'une enveloppe de métal d'un même poids, et le rendre ainsi presque invulnérable. »

Au mois d'août 1860, la frégate *la Gloire* était complétement armée et prête à prendre la mer. Nous retrouvons le modèle de ce pionnier des vaisseaux cuirassés sous la vitrine dans laquelle le ministère de la marine a exposé les modèles des principaux types de notre armée navale. *La Gloire* a 80 mètres de long sur 17 mètres de large, son déplacement en charge est de 5,719 tonneaux, la surface de sa voilure est de 1,660 mètres, sa machine construite par les forges et chantiers de la Méditerranée, est à deux cylindres, et mesure 900 chevaux de force nominaux, ce qui en résulte de 3 à 4,000 en marche, son hélice a quatre ailes et donne une vitesse de 13 nœuds 1/2. L'apparition de *la Gloire* causa en Angleterre une excitation très-vive, et depuis cette époque des sommes énormes ont été dépensées dans ce pays en essais pour chercher à maintenir à distance des Iles Britanniques ces nouveaux navires dont la guerre de la sécession venait encore de démontrer l'utilité.

En septembre 1860, *la Gloire*, désignée pour escorter le yacht impérial *l'Aigle*, put seule le suivre et l'accompagner par les plus mauvais temps; bientôt furent armées *la Normandie* et *l'Invincible*, à peu près identiques à *la Gloire*. *La Couronne*, frégate cuirassée, également de 900 chevaux, fut construite en tôle et revêtue de bois sous la cuirasse. Bien que ces quatre bâtiments aient donné de bons résultats, on reconnut cependant que, par un gros temps, la batterie était trop basse pour qu'il fût facile d'ouvrir les sabords; on résolut donc de modifier un peu le type en élevant la hauteur de la batterie de 1 mètre 90 cent. à 2 mètres 25 cent.; on augmenta de 12 à 15 centimètres l'épaisseur des cuirasses? *la Flandre*, construite d'après les nouvelles données est exposée près de *la Gloire*; sa vitesse, aux essais dans la baie de Cherbourg, a atteint 14,3 nœuds.

Mais ce type ne parut pas encore suffisant, et M. Dupuy de Lôme avait proposé de mettre en chantier deux navires à deux rangs de batteries, ce qui permettait d'avoir un rang de canons beaucoup plus élevés, par conséquent à l'abri des gros temps et dominant assez pour avoir, au besoin, un tir plongeant sur le navire ennemi; l'un de ces deux navires, *le Solferino* est placé dans la vitrine du ministère de la marine et peut se comprendre facilement par les coupes transversales et longitudinales appliquées sur le mur dans le bâtiment de la berge. Voici comment M. Dupuy de Lôme le décrit dans sa notice sur ses travaux scientifiques présentée par lui lors de sa nomination à l'Académie des sciences: « Ces navires diffèrent beaucoup des deux premiers types, *Gloire* et *Couronne*. Ils ont deux batteries couvertes, mais les canons ainsi superposés sont réunis au centre, derrière des murailles également cuirassées et séparées par des traverses cuirassées des parties avant et arrière du bâtiment. La région de la flottaison, jusqu'à une profondeur de 2 mètres sous l'eau, ainsi que la muraille du faux pont sont cuirassées de bout en bout; mais la partie des œuvres mortes destinées aux logements en avant et en arrière des traverses cuirassées qui terminent le fort central, sont comme dans un bâtiment ordinaire non cuirassé. L'avant de l'étrave présente une saillie très-prononcée recouverte d'une vigoureuse armature en acier qui forme comme un sommet de cône à pattes latérales d'un poids total de 14,000 kilogrammes, dans lequel viennent arc-bouter un grand nombre des fortes pièces des liaisons longitudinales du navire. Cette disposition donne au *Solferino* et au *Magenta* la faculté de crever par le choc, même à une vitesse modérée, tout bâtiment cuirassé ou non qu'ils pourraient atteindre. Ainsi s'est trouvée réalisée pour la première fois l'idée souvent préconisée antérieurement par M. Labrousse, maintenant contre-amiral, pour armer l'avant de nos navires de guerre, d'un éperon qui leur permît de combattre à la manière des galères antiques. Le déplacement du type *Solferino* est de 6,800 tonneaux, sa longueur à la flottaison de 86 mètres, sa largeur de 17 mètres 20 centimètres, et son tirant d'eau en charge au milieu de 7 mètres 90 centimètres; la hauteur du seuillet de la batterie basse au-dessus de l'eau est alors de 1 mètre 80 centimètres, et celle de la seconde batterie de 4 mètres 16 centimètres. Les deux batteries contiennent 50 pièces de canon de 30 rayées, et il y a en plus deux obusiers de 80 sur le pont supérieur. Leur équipage était fixé à 680 hommes, et ils prennent 700 tonnes de charbon pour la machine; celle-ci est de 1,000 chevaux nominaux. La vitesse à la vapeur seule atteint jusqu'à 13,80 0[0 nœuds pour *le Magenta* et 14 nœuds pour *le Solferino*, »

Le modèle de deux autres types non moins intéressants se trouve à côté du *Solferino* : l'un est la frégate cuirassée *le Marengo*, construite en bois et fer et couverte de plaques de 20 centimètres d'épaisseur; l'autre est l'*Alma*, corvette de 500 chevaux, couverte de plaques de 15 centimètres, armée d'un éperon d'acier fondu pour pouvoir au besoin combattre par le choc. Ces deux navires portent sur le pont des tourelles cuirassées protégeant chacune un canon du plus gros calibre.

Pour assurer la défense de nos ports, M. Dupuy de Lôme a combiné un navire, dont les formes sont entièrement différentes de ce qui avait été adopté jusqu'à ce jour, c'est ce qu'on appelle le type bélier, dont *le Taureau*, aujourd'hui en rade de Toulon, est le premier spécimen. Son modèle est aussi exposé dans la vitrine, mais il est loin de produire un effet aussi saisissant que le navire lui-même, qui semble sur l'eau une grosse tortue de mer, terminée par une longue saillie et cuirassée des plaques les plus épaisses que l'on ait encore laminées; les murailles en bois et en tôle sont d'une solidité exceptionnelle, son artillerie se compose de canons du plus fort calibre, logée à l'avant dans une tour invulnérable. Comme ces béliers ne doivent pas s'éloigner des côtes, ils n'ont pas besoin d'un fort tonnage pour porter leur approvisionnement; ils sont donc d'une taille relativement petite et ils évoluent bien plus rapidement et dans un espace bien plus restreint que les navires de grande navigation. Munis de deux hélices, placées de chaque côté du plan diamétral et mises en mouvement par une machine indépendante, ils peuvent, lorsqu'on les fait marcher en sens inverse, tourner dans un cercle dont la longueur du navire serait le rayon. Au milieu des beaux et élégants navires à l'ancre dans la rade de Toulon, *le Taureau*, peint tout en noir, avec son long éperon sortant à peine de l'eau, donne bien l'effet d'une machine de guerre formidable, d'un véritable engin de combat auquel rien ne semble devoir résister.

Des embarcations d'une moindre dimension ont été placées à côté de ces six modèles des principaux types de notre flotte : *l'Arrogante* et *l'Embuscade*, deux batteries flottantes de 120 chevaux; *la Décidée* et *l'Aspic*, canonnières, l'une de 50, l'autre de 40 chevaux; il s'y trouve également une chaloupe canonnière en fer de 12 chevaux, construite d'après les plans de M. Dupuy de Lôme pour l'expédition de Cochinchine, et qui peut se démonter en tranches de tôle qu'on boulonne ensuite entre elles sur les lieux où on veut faire usage du bâtiment. Une bande de caoutchouc interposée dans les joints, au moment où on les boulonne sufit pour les rendre parfaitement étanches, sans travail de calfatage.

D'autres vitrines du ministère de la marine abritent des yachts, des avisos et des bâtiments de transport ; *l'Aigle*, dont le nom est bien connu comme navire de Leurs Majestés, est à aubes; sa longueur est de 82 mètres, sa machine de 500 chevaux sortant des ateliers de M. Mazeline, donne une vitesse de 14 nœuds environ. *Le Jérôme-Napoléon*, yacht du prince Napoléon, a été construit au Havre par M. Normand. Ce navire est à hélice et sa vitesse est égale à celle de *l'Aigle*. *L'Estrée* est un aviso de 1re classe de 250 chevaux. *La Creuse*, transport-écurie de 430 chevaux, est remarquable par son extrême longueur comparée à sa largeur : il mesure 82 mètres de long et n'a que 13 mètres 40 centimètres de large ; son déplacement en charge est de 3,581 tonneaux.

Enfin, et pour terminer l'exposition des modèles, signalons *le Plongeur*, bateau porte-torpilles, tout en fer, de 42 mètres 50 de long sur 5 mètres 96 de large, et qui est exposé en double spécimen, l'un ouvert par la moitié pour montrer la disposition intérieure, l'autre fermé, qui laisse voir sa forme extérieure. Il a été imaginé par M. le capitaine de vaisseau Bourgeois et construit à Rochefort sous sa direction, par M. Brun, ingénieur de la marine; sa machine, d'une force approximative de 80 chevaux, est mue par l'air comprimé. Une partie de la carapace supérieure du *Plongeur* peut, au moyen d'un mécanisme spécial, se détacher du navire et servir de canot de sauvetage.

La navigation sous-marine tentée par Fulton, aux États-Unis, avait été essayée également d'après l'ordre de Napoléon Ier par MM. Coessin frères, qui avaient construit un bateau-plongeur, dans lequel ils faillirent périr. Le docteur Payerne avait aussi imaginé un navire sous-marin dans lequel la machine à vapeur aurait eu pour combustible un composé renfermant l'oxygène nécessaire à sa propre combustion ; mais il ne fut pas donné suite à ce projet ; nous ne savons ce qu'est devenu *l'Ictinée* du Catalan Monturiol. *Le Plongeur*, dont le modèle est exposé, est le seul bâtiment qui ait fait des expériences sérieuses ; elles ont eu lieu dans la rade de la Palisse, située entre l'île de Ré et le continent. Malgré la grande difficulté de maintenir l'équilibre entre deux eaux dans une masse de 400 tonneaux comme celle du *Plongeur*, il paraît cependant, d'après le *Moniteur de la flotte*, que les expériences faites en février 1864 sont de nature à faire augurer favorablement de la manœuvre d'engins sous-marins et de leur emploi à la défense des ports ou du littoral. Il est probable en effet que le ministère de la marine n'aurait pas compris dans son exposition le modèle du *Plongeur* si ce bâtiment sous-marin n'avait pas répondu, sinon à toutes les données du problème, au moins à quelques-unes.

La flotte cuirassée que nous venons de décrire est armée de canons à culasse mobile, coulés en fonte et renforcés avec des frettes en acier puddlé ; de magnifiques spécimens de cette artillerie, due au général Frébault, sont exposés sur la berge, sous le pont qui conduit au phare, et font l'admiration de tous les visiteurs. Le plus petit modèle est de 16 centimètres d'âme ; son boulet ogivocylidrique traverse une plaque de blindage de 15 centimètres à 300 mètres de distance ; le second modèle est de 19 centimètres d'âme, son boulet traverse les plaques de 15 centimètres jusqu'à 800 mètres. Le canon de 24 centimètres avec son boulet de 144 kilogrammes lancé par 20 kilogr. de poudre peut être employé jusqu'à 2,000 mètres contre les navires cuirassés; son action à 1,000 mètres détruirait en un petit nombre de coups les plus fortes murailles construites jusqu'à ce jour. C'est le vrai canon de combat de la marine française; bien qu'il pèse 14,000 kilogrammes, il se manœuvre facilement. Les pièces de 27 et de 24 sont surtout destinées à la défense des côtes; cette dernière avec une charge de 50 kilogrammes de poudre lance un boulet sphérique massif du poids de 300 kilogrammes.

II

L'amirauté anglaise a exposé un grand nombre de modèles très-intéressants représentant les différentes formes des navires de la Grande-Bretagne, depuis l'introduction de l'hélice comme moteur jusqu'aux navires aujourd'hui encore en construction.

Il est impossible de décrire dans les limites restreintes d'un compte rendu toutes les modifications qui séparent *le Duc-de Wellington* du *Captain* : l'un, vaisseau à trois batteries, renfermant 131 canons de petit calibre et sans cuirasse, lancé en 1852 ; l'autre ne portant plus que 6 canons du plus gros modèle renfermés dans des tourelles tournantes, et construit en ce moment par MM. Laird, d'après les principes du capitaine Cowper Coles. L'amirauté a placé dans son pavillon tous les types fameux décrits par les journaux anglais et reproduits dans les gravures de *l'Illustrated London News* : le *Victoria*, l'*Agamemnon*, le *Warrior*, l'*Achille*, l'*Hercule*, le *Monarch*; elle a fait également exécuter sur une échelle réduite des sections de navire qui expliquent clairement les procédés de construction si intéressants de l'architecture navale anglaise.

A côté de l'exposition officielle une grande vitrine renferme les modèles extrêmement curieux des nouveaux bâtiments de guerre exposés par le vice-amiral Halsted qui les intitule : *Marine de l'avenir*. Autant que nos souvenirs peuvent être exacts, le vice-amiral est ce même Halsted qui, étant capitaine, avait compris, dès 1855, l'importance des vaisseaux cuirassés; il fut un de ceux qui démontrèrent l'insuffisance des vaisseaux en bois et forcèrent l'amirauté à adopter le blindage pour les navires anglais. Aujourd'hui le vice-amiral Halsted , partisan déclaré des navires à tourelles tournantes du capitaine Cowper Coles , a fait construire des modèles — types pour huit grandeurs : vaisseaux, frégates, avisos, avec tout leur attirail de navigation. de combat, de débarquement. Avec une foi communicative, il en explique les avantages à ceux qui ont la bonne fortune de le rencontrer près de sa vitrine.

Les moindres détails du nou.   n système de construction ont été étudiés avec un soin minutieux : tous ces navires s   t en fer, à double enveloppe, à cloisons étanches; ils ne portent pas d'éperon , car le vice-amiral Halsted prétend que ce prolongement antérieur fait perdre un ou deux nœuds à la vitesse du navire ; ils ont leurs flancs fortement cuirassés sur une bande assez large au-dessus et au-dessous de la flottaison; au-dessus de la bande cuirassée, une première batterie presque au niveau de l'eau, n'étant protégée que par une tôle ordinaire, renferme un petit nombre de canon de moyen calibre destinés à l'exercice des matelots , aux salves , aux opérations de débarquement, mais non au combat contre adversaires cuirassés.

Sur cette batterie un pont ferme le navire , dont les écoutilles peuvent être parfaitement closes et sur lequel les vagues passent , dit-on , sans danger pour le vaisseau ; de ce pont sortent des tourelles blindées au nombre de sept pour les bâtiments de premier rang , de quatre pour les frégates , de deux pour les corvettes, les avisos n'en portent qu'une. Au-dessus des tourelles, détaché du reste du navire et comme suspendu, est un autre pont qui sert aux manœuvres et sur lequel sont attachées les embarcations de service ou de débarquement; l'espace compris entre le pont qui ferme le navire et ce pont supérieur est entouré, en temps de paix, par une balustrade qui , au moment du combat , est rabattue sur les flancs du navire et laisse entièrement libre le tir des tourelles. Les mâts sont soutenus par deux montants obliques , d'après le *tripod-systèm* du capitaine Coles , ce qui permet de les faire moins gros. Les vergues peuvent se dresser verticalement le long du mât; au moment de l'action, le navire n'offre donc plus presque aucune prise au feu de l'ennemi.

L'amiral Halsted double ses navires avec du zinc; il adopte les procédés de M. Daft, dont les expériences ont prouvé que le revêtement en zinc garantissait le fer contre le dépôt des coquillages qui retardent presque toujours la marche des navires en fer, sans cependant former un couple galvanique assez fort pour détruire ce métal. L'armure cuirassée qui protége les flancs du navire se compose de plaques de huit pouces anglais d'épaisseur, appuyées sur un matelas de teck de huit autres pouces qui vient se fixer dans un bordage de fer creux très-épais, et également de huit pouces de hauteur; ce bordage est rivé sur le double fond du navire, la cuirasse fait donc corps avec la coque elle-même dont elle continue la ligne.

La tourelle est une véritable merveille de l'esprit mécanique des Anglais ; elle se composé d'une partie fixe, et d'une partie tournante supérieure qui roule sur vingt galets, toutes deux sont fortement blindées par les mêmes systèmes que les flancs du navire.

La partie supérieure qui dépasse le vrai pont contient deux canons montés sur affûts du système Heathorn. Avec ces affûts, la gueule de la pièce est considérée comme point fixe, et c'est la culasse qui monte et descend par un habile mécanisme. Les mouvements latéraux sont obtenus par la rotation de la tour : le pointeur dont la tête passe par une ouverture au plafond de la tourelle la fait mouvoir comme un mécanicien conduit une locomotive, au moyen d'une machine à vapeur située à la partie inférieure du bâtiment.

Les canons de la batterie et ceux des tours sont tous du système de M. Withworth, en acier fondu, à manchons superposés par l'action de la presse hydraulique; leur âme hexagonale reçoit des projectiles creux à six pans dont la longueur a trois fois le diamètre de la largeur. Ces projectiles sont en acier fondu, comprimé, étant encore liquide, dans un moule fortement frété d'acier; au milieu de l'acier en fusion descend d'abord par le choc, puis par la pression hydraulique, le noyau qui creuse la cavité de l'obus : le métal, ainsi comprimé, acquiert une extrême dureté par la trempe. Les canons de Withworth sont assez chers, mais ils ont donné aux expériences de redoutables effets de pénétration, tout en résistant eux-mêmes à un tir prolongé.

Chaque tourelle, en dehors du prix du navire lui-même qui coûterait, par tonneau, autant que les autres vaisseaux cuirassés, reviendrait environ à 15,000 liv. sterl., c'est à-dire à peu près à 375,000 fr. Le navire de premier rang à sept tourelles coûterait donc 2,625,000 francs d'armement en tourelles, sans compter le prix du vaisseau qui les porte.

Les bateaux de débarquement ne sont pas moins intéressants que le reste du système, — ils sont composés de deux enveloppes de toile caoutchoucquée, maintenues par des côtes de bois et par un plancher aussi en bois qui se plie en deux, lorsque les bateaux sont retirés à bord. Ces embarcations, lorsqu'elles sont liées au pont supérieur, ne tiennent donc guère plus de place en largeur que l'épaisseur de deux planches et de deux toiles. Dans le vaisseau de premier rang il y a quatre de ces barques destinées chacune à porter deux cents hommes de débarquement; elles sont remorquées par des chaloupes à vapeur armées de canons Withworth. A une place donnée, les flancs du navire s'entr'ouvrent instantanément pour laisser sortir les troupes, et pour les recevoir en cas de retraite.

Les principaux constructeurs anglais, MM. Napier, Laird, Samuda, ont tenu à honneur d'envoyer les modèles des principaux vaisseaux qu'ils ont construits pour l'Angleterre ou les nations étrangères, et l'institution royale et nationale de sauvetage d'Angleterre a exposé un de ces *life-boats* qui ont déjà rendu tant de services.

Cette institution, dont les fonds sont entretenus par de nombreuses souscriptions particulières, possède déjà plusieurs stations dont la dépense d'établissement peut être évaluée à environ 200 livres pour le hangar sous lequel est mis à l'abri le *life-boat* et 420 pour le bateau insubmersible lui-même sur son chariot, prêt à être transporté où il peut être utile. Pour donner une idée de l'efficacité de l'institution, nous traduisons mot à mot le résumé de ses opérations de 1866 :

Nombre de vies sauvées par les life-boats : 426.

Nombre de vies sauvées par les embarcations : 495.

Ce qu'il a coûté en argent pour sauver ces vies pendant l'année : 2,173 livres 2 schellings 3 deniers.

Dépenses en honneurs : Médailles d'argent, 16 livres ; diplômes de remerciments sur vélin et parchemin, 25 livres.

921 vies pour moins de soixante mille francs.

III

A côté des établissements de l'État, les Forges et Chantiers de la Méditerranée ont disposé une très-belle série de modèles dans la grande galerie et installé sur les berges de la Seine des machines et pièces de machines qui ne le cèdent à aucune autre exposition de même nature. Cette compagnie, fondée depuis douze années, a pris dans ce court espace de temps une extension considérable ; c'est elle qui, en France, a donné le plus grand développement à la fabrication des navires en fer dont elle construit les coques aux chantiers de la Seyne, près Toulon, et les machines aux ateliers de Menpenti, à Marseille.

Les modèles exposés dans les vitrines de la grande galerie comprennent, nonseulement les principaux navires construits, mais encore la réduction des machines dont ils sont pourvus. Un mécanisme ingénieusement disposé sous la table qui les porte, les fait mouvoir pendant quelques heures de la journée ; le public peut ainsi voir le jeu des organes de ces moteurs et se rendre compte de leur bonne disposition.

Le bâtiment le plus considérable construit par la Compagnie est *la Numancia*, frégate cuirassée de 7,420 tonneaux, appartenant à la marine espagnole. *La Numancia* est déjà un navire historique qui a fait ses preuves lors de l'attaque du

Callao par l'escadre espagnole; c'est le premier navire cuirassé européen qui, passant le détroit de Magellan, soit entré dans l'Océan pacifique.

Elle a été construite en moins de deux ans dans les chantiers de la Seyne. Le navire est complétement en fer, son étrave est droite et ne porte pas d'éperon; les membrures extérieures sont coudées à la partie inférieure de la cuirasse pour former une chaise sur laquelle viennent reposer le matelas et l'armure; au-dessus de la flottaison s'élèvent de chaque bord deux cloisons longitudinales montant jusqu'au pont de la batterie, ce qui constitue, avec la muraille extérieure du navire, deux grands compartiments étanches. Cinq autres cloisons, perpendiculaires à celle-ci, complètent un système de défense contre l'irruption de l'eau, dans le cas où un boulet aurait pénétré sous la flottaison. Un blindage de 13 centimètres d'épaisseur, dont les plaques ont été fabriquées à Rive-de-Gier, couvre entièrement le navire sur toute sa longueur qui dépasse 96 mètres; un matelas de bois de teck, de 40 centimètres d'épaisseur, soutient la cuirasse.

La machine à bielles renversées peut développer quatre fois sa force nominale; le diamètre du cylindre de vapeur est de $2^m,14$; la course du piston est de $1^m,30$. A l'attaque du Callao, la cuirasse de *la Numancia* supporta une grêle de boulets de 150 kilogrammes lancés par des canons Blackely. Un seul de ces projectiles traversa la cuirasse et resta logé dans le matelas de bois, et la frégate revint en Espagne par le Pacifique, après avoir accompli son tour du monde; *la Numancia* a coûté 7,895,000 fr., sans compter le prix de l'artillerie.

A côté d'elle se trouve *la Regina-Maria-Pia*, construite en seize mois pour le compte de la marine royale italienne et qui, après avoir figuré au combat de Lissa, en est sortie sans autre avarie que des marques de cinq centimètres de profondeur, empreintes des boulets ennemis; ses plaques, de douze centimètres d'épaisseur, ont été fabriquées par MM. Marel frères. Ce navire, de 78 mètres de long, dont le déplacement est de 4,36 tonneaux, a coûté 4,300,000 francs. Sur le même plan, les chantiers de la Seyne ont également construit *le San-Martino*, et, pour le même gouvernement, *la Terrible, la Formidable, le Palestro* et *le Varèse*, qui ont tous pris part à la bataille de Lissa.

Près de *la Maria-Pia* est *le Brazil*, corvette cuirassée, construite en un an pour le compte de la marine impériale brésilienne. Les dispositions de ce navire ont été conçues de manière qu'il puisse naviguer avec un tirant d'eau de 3 mètres 65 centimètres, tandis que les navires cuirassés exigent ordinairement au moins 7 à 8 mètres de fond; le blindage protége le bâtiment jusqu'au pont supérieur, au-dessus duquel s'élève un réduit de 15 mètres de long abrité par deux cloisons cuirassées transversales; *le Brazil*, après une belle traversée sur l'océan Atlantique, a été envoyé immédiatement sur le Parana et soutient, depuis le commencement de la guerre, le feu des chattas paraguayennes qui n'ont pu percer sa cuirasse.

Le modèle d'une canonnière destinée à la navigation fluviale et construite pour le gouvernement ottoman, termine la série des navires de guerre exposés par la Compagnie des Forges et Chantiers. Deux modèles de paquebots, *le Tigre* et *le*

Masr, sont un échantillon des nombreux bâtiments de cette espèce mis à flot aux chantiers de la Seyne.

Le dernier, achevé en vingt mois pour le compte du vice-roi d'Égypte, est le plus grand des bateaux à hélice construits en France; sa longueur est de 107 mètres et sa largeur de 12 seulement; il déplace 3,900 tonneaux, et sa vitesse est de 14 nœuds 5 dixièmes. Aménagé avec le plus grand luxe, il est divisé en cabines larges et spacieuses, et son grand salon peut contenir une table de plus de cent couverts; deux ventilateurs, l'un aspirant, l'autre refoulant, renouvellent l'air dans les parties les plus basses du navire. La machine du *Masr*, très-curieuse, est une de celles qui attirent le plus les visiteurs, lorsqu'elle est en mouvement; pour donner à l'hélice une grande vitesse, on fait agir la force sur une roue à engrenage qui multiplie le mouvement en engrenant un pignon entourant l'arbre de l'hélice. Cette machine est exactement semblable à celle du *Gharbié*, le seul bâtiment qui ait jamais fait en 108 heures le trajet de Marseille à Alexandrie. Le *Masr* a coûté 3,454,545 francs.

Près des bâtiments de luxe se trouve le modèle de l'un de ces utiles navires que la Société générale de transports maritimes à vapeur a fait construire pour amener en France les excellents minerais de fer exploités en Algérie. Ces transports présentent une construction extrêmement solide en vue de leur service spécial; ils peuvent porter 1,500 tonneaux de minerai de fer et cependant atteindre une vitesse de 8 à 9 nœuds; leur longueur est de 72 mètres 65 sur 8 mètres 82; la machine est de 120 chevaux établie dans les meilleures conditions d'économie; la dépense de charbon est d'environ 500 kilogrammes par heure. Neuf bâtiments semblables, et destinés au même service, ont été construits en quinze mois sur les chantiers de la Seyne.

Parmi les machines de la Compagnie, la plus remarquable est celle du *Marengo*, frégate cuirassée de la marine impériale française : les Forges et Chantiers en ont exposé le squelette dans les bâtiments de la berge, en face la machine du *Friedland*, que le public est admis à voir fonctionner; on peut ainsi se rendre compte des organes actifs, pistons, arbres et tiges qui sont ordinairement cachés lorsque la machine est terminée. Ce puissant moteur, d'une force nominale de 950 chevaux, est à trois cylindres; la vapeur s'introduit dans le cylindre du milieu et se détend dans les deux cylindres extrêmes; on assure ainsi une économie notable de combustible et l'on obtient une force active très régulière.

Le modèle d'une autre machine de 950 chevaux est la réduction du moteur destiné au *Friederick-Carl*, frégate cuirassée à hélice, commandée par le gouvernement prussien, et que nous venons de voir presque entièrement terminée dans le port de la Seyne. Le bâtiment est cuirassé sur toute son étendue, il n'a pas d'éperon, mais l'étrave est renforcée. Sa longueur totale est de 94 mètres 14 centimètres sa largeur hors cuirasse de 16 mètres 60, le déplacement est de 6,000 tonneaux; l'armement se compose de quatorze pièces du plus gros calibre en batterie et de deux pièces sur le pont : la coque est divisée en compartiments par cinq cloisons étanches, un matelas de bois de teck de 30 centimètres d'épaisseur soutient la cuirasse, épaisse de 127 millimètres ; le prix est de 6,000,000 de francs.

Outre ses vitrines du palais et son installation dans les pavillons de la berge, la Société expose sur la Seine un canot destiné à la Société centrale de sauvetage des naufragés, et *le Tamaris*, belle embarcation en acajou doublée en cuivre, mue par une machine de quatre chevaux. Les heureuses proportions de ce canot, sa facilité d'évolution ont pu être appréciées pendant les nombreuses excursions qu'il a faites sur la Seine.

Les Forges et Chantiers, en dehors de leur exposition personnelle, ont encore contribué à l'installation de l'intelligent panorama destiné à faire comprendre le percement de l'isthme de Suez. Les modèles de plusieurs appareils construits à Menpeti et à la Seyne démontrent la puissance des moyens d'exécution employés aujourd'hui pour creuser le canal. Un de ces appareils, nommé *élévateur*, se compose d'un pont en fer incliné supporté vers son milieu par un chariot roulant sur des rails placés sur la berge : un chaland flottant sur le canal fixe l'extrémité inférieure. Sur ce pont roule un petit chariot disposé de manière qu'il puisse enlever facilement les caisses de déblai amenées par le chaland ; le chariot roulant sur le pont, monte le long du plan incliné, transporte la caisse à la partie supérieure où l'on fait déverser les déblais sur le talus qui doit former la berge du canal maritime. Au moyen d'engrenages, de tambours, de treuils et de chaînes, mues par une machine à vapeur, on exécute tous les mouvements et l'on peut par chaque heure enlever vingt-cinq caisses de déblais pesant chacune 8,000 kilogrammes.

Le niveau du terrain où sont posés les rails portant le chariot sur lequel s'appuie le pont est à deux mètres au-dessus du niveau de l'eau dans le canal ; le point de suspension des caisses enlevées du chaland est à une distance horizontale de 20 mètres 50 de la verticale passant par l'axe du chariot porteur ; le bord inférieur de la caisse arrivé en haut du plan incliné est à 9 mètres au-dessus du niveau du terrain et à une distance horizontale de 19 mètres 50 de la verticale de l'axe du chariot porteur. Ainsi, en deux ou trois minutes, on porte donc à 40 mètres en longueur et à 11 mètres en hauteur un poids de 8,000 kilogrammes.

Ces appareils sont destinés aux déblais à sec ; d'autres, aussi curieux et aussi puissants, transportent les déblais et les sables, non plus à sec, mais délayés par l'eau ; ils se composent d'une forte drague qui peut agir jusqu'à huit ou dix mètres de profondeur. Chacun des godets attachés sur la chaîne sans fin mesure 400 litres et est fabriqué avec de fortes tôles très-solidement boulonnées. Ces dragues peuvent enlever plus de 120 mètres cubes de déblais par heure et les verser soit dans des bateaux porteurs qui les emmènent au large, soit dans des appareils en tôle nommés *longs couloirs* qui mesurent 50 mètres en longueur et sont comme les élévateurs portés sur un treillis formant pont. Pour activer l'écoulement des déblais dans ces couloirs, une chaîne sans fin se meut à la partie inférieure de la concavité du canal en tôle et un courant d'eau amenée par des pompes entraîne ce qui pourrait adhérer aux parois. Avec ces merveilleux instruments de travail, la compagnie de Suez a pu accélérer considérablement le percement de l'isthme.

Les Forges et Chantiers ont été compris parmi les établissements méritant la première distinction du nouvel ordre de récompense ; les institutions ouvrières de la compagnie s'étendent sur cinq mille personnes environ à Marseille ou à la Seyne. Ces institutions sont : une association de secours , une ambulance et infirmerie du chantier fondée en 1865 pendant l'épidémie qui sévit si durement sur la Seyne, un fourneau alimentaire, une école d'adultes , dont les classes sont dirigées par les employés administratifs et techniques du chantier. La moyenne annuelle des ouvriers qui ont suivi les cours de cette école s'élève à 370.

Deux chiffres peuvent donner une idée du développement des Forges et Chantiers de la Méditerranée pendant l'espace de onze années, grâce à la puissante direction de M. Béhic, présidant le conseil d'administration de la compagnie.

En 1855, l'importance des travaux exécutés dans les ateliers et chantiers de la Société était de 8,000,000 de francs ; en 1866, cette somme s'est élevée à 25,000,000.

LAINES CARDÉES

L'industrie des laines est vieille comme le monde ; aussi loin que peut remonter l'histoire, il est question de laine foulée et feutrée ; malgré l'emploi inconnu autrefois de textiles et la création constante de nouvelles étoffes, la fabrication de draps et de tissus drapés est encore une des plus importantes des industries humaines ; depuis quelques années surtout les femmes ont adopté la mode de vêtements en laine d'abord veloutée plus ou moins épaisse, puis en drap léger de ton uni ou façonné : l'avenir s'annonce comme plus fructueux encore pour les fabricants d'étoffes de laine, car les femmes se mettent à porter comme les hommes des costumes complets en drap d'une même couleur, soit bleu foncé, soit à fils mélangés. Le palais du Champ-de-Mars renferme, surtout dans la section française, une grande variété d'échantillons d'étoffes pour femmes ; cette mode, qui va doubler la clientèle des fabricants de draperie, a sa raison d'être dans les habitudes modernes, et elle est favorisée par le haut prix des soieries et par leur mauvaise qualité.

La Belgique, l'Allemagne, la France et l'Angleterre rivalisent d'efforts dans la production de la draperie fine, et il serait difficile d'assigner une primauté à l'un de ces pays qui excellent dans des genres différents.

De même que les étoffes de laine, les machines-outils sont nombreuses, et de grands efforts ont été faits pour perfectionner les métiers à filer, retordre, tisser la laine, pour fouler, apprêter et tondre les draps. La France vient de perdre son principal exposant, M. Mercier, de Louviers, tombé victime de son travail incessant et du lourd fardeau que lui imposait la direction du colossal établissement où il construisait l'outillage de la laine cardée pour les fabricants de toutes les parties du monde. M. Mercier est mort dans son triomphe, au moment où, après avoir passé par les angoisses des affaires, il voyait ses métiers à filer adoptés par toutes les usines, et le tissage mécanique, auquel il avait tant fait de sacrifices, prévaloir pour les draps lisses et commencer même à être adopté par quelques fabricants de nouveautés. Celui qui l'avait aidé en lui fournissant l'application sous ses

yeux, à Louviers même, de toutes les machines que son esprit inventait ou perfectionnait, M. Raphaël Renault, est mort également au moment où il allait être
récompensé de sa courageuse initiative. Dans les outils exposés par M. Mercier se
trouve le nouveau modèle d'échardonneuse, instrument devenu nécessaire depuis
l'introduction des laines de Montevideo et de Buenos-Ayres; car ces laines, excellentes du reste, ont un défaut, c'est d'être remplies de petites graines de chardons
que leurs poils hérissés rendent si adhérents qu'il est très-difficile de détacher
sans une machine spéciale d'une extrême énergie. M. Mercier avait exposé aussi
un métier renvideur, self-acting, de 375 broches, ce qui est beaucoup, eu égard au
degré de résistance de la laine.

Le tissage mécanique, qu'il est très-difficile d'appliquer à la fabrication de la
nouveauté, produisant peu de pièces d'un même modèle, est utilisé par la draperie
lisse et pour la confection de certaines étoffes comme les carreaux blancs et noirs,
par exemple, dont il se fait à la suite plusieurs pièces du même dessin. MM. Mercier,
de Louviers, Lacroix, de Rouen, Stehelin, de Bischwiller, ont exposé de bons
métiers mécaniques, avec jeux de lames fixes et une seule navette, employés par
de grandes manufactures de draps unis. M. Louis Schoekerr, de Chemnitz, a
exposé d'excellents métiers à quatre marches et un métier à douze marches et à
deux navettes. MM. Platt d'Odlam, Parker de Dundee et Williams Schmitt de
Hewood, font des métiers à tisser mécaniquement, très-solides et très-bien agencés;
le dernier a exposé un métier à vingt-quatre lames et à six boîtes pour monter et
descendre les navettes, avec lequel on peut tisser une étoffe avec six fils de nature
et de couleurs différentes. Le métier américain de M. Crompton de Worcester est
encore plus compliqué, car il a vingt-quatre lames, et son battant porte huit boîtes,
par conséquent huit navettes.

L'Angleterre, bien qu'elle ait emprunté à la Flandre l'industrie des laines cardées,
comme le constate l'acte d'Édouard III, en 1331, invitant les manufacturiers flamands
à venir s'établir dans la Grande-Bretagne, est le pays qui, jusqu'à présent, marche
toujours en tête de la draperie par les inventions de toutes sortes et les nouvelles
dispositions dans les étoffes de laine. Depuis quelques années, les Anglais pratiquent en grand l'exploitation de ce qu'ils appellent le *shoddy*, et de ce que nous
nommons en France *laine Renaissance*; c'est-à-dire qu'il s'est créé une classe tout
entière d'industriels pour recueillir et défilocher, avec des instruments très-puissants, les chiffons de laine qui n'étaient utilisés autrefois que comme engrais. Avec
ces chiffons défilochés, on reconstitue une matière première que l'on file, et que
l'on tisse pour donner à très-bas prix des vêtements d'un bon usage; les chiffons
de laine doux, tels que flanelles, couvertures, bas, tapis, servent à faire le shoddy
proprement dit; le *mungo* est tissé avec du fil provenant de chiffons de laine souple
et ferme ou bien des rognures de drap neuf; une troisième qualité est faite avec de
la laine obtenue de chiffons laine et coton dont un procédé chimique, après avoir
détruit le coton, laisse la laine intacte. Outre les chiffons de production anglaise, il
s'importe annuellement en Angleterre plus de dix mille tonnes de chiffons étran-

gers ; il s'emploierait dans le Royaume-Uni, d'après un travail de M. Berhens, 52 millions de livres de shoddy et 5 millions de laine extraite des étoffes laine et coton. Le même écrivain évalue à 234 millions de livres le poids des laines employées dans toute l'Angleterre pour la fabrication des laines cardées, représentant, après leur mise en œuvre, une valeur de 30,800,000 livres sterling, c'est-à-dire 770 millions de francs. Les préparations du drap et des étoffes drapées employaient, en 1861, 87,000 ouvriers, hommes, femmes et enfants ; depuis ce temps, l'industrie de la laine ayant pris une extension considérable, le nombre des ouvriers est encore notablement augmenté.

Les étoffes anglaises envoyées au Champ-de-Mars sont à la hauteur de leur réputation ; quelques tissus particuliers conservent sur leurs similaires une priorité de disposition et une netteté d'exécution tout à fait hors ligne. A l'étalage du Huddersfield, représenté par MM. Taylor, sont disposées des nouveautés pour pantalons qui seront imitées certainement cet hiver par les tisseurs du continent : des tweeds, des étoffes à carreaux noirs et blancs, envoyés par MM. Laing et Twine d'Hawick ; des couvertures à longue laine plus ou moins réussies de M. Geissier de Kirkburton, des pantalons de cheval en laine blanchâtre et canelle de MM. Houston à Franc (Sommerset), montrent un cachet véritablement particulier. Certaines colorations, entre autres les tons garance de Davies, sont aussi fort belles.

On reproche aux Anglais la nuance gris jaunâtre qui domine dans la plupart de leurs pantalons ; mais ce reproche pourrait s'adresser aussi à certains de nos exposants français ; on leur reproche aussi de varier le moins possible pour produire de grandes quantités d'un même tissu, mais c'est à ce prix seulement que l'on peut obtenir la perfection et le bon marché.

La concurrence de la draperie belge est redoutable à l'industrie française : fabriquant avec une perfection relative les étoffes moyennes, elle exporte des quantités considérables en Suisse, Prusse, Turquie, Amérique du Nord, et surtout en France.

C'est à Verviers et dans sa banlieue qu'est le siége principal de la draperie belge ; dix-huit mille ouvriers, fileurs, tireurs et apprêteurs, fabriquent tous les ans pour environ cent millions de francs, des draps et des étoffes de faintaisie, dont le quart environ est exporté. Outre la laine employée à fabriquer les draps, Verviers en file aussi de très-grandes quantités qui vont en Écosse servir à la confection des tricots et de la bonneterie. MM. Hauzeur, Henrion, Laoureux, Bioley et Simonis ont envoyé des échantillons imitant ce qu'on appelait autrefois le genre anglais, et qui est devenu aujourd'hui le genre européen.

La Prusse l'emporte de beaucoup sur la Belgique pour la fabrication des draps noirs et de toutes les étoffes d'un ton uni, chaudes et épaisses, avec lesquelles on fait les vêtements d'hiver. MM. Léopold Schoeller, à Duren ; Jansen, à Montjoie ; Hermann Sterken et Bischoff, d'Aix-la-Chapelle, qui font de très-beaux draps noirs à 11 fr. 50 cent. le mètre, sont surtout remarquables.

La Saxe fabrique des draps noirs à bon marché, mais est loin d'égaler la remarquable production de la Moravie ; tout le monde a admiré les draps blancs et bleu tendre de M. Adolphe Schœller de Brün, les tissus épais de M. Popper, l'un surtout ras et vert foncé à l'endroit, était noir et à longues laines à l'envers ; ce dernier tissu laissait bien loin de lui la plupart de ses similaires anglais ou français. Dans cette même section autrichienne se trouvaient les draps blanc, jaune, rose de Chine, de M. Moro, de Klagenfurt. Malgré la beauté de ses laines de luxe, l'Autriche ne néglige pas l'effilochage des laines, et M. Stickel, de Prague, n'a pas craint d'exposer des shoddy et des mungos à côté des magnifiques étoffes de Brün.

D'autres pays allemands en ont aussi étalé, entre autres la Hesse, qui possède à Worms une fabrique importante de ces laines, improprement appelées laines artificielles.

Les expositions italienne, suédoise et russe, montrent les progrès qu'a faits leur industrie drapière à partir de 1855 : depuis cette époque, il s'est monté en Europe, et même de l'autre côté de l'Atlantique, des carderies de laine et des fabriques de drap d'une importance considérable ; chaque pays cherche à s'affranchir de l'importation étrangère et construit des usines souvent malgré les difficultés d'abord qui auraient dû en empêcher même la conception. M. Mercier, de Louviers, nous racontait les péripéties d'un assortiment qu'il avait envoyé dans les Cordillières, où les métiers les plus grands, des machines les plus lourdes avaient été séparées en charges assez petites pour être portées à dos de lama. Il y avait deux ans que la commande avait été expédiée, et tout n'était pas encore arrivé à destination.

A Schio, près de Vicence, dans les montagnes du Tyrol, M. Rossi a installé une filature, une teinturerie et un tissage qui ne le cèdent en rien à nos usines les plus importantes ; magnifiques bâtiments à cinq étages, puissantes machines à vapeur, cardes et mul-Jenny du dernier modèle, métiers à tisser mécaniques, foulerie modèle, rien n'y manque ; elle occupe plus de mille ouvriers. M. Rossi a disposé dans une belle vitrine un assortiment complet de draps et nouveautés de très-bon goût et très-bien fabriqués.

Parmi les exposants russes, plusieurs occupent un millier d'ouvriers et même davantage. Dans ses vastes plaines, la Russie possède assez de troupeaux pour exporter 68 millions de francs de laine et cependant fabriquer encore de notables quantités de draps, non-seulement pour elle-même, mais encore pour la Chine et l'extrême Orient. Une seule usine, celle de MM. Babkinne frères, de Bogorodsk, en fait annuellement 30,000 pièces, d'environ 18 mètres chacune.

Moscou et ses environs sont le siége d'une industrie très-active, qui a envoyé un grand nombre de produits, entre autres un assortiment complet de drap pour les troupes. La section russe contient encore plusieurs pièces d'étoffes en poil de chameau ; cette même matière est très-employée, ainsi que le poil de chèvre, par les exposants orientaux. Bien que la Turquie seule compte cent exposants dans la classe 30, l'industrie drapière semble encore devoir s'y exercer dans des conditions primitives, aussi bien par la nature des étoffes qui ont le charme particulier des produits fabriqués à la main, et par le sexe des exposants, qui sont presque tous des femmes, souvent même des supérieures de couvents. .

La section française compte cent vingt-six exposants, dont les uns appartiennent à divers groupes, tels que les fabricants d'Elbeuf, de Louviers, de Sedan, de l'Hérault et du Haut-Rhin, et dont un petit nombre échappe à ce classement qui semble réhir en France la plupart des industries textiles. M. Balsan, à Châteauroux, où se font de fortes parties de drap de troupe, ne peut être rangé dans aucune catégorie, pas plus que MM. Méry, Samson, de Lisieux, dont l'étalage est certainement l'un des plus curieux de l'Exposition, surtout dans la classe 91, car on y trouve des draps de 1 fr. 60 à 3 fr. 20 le mètre.

MM. Méry et Samson ont poussé jusqu'aux dernières limites l'art de fabriquer à bon marché les étoffes drapées et foulées, ils remplacent souvent les effets de tissage par une impression très-bien faite, et dans un pantalon à carreaux blancs et noirs exposé par eux, et imprimé au lieu d'être tissé, l'envers même a été imprimé en carreaux, correspondant à l'endroit. Il est évident que ces étoffes sont moins belles d'aspect que les tissus analogues à 14 fr. le mètre, mais ils ont le grand avantage de fournir des pantalons et des vestes de laine à ceux qui l'hiver auraient à peine au même prix de la toile pour se couvrir.

La fabrication de Vire et celle de Romorantin sont aussi des draps bon marché ; Sedan au contraire excelle dans les satins noirs et unis et dans les étoffes pour confections de dames ; dans ce dernier article, M. Labrosse a semblé l'emporter sur ses confrères.

MM. Cunin-Gridaine, Louis Bacot et Montagnac ont confirmé la réputation de leurs maisons. Ce dernier a donné son nom à un drap velouté dont l'apparence très-épaisse est obtenue par un battage mécanique qui fait redresser le poil de la laine tondue ensuite plus ou moins court.

M. Bouvier, de Vienne, dans l'Isère, expose des étoffes de nouveautés pour dames du goût le plus hardi ; quelques-unes d'entre elles ont jusqu'à des perles tissées dans l'étoffe. — Les fabricants de Carcassonne, de Béziers et de Mazamet, parmi lesquels M. Cormouls-Houlès occupe une place importante, exposent des draps de troupe, des molletons et des étoffes foulées aux nuances vives très-bien conditionnées surtout eu égard à leur prix peu élevé. MM. Blin et Block, de Bischwiller, ont une spécialité de draps légers autrefois réservés aux costumes d'amazones, et qui, cette année, servent à faire pour les dames des costumes complets.

Louviers ne s'est pas livré à la fabrication de nouveaux articles, il a cherché à perfectionner ses draps unis, ses étoffes pour paletots et pantalons et à tisser mécaniquement les étoffes de nouveauté simple. M. Nouflard a très-bien réussi dans cette dernière fabrication et peut lutter sans désavantage avec les industriels anglais.

Elbeuf à lui seul est représenté par quarante-sept exposants, dont les produits sont de tous les genres et de tous les prix, depuis les draps fins de M. Bellest, les fantaisies les plus nouvelles de MM. Flavigny, Thillard, Talamont, Vauquelin-

Demar, jusqu'aux étoffes pour dames, aux couvertures, aux draps pour billards, pour voitures, pour livrées, dont M. Hennebert a étalé un très-bel assortiment. M. Lecorneur expose de beaux draps pour uniformes d'officiers : MM. Decaux tissent mécaniquement leurs draps de troupe, et c'est aussi mécaniquement que MM. Legris et Morel fabriquent une partie de leurs nouveautés pour pantalons et paletots. Elbeuf fabrique aussi des étoffes de dames, les unes aussi épaisses que les fourrures les plus chaudes; les autres, de couleur vive, souples et légères, semblent destinées aux usages les plus élégants, et dans la classe 91 des draps noirs à 5 fr. 90 le mètre.

Le coton, la laine, la soie sont mêlés dans les tissus d'Elbeuf avec un art merveilleux, et malgré l'infériorité commerciale de la France comparée à l'instinct mercantile de l'Angleterre et de la Belgique, la supériorité industrielle d'Elbeuf est si incontestable que sa production annuelle arrive encore à près de 100 millions de francs sur les 250 millions auxquels on évalue la production entière de la France.

LES DIAMANTS

Tout le monde aime les diamants ; les uns trouvent qu'un beau brillant, limpide, lumineux, radieux comme une étoile, est le plus merveilleux produit de la création, plein de problèmes pour l'artiste et pour le savant ; les autres le vénèrent parce qu'il est la représentation la plus haute de ce qu'on appelle la fortune ; ils s'arrêtent, méditent et supputent devant les parures des joailliers comme devant les sébiles des changeurs. Le diamant est aujourd'hui plus recherché que jamais : les pierres de petite dimension et pesant moins d'un demi-carat coûtaient, en 1848, 125 fr. le carat, elles valent aujourd'hui 250 fr. La hausse est encore plus sensible sur les pierres plus grosses ; ainsi un diamant d'un carat, qui valait à cette époque 200 fr., se vend aujourd'hui 500 fr. Un diamant de deux carats, qui se payait de 600 à 650 fr., s'estime aujourd'hui de 16 à 1,700 fr. ; un diamant de cinq carats représente actuellement une valeur de 7 à 8,000 fr. : au-dessus, la progression devient infinie. Les chiffres précédents se rapportent à la première qualité, bien blanche et sans défauts ; naturellement, d'après l'importance de la tare, il y a une dépréciation, et plus la nuance s'écarte du blanc, plus les feux sont faibles, plus la pierre contient de givres, de taches, de crapauds, plus sa valeur tend à diminuer : ainsi un diamant d'un carat qui, lorsqu'il est parfait, représente 500 fr., diminue graduellement jusqu'à 125 lorsqu'il est défectueux. Il en est de même des imperfections de la taille, et les pierres irrégulières sont jugées, non pas au poids qu'elles ont, mais par celui qu'elles auraient si une taille normale en avait abattu les difformités. C'est à l'acheteur à regarder avec attention, car, si l'on se trompe, on est exposé à perdre une somme plus ou moins importante, tandis que toute pierre bien achetée retrouve amplement sa valeur, quel que soit le pays où l'on voyage, et, si on la conserve, elle peut acquérir une plus-value indemnisant son propriétaire de la perte des intérêts, comme cela s'est passé depuis vingt ans.

Ce n'est pas seulement le service de la foire aux vanités qui fait hausser le prix du diamant, mais bien toutes les circonstances qui conseillent l'accumulation de fortes sommes pour un poids et un volume aussi restreints que possible, facile à cacher et à réaliser ; ainsi la dernière hausse des diamants a été causée par la guerre de la sécession aux États-Unis. Il arrive souvent aussi que de grands personnages, exposés aux incertitudes des positions élevées, réunissent en collier des chatons en belle qualité, d'un carat au plus, sorte de chapelets qu'ils peuvent égrener au besoin, et dont la vente est toujours facile.

Il est bien peu de personnes aujourd'hui qui n'aient examiné de près un diamant taillé et serti ; les étalages de joailliers et les vitrines des expositions précédentes ont fait à ce sujet l'éducation générale ; mais quelques rares adeptes seulement avaient pu, jusqu'à ce jour, considérer les diamants bruts et surtout se rendre compte de la manière dont on façonne les brillants et les roses. C'était autrefois l'un des grands attraits d'un voyage en Hollande ; tout étranger arrivant à Amsterdam, surtout s'il accompagnait une femme, avant même d'aller admirer les Rembrandt, se faisait conduire Zuanenburgerstraat, rue dans laquelle se trouve la taillerie célèbre que son propriétaire, M. Coster, laisse gracieusement visiter, et dans laquelle plus de quatre cents ouvriers taillent et polissent les diamants. Aujourd'hui il n'est plus nécessaire pour voir une taillerie d'aller jusqu'à Amsterdam : M. Martin Coster, membre de la commission hollandaise, a établi au Champ-de-Mars une réduction de son usine, spécimen très-bien installé de cette industrie si peu connue.

Les difficultés du commerce du diamant, qui exigent tant d'habileté d'appréciation, tant de patience pour attendre la réalisation de capitaux énormes engagés, une si profonde connaissance du personnel auquel il faut confier soit pour les tailler, soit pour les vendre, des pierres d'une valeur quelquefois considérable, ont restreint dans quelques mains la manutention et la transformation des diamants bruts. Sur une moyenne de 180,000 carats importés en Europe tous les ans, il y en a environ la moitié qui sont envoyés à M. Coster, par ses agents établis au Brésil ; il pouvait donc mieux que tout autre composer une exposition intéressante montrant depuis le caillou précieux entouré de sa gangue jusqu'aux pierres achevées prêtes à être serties.

La petite usine de M. Coster se trouve dans la section hollandaise du parc, justement en face du restaurant hollandais où des Frisonnes coiffées d'un casque d'or versent aux amateurs du véritable schiedam, et serviront bientôt, dit-on, du slemp, mélange de lait et de safran, dont les dames du meilleur monde, à l'opéra d'Amsterdam, prennent à chaque entre acte de larges tasses toutes pleines. Le bâtiment est en brique et pierre et semble construit à demeure ; la salle est vaste et contient, outre les tables vitrées renfermant les échantillons de minerais, de diamants bruts et travaillés, les ouvriers eux-mêmes exécutant, sous les yeux du public, la série des travaux qui transforment les pierres. Une petite machine à vapeur donne le mouvement à l'outillage ; mais nous regrettons de ne pas voir dans l'atelier la grande roue horizontale en métal brillant usitée en Hollande pour transmettre et régulariser la force. Les sept premiers casiers de la table renferment les formations minéralogiques, des gangues et des cristaux contenant du diamant : des exemplaires des différentes mines, où l'on peut examiner le terrain lui-même ; le cascalho ou caillou, les diamants noirs nommés *carbon*, dont on fait la poudre à polir ; le *bord* ou diamant noueux, qui sert au même usage. La huitième case comprend trois lots de diamants bruts venant de Cuyaba, de Bahia et de Rio ; ces derniers entourés d'une croûte grisâtre sont, dit-on, de très-belle qualité.

La neuvième case renferme des pierres qui ont subi le clivage et il est possible de voir exécuter cette opération intéressante par un fendeur établi quelques pas plus loin. Il a devant lui une boîte de quinze centimètres de long sur dix de large environ, revêtu à l'intérieur d'un double fond mobile percé de petits trous. Sur chaque bord de la boîte s'élève une cheville destinée à servir de point d'appui, exactement comme les chevilles sur lesquelles les bateliers appuient leurs rames. Le fendeur cherche d'abord l'endroit par lequel il pourra entamer la pierre, car le diamant dont la dureté est proverbiale, et qu'on frapperait en vain de l'acier le plus tranchant, se clive et s'effeuille avec une extrême facilité, lorsqu'on a su trouver le sens de sa cristallisation. Le fendeur, laissant libre la partie du diamant qu'il veut attaquer, enferme le reste dans un mastic nommé ciment, formé de résine et de briques pilées, amollies par une petite lampe à gaz qui se trouve à sa portée. Ce mélange durcit tellement, que la pierre emprisonnée dans le mastic ne peut plus en être détachée par aucun effort. Le mastic, entouré d'une virole de laiton, surmonte un petit bâton étranglé au-dessous de la virole, et gonflé un peu plus bas, pour pouvoir être facilement saisi par la paume de la main. L'ouvrier prend de la main gauche le 'bâton, au bout duquel est fixé le diamant à fendre, et de l'autre main un bâton semblable dans le ciment duquel est fixé un fragment du diamant récemment fendu ; l'arête encore vive et tranchante de ce fragment est le seul corps de la nature qui puisse entamer la croûte de l'autre diamant.

Le fendeur appuie les deux cols des deux bâtons chacun sur les chevilles en cuivre s'élevant de chaque côté de sa boîte. Avec le pouce de chaque main il presse ce col contre la cheville, avec le reste de la main il force le bâton à basculer en faisant levier ; il frotte ainsi avec une force décuplée l'arête tranchante sur le point qu'il veut attaquer. En quelques instants, lorsque les mesures sont bien prises, une entaille en forme de V ouvert est pratiquée dans le diamant : l'ouvrier enfonce alors son bâton verticalement dans un trou percé au centre d'un bloc de plomb fixé au bord de sa table, il prend une lame moins ou plus affilée, suivant le degré de grosseur du diamant qu'il travaille, — il place le tranchant dans l'incision préparée, puis donne un petit coup sec avec une petite baguette de fer s'évasant en cône à chaque bout et qui lui sert de marteau ; si l'incision a été bien faite, ce coup suffit seul, et la pierre se sépare en deux comme si c'était une amande.

Les pierres de la neuvième case indiquent parfaitement le résultat de ces opérations successives. La dixième case montre les pierres ayant subi l'égrisage exécuté par un ouvrier tailleur ou égriseur se servant des mêmes outils que le fendeur ; ses bâtons sont seulement plus gros, car il a besoin d'une très-grande force pour user le diamant en le frottant l'un sur l'autre ; ses mains sont couvertes de gants de cuir solides et très-ajustés qui servent à maintenir ses articulations dans la lutte avec la pierre réfractaire. Faisant basculer sur la cheville de son petit baquet la partie bombée de son bâton qu'il maintient avec le pouce, il forme levier et ramène vers lui par un mouvement du poignet les trois derniers doigts serrés sur la partie évidée du bâton.

Ces mouvements demandent un effort musculaire considérable; mais ce n'est pas seulement de force musculaire que le diamantaire a besoin, il lui faut encore une excellente vue pour saisir les moindres indications, la forme, la couleur, le sens de chaque partie de la pierre qu'on lui a confiée à tailler, car c'est à lui seul de décider quelle forme elle aura. Il faut qu'il juge, dans son expérience, comment il pourra conserver à la pierre le plus de poids possible, en plaçant les défauts de manière à les faire enlever par les polisseurs, et en même temps diriger la taille et disposer les facettes pour qu'elles réfractent la lumière sous certains angles plus favorables que d'autres, afin de produire ces scintillements qu'on appelle les feux du diamant. Si l'on ne prend pas la facette suivant le sens du diamant, on pourrait le frotter indéfiniment sans entamer la pierre; et ce n'est pas seulement la face attaquée la première qu'il faut considérer, c'est aussi la relation qu'elle doit avoir avec toutes les autres faces et que toutes les autres faces doivent avoir entre elles; car si, après avoir terminé soixante-trois côtés d'une pierre, il en reste un qu'il ne soit plus possible de prendre dans le sens, le diamant reste impoli sur un point et perd ainsi une partie de sa valeur. Après l'égrisage, le brillant ou la rose ont la forme qu'ils conserveront, mais ils sont restés ternes, car leurs faces principales sont striées et un peu grises; il est donc nécessaire de faire les petites facettes et de polir le tout. Le diamant est trop dur pour pouvoir être poli par une autre substance que ses propres débris : c'est la poussière nommée *égrisée* tombée dans le petit baquet du fendeur ou du tailleur qui, répandue sur une meule ronde et plate en fer, peut seule agir sur la surface réfractaire. Pour être rendue propre à cet usage, elle doit d'abord avoir été réduite en poudre impalpable, sans cela elle rayerait et userait au lieu de polir. On la pile dans un mortier d'acier, avec un pilon du même métal que l'on frappe violemment dans la cavité. C'est aussi dans ce mortier que l'on concasse et que l'on parvient à réduire en poudre, soit le *bord* ou diamant intaillable, soit le *carbon* ou diamant noir.

Le polissage ne s'exécute pas à la main, comme le découpage; cette dernière opération demande une force bien plus grande, aussi se fait-elle toujours avec des moyens mécaniques. Au Champ-de-Mars, comme à Amsterdam, de petites meules tournant horizontalement avec une rotation de deux mille cinq cents tours par minute, terminent la taille et exécutent le polissage des pierres; ces dernières ne sont plus maintenues dans du mastic comme pour l'égrisage, mais prises solidement par un alliage métallique contenu dans une coquille saisie entre les mâchoires d'une lourde pince dont le poids s'augmente encore de lingots de plomb; des chevilles en fer fixées sur l'établi soutiennent les pinces dans le sens de la rotation. Chaque polisseur peut conduire deux ou trois opérations à la fois.

La case n° 11 contient le détail complet de la taille en rose, depuis la pierre d'un carat jusqu'à 1,000 au carat, dont chacune a ses vingt-quatre facettes. Deux belles roses terminent la série. La douzième case est la plus curieuse : outre plusieurs échantillons de brillants de différentes couleurs et grosseurs, depuis vingt au carat jusqu'à huit carats, M. Coster y a disposé des pierres taillées et percées dans les Indes, une grosse briolette perforée en Europe, un diamant bleu, un diamant rose, et trois magnifiques pendeloques d'un blanc parfait. Le treizième compartiment est réservé aux fac-simile de l'Etoile du Sud et du Ko-i-noor taillés dans l'usine d'Amsterdam, et à la pierre gravée par M. C. de Vriès qui a choisi pour le fixer à jamais sur la pierre inaltérable le profil de Sa Majesté l'Empereur Napoléon III. Le Ko-i-noor et l'Etoile du Sud sont, avec le Régent, les seules pierres pouvant justement porter le titre de diamants souverains. Le premier, qui pesait 186 carats avant la taille, n'en pèse plus que 102 1/2; le second qui était de 254 en brut, une fois taillé, n'a plus donné que 125 carats, et cependant, depuis qu'elles sont taillées, ces deux pièces ont acquis leur véritable valeur. Après avoir appartenu à diverses sociétés en participation, l'Etoile du Sud a été confié à un courtier qui est allé le vendre à un rajah des Indes orientales. Il y a encore à la taillerie un énorme diamant rose ; mais on obtient assez difficilement de le voir, car il pâlit au jour et ne reprend sa belle couleur qu'après avoir été doucement échauffé et maintenu dans l'obscurité. La lumière artificielle ne l'altère pas ; si on le chauffe fortement, il devient violet.

L'exposition de M. Coster est donc complète et la salle qui la renferme est toujours pleine ; M. Daniels, directeur de l'usine d'Amsterdam, fait lui-même les honneurs de ses produits et donne à tous ceux qui lui demandent des explications, les renseignements les plus détaillés avec une patience et une bonne grâce véritablement hollandaise.

M. Bordinckx d'Anvers expose aussi une briolette perforée et un diamant gravé d'un N surmonté de la couronne impériale. Quant aux diamants montés, la France nous semble avoir, pour cette industrie, une supériorité incontestable comme goût et comme élégance d'exécution. A côté de la branche de lilas blanc, toute en brillants, véritable chef-d'œuvre de M. Rouvenat, les vitrines de MM. Massin, Mellerio, Beaugrand, Bapst, Boucheron, sont pleines de parures admirables avec lesquelles peuvent à peine lutter, et encore grâce à la richesse des pierres, la grosse rivière de Goldschmidt de Vienne, la belle broche d'Hancock de Londres et le splendide écrin de lady Dudley. Il y a dans ce dernier des diamants de l'Inde « à rendre fou un joaillier, » nous disait un des membres du jury français songeant aux merveilles que nos artistes pourraient faire avec cette masse de brillants si lourdement montés. Nous conseillons aux personnes qui croient posséder des diamants d'aller prendre devant les parures de lady Dudley une leçon d'humilité. En résumé, il nous a paru qu'il y avait au Champ-de-Mars bien peu de diamants, surtout lorsque nous eûmes appris que, depuis 1859 jusqu'à 1867, il était arrivé en Europe 1,131,326 carats, soit, près de 300 kilogrammes.

ARTILLERIE

L'Exposition de 1867 montre de beaux et nombreux spécimens, placés en évidence par les principales fabriques de canons et de plaques de blindage ; pour se faire juger suivant leur vrai mérite, ce n'est pas au Champ-de-Mars qu'ils devraient être braqués, mais bien au polygone de Vincennes ; on aurait là, pour les comparer, d'autres éléments que leur aspect extérieur et l'habileté plus ou moins adroite de leur mise en scène.

L'usine suédoise de Finspong a envoyé deux canons pesant, l'un 14, l'autre 13,000 kilogrammes ; ils étaient placés dans le parc, au-devant des maisons suédoises et norwégiennes dont l'élégante construction est unanimement appréciée. De ces deux canons, l'un est en fonte frettée d'acier, l'autre simplement en fonte. L'opinion des Suédois, qui connaissent bien la métallurgie du fer, vient à l'appui des défenseurs de la fonte comme métal propre à la construction des canons; d'après eux, cette matière, d'un prix cinq ou six fois moindre que celui des autres combinaisons du même métal, serait tout aussi résistante et offrirait une égale sécurité.

Les canons de Finspong sont fondus avec du minerai de Fœrola et coulés en première fusion. Leur métal est une fonte blanche truitée ou plutôt veinée d'un lacis gris. Dans les nombreuses expériences faites sur les canons de Finspong, on a reconnu que le carbone abandonnait le fer, se déposait à l'état de graphite dans l'intérieur du métal, dont il altérait la cohésion, lorsqu'on ne maintenait pas environ un millième de soufre dans la composition de la fonte.

Depuis lors, on a pris la précaution, lorsque le minerai ne contient pas de soufre, d'en ajouter sous forme de sulfate de fer, dans la proportion indiquée d'un kilogramme pour mille, et les pièces d'artillerie de Finspong, d'abord assez fragiles, sont devenues très-résistantes. Nous signalons cette particularité à nos métallurgistes, toujours si préoccupés d'exclure le soufre de leurs combinaisons de minerai.

Les canons suédois exposés sont, l'un de 24, l'autre de 27 centimètres d'ouverture ; leur boulet plein sphérique pèse, pour le premier, environ 100 kilogrammes, pour le second 130. M. Charles Eckmann, propriétaire des fonderies de Finspong, a envoyé, avec les canons, le modèle en bois des hauts fourneaux où sont traités les minerais de Fœrola, ainsi que le moule à fondre les pièces. Pour cette dernière opération il y a toujours en feu deux hauts-fourneaux jumeaux dont les produits viennent se joindre à la coulée : le moule est à noyau, c'est-à-dire que le métal arrivant par la partie inférieure de la cavité ne l'emplit pas dans toute sa largeur parce qu'il rencontre au milieu une longue tige de fer entourée de terre réfractaire tenant la place de l'âme du canon. Lorsque la masse en fusion a dépassé à peu près la moitié de la hauteur du moule, une ouverture pratiquée à ce niveau, laisse arriver le reste de la fonte qui doit terminer la pièce ; les scories sont ainsi reportées vers la gueule du canon et renvoyées vers le jet, que l'on retranche ensuite. La culasse, qui est fermée, n'est pas vissée au corps du canon, comme dans d'autres systèmes, car la pièce se fond d'un seul morceau. Finspong a exposé, en outre, une très-belle collection de boulets ronds et coniques en fonte ; plusieurs de ces derniers ont été brisés et il est facile de voir, à l'examen de la cassure, que leur extrémité antérieure doit avoir été trempée par le refroidissement pour obtenir une plus grande dureté. L'apparence de cette partie du boulet est un grain uniforme d'un gris pâle, tandis que la base du boulet qui n'a pas été refroidie est veinée comme le métal des canons.

Autour des boulets de Finspong, la commission suédoise a très-ingénieusement disposé en pyramide toute la collection des célèbres minerais, fers et aciers de la Scandinavie. La base de la pyramide est formée avec des blocs de 1,000 à 2,000 kilogrammes. Ce sont les minerais de Dannemora, qui contiennent 52 0/0 de fer ; Hammarin, Persberg, — Bisberg qui fournit près de 78 0/0 de métal utile, et tous ces gîtes fameux où l'on découvre le minerai en se servant de l'aiguille aimantée. Au-dessus de ces blocs sont placés les fers suédois, si durs et si tenaces qu'on peut les tordre à froid et les nouer jusqu'à deux fois de suite sans qu'ils montrent la moindre fissure, et pour faire la pointe de la pyramide deux étages de barres de fer et d'acier. Sur une table voisine est placé l'un des appareils les plus remarqués de l'exposition, le modèle du four à réchauffer les fers par une sorte de distillation des gaz de la sciure de bois : on obtient avec ce procédé des températures intenses et graduées dont se servent avec grand succès les habiles métallurgistes suédois.

Les renseignements authentiques suivants nous permettent de compléter ce que nous venons de dire sur les canons suédois : « Ce n'est pas à Finspong qu'on a » ajouté du sulfate de fer dans la fonte, c'est à Acker, autre fabrique de canons. L'un » des canons de Finspong pèse 32,000 livres suédoises, ce qui équivaut à » 13,600 kilogrammes environ. Il coûte 12,500 riksdalers suédois, équivalant à » 17,500 francs. Le prix très-élevé de 1 franc 40 centimes par kilogramme s'ex- » plique si l'on prend en considération les cercles d'acier et la spécialité de cette » fabrication. L'autre canon est tout simplement en fonte et sans rayures. Il pèse

« 30,000 livres suédoises, — 12,750 kilogrammes, et coûte 7,500 riksdalers sué-
» dois, — 10,500 francs, ce qui fait par chaque kilogramme le prix très-modéré
» de 0,82 centimes environ. Un canon de cette dernière espèce, tout à fait sem-
» blable à celui qui est exposé, a été mis à l'épreuve par l'artillerie suédoise. La
» plus grande charge de poudre était de 50 livres, — 21 kilogrammes 25 grammes.
» Le canon fut rempli tout entier de projectiles cylindriques pesant ensemble
» 2,880 livres suédoises, 1,225 kilogrammes environ. Le canon même qui avait
» subi cette rude épreuve et avec lequel on avait tiré cinq cents fois sans qu'il en
» eût souffert aucunement, était destiné à figurer à l'Exposition universelle; mais
» malheureusement en le chargeant à bord du bateau à vapeur qui devait le con-
» duire à sa destination, il a été perdu et est allé se cacher dans la rivière de Mo-
» tala à Norkoeping. Il a été impossible de le repêcher. »

Ces documents sur le prix des canons de fonte nous donnent des bases pour calculer à combien chaque coup tiré reviendrait approximativement, en admettant que
chaque canon de 27 centimètres eût en moyenne, dans le cours de son existence,
la force et l'occasion de tirer un millier de coups. Chaque boulet sphérique de 130
en fonte calculé à 0,70 centimes environ le kilogramme, coûterait 91 francs; l'a-
mortissement du canon, calculé à 1,000 coups, donnerait un peu plus de 10 francs;
21 kilogrammes de poudre, à 2 francs, en comprenant les enveloppes et autres
frais, 42 francs; total par coup, 143 francs, et cela en prenant l'étoffe à canon et
à boulet le meilleur marché possible. S'il s'agissait du canon Petin et Gaudet en
acier fondu avec boulet aussi en acier fondu, comme l'acier travaillé en canon
coûte au moins 5 francs le kilogramme, et que la pièce pèse 16,000 kilogrammes,
on ne peut la compter au-dessous de 80,000 francs, ce qui met l'amortissement
par 1,000 coups à 80 francs; le boulet de 144 revient à 1,10 le kilogramme, soit
158 francs, plus 40 francs de poudre au moins, total 278 francs, et encore
nous omettons plusieurs autres dépenses et nous établissons les prix au minimum.

L'exposition des canons anglais est très-remarquable, bien que Blackely et plusieurs autres fabricants de cet article si demandé en Angleterre par les petits États
n'aient rien envoyé au Champ-de-Mars. Le département de la guerre de Sa Majesté
britannique a réuni dans un pavillon spécial les types les plus intéressants des
pièces construites aux ateliers de Woolwich : la plus importante est un canon rayé
se chargeant par la bouche et dont l'âme mesure environ 28 centimètres, construit
d'après les procédés de sir William Armstrong, modifiés à la suite de nombreuses
expériences et d'études continuelles sur l'emploi du fer.

Au lieu de forer les canons dans un métal uniforme, en fonte, comme les Français, les Suédois, les Américains, ou en acier fondu comme les Russes et les Prus-
siens, le célèbre constructeur applique aux pièces d'artillerie l'ancien procédé de
fabrication des fusils dits à ruban encore employé aujourd'hui pour les armes de
luxe et qui consiste à enrouler autour d'un tube central une spirale de fer forgé.
Comme il eût été difficile d'enrouler en spirale serrée une seule barre de fer pour

en faire un tube de quatre ou cinq mètres de long, plus résistant à la culasse qu'à la volée, Armstrong fut obligé de joindre ensemble une série de manchons placés les uns contre les autres de façon que le tonnerre fût renforcé par le maximum d'épaisseur.

Cette fabrication est assez compliquée : on forme d'abord une barre de fer de trente-cinq mètres environ en soudant l'une au bout de l'autre des barres de dix mètres ; la barre, chauffée au rouge dans un four de plus de quarante mètres de long, est saisie par un treuil qui l'enroule rapidement sur un mandrin. En martelant cette spirale horizontalement et verticalement avec un fort marteau-pilon, on arrive à produire un manchon d'une extrême résistance à l'effort de la poudre, puisque l'expansion a lieu dans le sens des fibres du fer. Une amélioration introduite par M. Fraser consiste à marteler et à souder ensemble trois spirales concentriques à révolutions inverses ; on peut en voir un exemple au pavillon du département de la guerre, où se trouve une gigantesque spire faite à Woolwich, d'après le système Fraser, pour la construction d'un canon de vingt-cinq tonnes.

Après avoir essayé de faire aussi, par le procédé Armstrong, le tube central, on y a renoncé pour employer l'acier. Le canon de 23,865 kilogrammes placé au centre de la salle est composé d'une âme en acier Firth entourée de huit manchons ou *coils* en fer forgé fibreux. La culasse est fermée par une vis à demeure qui vient appuyer sur le fond du tube central. Comme les Anglais craignent justement les terribles accidents que pourrait causer l'emploi de leur poudre brisante, on a ménagé en arrière du tube d'acier un petit conduit de la grosseur d'une forte plume traversant les manchons de fer forgé et s'ouvrant à la partie postérieure de la culasse. Si le tube d'acier venait à se fendre, les gaz de la poudre sortiraient par cet étroit passage et indiqueraient qu'il y a danger à continuer les épreuves. Les canons du système Armstrong ont eu, jusqu'à présent, le grand avantage de prévenir leurs servants : le fer forgé en spirale se dilate, se disjoint, se fissure mais n'éclate pas brusquement et ne projette pas ses fragments au loin, sans qu'il ait été possible d'avoir prévu l'approche de l'accident. Le canon exposé lance un boulet de 272 kilogrammes avec une charge d'environ 32 kilogrammes de poudre. Toute personne qui sait user d'un fusil chargé avec quelques grammes, comprendra sans peine quelle violente détonation doit donner cette masse lorsqu'elle vient à s'enflammer. En appliquant les calculs précédents au canon de 600 livres, on aurait environ 275 fr. par coup avec projectile en fonte Palliser et 538 fr. avec projectile en acier fondu.

Les expériences dont le résultat est ponctuellement publié par le gouvernement anglais avec des détails méticuleux, montrent qu'avec ces canons on peut percer les plaques des types les mieux constitués surtout depuis qu'on emploie les projectiles du major Palliser, en fonte mélangée de certains coupages, durcie et comme trempée par le coulage dans un moule métallique froid. Ces projectiles, d'après les derniers rapports, traverseraient, comme si elles étaient en carton, les meilleures plaques de M. Brown de Sheffield, et cependant celles qui sont exposées au Champ-de-Mars nous semblent devoir être d'une rassurante solidité. Ces projectiles Palliser forment une intéressante collection que nous engageons les métal-lurgistes à visiter, car, à l'aspect de leurs cassures, ils se rendront peut-être compte de leur dureté, qui dépasse celle des meilleurs aciers fondus et forgés ; leur prix serait de plus fort peu élevé, ce qui achèverait de leur donner une supériorité incontestable. La même vitrine renferme des projectiles de toute sorte, pleins ou explosibles, et surtout, ce que l'on a rarement l'occasion de voir, ces terribles obus à la Schrapnel composés d'une couche de cubes de fonte juxtaposés sous une mince enveloppe et qui s'éparpillent de tous côtés en éclatant. Nous n'avons pas vu cependant les nouvelles bombes destinées à porter dans le bâtiment ennemi la fonte en fusion, lave brûlante qui se répand et incendie le navire.

Dans le pavillon du département de la guerre se trouvent encore plusieurs pièces d'une force moindre, mais très-curieuses par le mécanisme de leur fermeture de culasse ; la plus intéressante est celle d'un canon de siége fait par sir William Armstrong, à Elswick. La fermeture est composée de deux coins mobiles dans une mortaise horizontale ; le coin antérieur porte un obturateur en cuivre rouge étamé qui se pose facilement et se retire après chaque décharge. Ces coins se mouvant horizontalement nous ont paru, surtout pour les pièces de forte dimension, d'un usage bien plus commode que les coins verticaux de l'ancienne fermeture du même constructeur. Dans un autre pavillon, qui se trouve sur le bord même de l'avenue d'Iéna, est exposé un canon d'Armstrong de vingt-trois centimètres d'âme, lançant un boulet de 123 kilogrammes avec une charge de poudre de 19 kilogrammes 1[2 et qui a supporté à la mer les épreuves les plus dures d'admission du service anglais. A côté se trouvent deux canons de Withworth tout en acier, dont les manchons superposés ont été comprimés l'un sur l'aure au moyen d'une presse hydraulique, tandis que les *coils* d'Armstrong se serrent à chaud comme les cercles d'une roue de voiture, et le premier canon fabriqué d'après la méthode Palliser avec tube intérieur en fer forgé enveloppé d'une coulée de fonte.

L'Autriche n'expose qu'un petit canon d'acier, et encore dans une encoignure où il nous a été impossible de nous procurer la moindre indication sur sa provenance et sa nature ; il est à culasse fermée, et son âme rayée mesure à peine 10 centimètres. Le livret est un peu plus explicite sur le canon de fonte de 17 centimètres envoyé par M. A. Friederickx, de Liége, et qui est remarquable par le système de sa fermeture de culasse très-facile à manœuvrer, comme on peut s'en assurer soi-même, après avoir découvert ce canon au milieu des machines dans la section belge de la grande galerie. Cette fermeture se compose de deux verrous se croisant à angle droit : l'un d'entre eux, s'enfonçant dans l'âme, porte à son extrémité une forte rondelle mobile sur laquelle semble devoir s'ajuster un obturateur ; sa tige est percée d'une large ouverture dans laquelle entre le second verrou perpendiculairement à la direction de l'âme. Lorsque le second verrou est dehors, on peut tirer avec soi le premier jusqu'à ce qu'il vienne entraîner avec lui une porte sur charnière comme une porte de four qui s'ouvre et laisse passage au boulet et à la charge. Quelque ingénieuse que soit cette combinaison, nous préférons encore la fermeture française.

Les canons russes sont au nombre de trois, venant tous, à moins d'erreur du livret, de l'usine de M. Oboukhof, établie près de Saint-Pétersbourg. Construits en acier fondu plein avec la culasse fermée, leur âme est à rayures fines et mesure 16 centimètres de largeur.

Voici, au sujet de ces canons, ce qui nous a été communiqué par un général russe très-compétent :

« La partie la plus importante de l'exposition russe en fait d'armes est formée » par les canons en acier. La coulée des grosses pièces en acier n'existait pas en » Russie avant 1862 ; c'est le gouvernement qui en a pris l'initiative en établissant » dans l'ancienne aciérie de Flatooust en Sibérie un atelier spécial, ou plutôt une » nouvelle usine pour la fabrication des canons, c'est l'usine de Kniésiémikhaïlofsk. » M. Oboukhof, directeur de cette fabrique, fournissait, en 1862, le premier » canon, une pièce de 12, qui subissait une épreuve de 4000 coups, inférieure en » rien aux épreuves qu'avaient subies les canons de M. Krüpp du même calibre. » Ce canon figurait à l'Exposition universelle de Londres en 1862. En 1863, une » compagnie composée de MM. Oboukhof, Poutilof et Koudriaftzef, fondait une » fabrique de canons en acier près de Saint-Pétersbourg. Cette fabrique, cons- » truite dès le premier abord sur une grande échelle elle peut fondre à la fois » 23 tonnes d'acier dans des creusets, et il y a un marteau-pilon de 35 tonnes, et » plusieurs autres de dimensions inférieures), n'est pas encore définitivement en » ordre de fabriquer les plus grands calibres pour lesquels elle a été construite. » Cette fabrique a exposé un canon de 6 pouces (calibre de 24 pesant 4 tonnes » et un autre de 4 pouces calibre de 8 pesant 8 tonnes. Nous regrettons que ces » canons ne soient pas du nombre de ceux qui ont résisté à un grand nombre de » coups à projectile oblong, dans les expériences faites avec les canons de cette » fabrique par la marine russe. L'année 1865, le gouvernement russe a établi une » nouvelle usine à Perme pour la fabrication des canons en acier, et c'est cette » fabrique qui a la meilleure situation, tant pour les matières premières que pour » les communications. Dirigée par un ingénieur très-intelligent, M. Vorontzoff, » cette fabrique a déjà fourni au gouvernement un grand nombre de canons. Elle » en a exposé deux, l'un de 24 et l'autre de 4 livres. Le dernier a résisté à une » épreuve de 1000 coups faits à la charge de 1,5 livre avec un projectile oblong » pesant 14 livres. L'âme étant ouverte des deux bouts, on peut aisément exami- » ner son intérieur pour voir les dégâts causés par le tir. Eh bien, ces dégâts » consistent en ce que le beau poli de la surface intérieure de l'âme, qui s'est » conservé inaltéré partout ailleurs, a été terni dans la partie supérieure de l'âme, » à l'emplacement du projectile. Ce spécimen est bien approprié à illustrer la » différence qui existe entre les canons en bronze et ceux en acier. Tandis que

» les premiers ne manquent pas à être visiblement et profondément altérés par le
» tir, de manière qu'après quelques centaines de coups la justesse du tir aura
» souffert d'une manière grave, les canons en acier tirent le millième coup avec la
» même précision que le premier.

» En même temps que l'introduction en Russie de la fabrication des canons en
» acier, étant le point le plus difficile, a attiré l'attention principale de l'adminis-
» tration de l'artillerie, on n'a pas négligé les autres matières qui peuvent servir
» pour la fabrication des canons. Un grand nombre de vieux canons en fonte ont
» été renforcés par des frettes en acier et rayés pour le service dans les forteresses.
» L'introduction dès 1861 du coulage à noyau d'après le système américain de
» M. Rodman a donné le moyen d'avoir de nouveaux canons en fonte, rayés et se
» chargeant par la culasse, assez résistants pour pouvoir servir au tir des projec-
» tiles oblongs dans la défense des forteresses à terre. Toutes les fonderies des
» canons en fonte ont été occupées de cette fabrication pendant quelques années.
» Il y a dans l'exposition russe plusieurs fragments de canons de cette espèce qu
» ont subi de grandes épreuves. Nous citerons entre autres :

» 1° Un fragment d'un canon de 60 (calibre de 7,7 pouces) de l'usine de
» Kamensk, gouvernement de Perme, éclaté au 2568e coup ; de ce nombre, le
» premier millier a été fait à la charge de 15 livres, et le reste à la charge de 18
» livres, toujours avec un boulet rond de 63 livres ; résistance de la fonte à la
» traction 32,000 livres par pouce carré, poids spécifique 7,2446.

» 2° Un fragment d'un canon de 3 pouds (calibre 10,75 pouces) qui a supporté
» 3,500 coups sans éclater ; poids du projectile creux 120 livres, charge 16 livres.
» Ce canon a été coulé dans l'usine de Goroblagodate en Sibérie.

» 3° Disque coupé de la masselotte d'un canon de 24 (calibre 6 pouces ayant
» fait, sans éclater, mille coups à la charge de 5 livres et un projectile oblong de
» 72 livres, et provenant de l'usine d'Alexandroffsk, gouvernement d'Olonetz.
» Cette usine a été occupée aussi dans le dernier temps à couler des canons énor-
» mes de 15 pouces, pesant plus de 1000 pouds et tirant avec un boulet rond de
» 480 livres, à la charge de 40 livres, et qui ont parfaitement résisté à l'épreuve
» d'un tir prolongé.

» Nous avons réussi à annoncer un grand succès nouvellement obtenu en
» Russie ; c'est qu'on a trouvé moyen de rendre les canons en bronze presque
» aussi inaltérables par le tir que les canons en acier. On a pu obtenir ce résultat
» remarquable à l'aide de moyens spéciaux, qui jusqu'au moment actuel ont mon-
» tré leur efficacité complète pour les petits calibres jusqu'à celui de 12. Cette
» découverte a donné le moyen d'obtenir en peu de temps et pour un prix modéré
» l'armement complet de l'artillerie de campagne et de siége avec des canons du
» dernier modèle perfectionné.

» Parallèlement aux canons, la question des cuirasses pour les navires a été
» traitée en Russie aussi bien que par les autres puissances. La plupart des na-

» vires cuirassés russes ont été construits avec des plaques de blindage forgées à
» l'étranger. Ce n'est qu'en 1863 qu'on a fondé une fabrique spéciale pour les
» cuirasses de navires, c'est celle de Kama. Cette usine a exposé une plaque
» épaisse de 4,5 pouces sur une longueur de 14,5 pieds et une largeur de 2 ⅔ pieds.
» Le tir fait à cette plaque en démontre la qualité supérieure. Ce tir a été exécuté
» avec des boulets de 63 livres, à la charge de 14 livres, de la distance de
» 350 pieds. Les boulets en fonte n'ont fait que de faibles impressions dans la
» plaque, tandis que les boulets en acier l'ont percée, à l'exception d'un seul qui
» est resté pris dans la plaque et qui y reste jusqu'à ce moment. La fabrique de
» Kama est en état de fabriquer mille tonnes par an de ces plaques de blindage. »

Une grande partie de l'armement de la Russie en gros canons a été prise dans les établissements anglais et surtout chez M. Krüpp, le célèbre fondeur d'acier d'Essen (Prusse rhénane.. Dans cette immense fabrique de canons où travaillent 9,000 ouvriers, ont été fondues la plupart des pièces qui forment la défense de Cronstadt. Ces canons, en acier fondu, lançant des obus de 125 kilogrammes, avec des charges de 20 kilogrammes, coûtent de 100 à 130,000 francs, et la Russie n'a pas hésité à en acheter un grand nombre. Essen a fabriqué dans les dernières années près de 3,500 bouches à feu en acier fondu d'une valeur dépassant 26 millions de francs ; il s'y trouve encore aujourd'hui, en cours de fabrication, 2,200 canons d'une valeur de 15 millions, sans compter les blocs d'acier massif ou les tubes fournis à Armstrong et autres constructeurs.

Voulant prouver ce que l'usine d'Essen était capable de faire, M. Krüpp a envoyé un bloc d'acier fondu d'un seul morceau de 40,000 kilogrammes, haut de plus de trois mètres sur un mètre quarante-six centimètres de diamètre. La partie supérieure de cette pièce d'acier fondu a été forgée octogonalement par le marteau-pilon de 50,000 kilogrammes. Essen a pu amener aussi, non sans peine, un énorme canon en acier fondu pesant avec ses frettes 50,000 kilogrammes ; nous avons vu au printemps dernier forger un cylindre de 38,000 kilogrammes devant former la partie centrale de ce canon ; on y a ajouté quatre manchons superposés dont le dernier porte les tourillons et un appareil de fermeture de culasse formé par un verrou cylindro-prismatique du système Krüpp. Les boulets de ce canon sont cylindro-coniques, de trente-sept centimètres environ de diamètre sur un mètre quatre-vingt-deux centimètres de haut ; ils sont creusés pour recevoir une charge de poudre, et fermés avec un bouchon fileté ; la surface cylindrique externe est creusée de sept cannelures dans lesquelles on coule du plomb pour que ce métal mou puisse se forcer légèrement dans les quarante rayures de l'âme. Ce boulet avec sa charge de poudre pèse 500 kilogrammes.

Si nous calculons approximativement le prix d'un coup tiré par le canon de 500 d'après les chiffres qui nous ont été indiqués à Essen, nous trouvons pour la valeur du métal, 50,000 kilogrammes à 9 francs, soit 450,000 francs, dont amortissement pour 1,000 coups : 450 francs ; prix du boulet de 500 kilogrammes fileté et cannelé à 4 francs, 2,000 francs ; prix de 50 kilogrammes de poudre 100 francs. —

Total 2,550 francs, ce qui peut paraître un peu cher ; il est vrai qu'un seul boulet semblable peut couler bas un vaisseau valant de 7 à 8 millions avec son équipage et ses passagers. Nous ne comptons pas dans notre évaluation l'intérêt de l'argent et les frais de port pour amener le canon de l'usine à la place où il devra être tiré, et ces frais ne doivent pas être peu de chose, si l'on en croit la légende qui a précédé son arrivée à l'Exposition. On raconte, en effet, que les chemins de fer belges se sont longtemps refusés à laisser circuler sur leurs rails une pareille masse, sans qu'un wagon spécial ait été construit pour l'apporter, et sans que plusieurs points aient été étayés aux frais de l'expéditeur. Le canon de 500 est comme poids et comme difficultés vaincues, le produit métallurgique le plus extraordinaire de l'Exposition. Comme pièce d'artillerie il a, du reste, l'air fort bon enfant, et, en l'admirant comme il le mérite, on ne peut cependant s'empêcher de penser que, de tout temps, David a triomphé de Goliath.

MM. Petin et Gaudet ont exposé un canon de 24 centimètres, tout en acier, commandé par la marine impériale. Cette pièce a 5 mètres 46 centimètres de long et pèse 16,000 kilogrammes ; elle est composée d'un tube central en acier fondu à noyau par le système à source, c'est-à-dire en faisant arriver le métal en fusion à la partie inférieure du moule ; on obtient, par le fondage à noyau, une résistance plus grande qu'en coulant plein et en forant ensuite ; la partie centrale d'un lingot possédant toujours, dit-on, une cohésion moindre que celle des surfaces. — Il est de plus difficile, avec les marteaux-pilons les plus forts, de corroyer jusqu'au centre un bloc d'acier de grande dimension. En coulant creux, on peut introduire dans le tube formé un mandrin et forger l'acier entre le marteau et ce mandrin qui sert d'enclume ; on comprend aisément que l'action du pilon se fait sentir plus utilement sur une épaisseur de vingt-cinq centimètres que sur une masse de quatre-vingts centimètres au moins. Ce tube central en acier fondu, ainsi martelé, a été renforcé au tonnerre avec des frettes en acier puddlé.

La pièce exposée est lisse et sa culasse est ouverte ; elle sera rayée et recevra les pièces de fermeture de culasse dans les ateliers de l'État ; elle n'a donc pas encore été essayée. Il est cependant possible de supposer qu'elle se comportera bien aux épreuves, car l'usine d'Assailly, d'où elle vient, a livré déjà au gouvernement français une pièce du calibre de 19 centimètres éprouvée à six cents coups sans aucune altération. Ce canon, du poids de 6,400 kilogrammes, lançait des boulets d'acier de 75 kilogrammes. Il a tiré une première série de deux cents coups avec une charge de 12 kilogrammes 1/2 de poudre française ; puis une seconde série de deux cents coups avec une charge de 15 kilogrammes de la même poudre, enfin deux cents derniers coups avec 12 kilogrammes 1/2 de poudre anglaise, beaucoup plus prompte que la poudre française et considérée comme trop brisante par les artilleurs anglais. Le canon de dix-neuf ayant résisté, il est probable qu'il en sera de même de celui de vingt-quatre.

MM. Petin et Gaudet ont brisé en deux un canon de 16 centimètres pour montrer la parfaite homogénéité du métal : la ténacité de l'acier d'Assailly est si forte, qu'il

a d'abord fallu faire une entaille avec une machine à mortaiser, puis, après avoir
tenté la séparation au moyen d'une presse hydraulique en poussant la force jusqu'à
deux cents atmosphères, on a été obligé d'avoir recours à des coins frappés à coups
répétés par le plus fort marteau de Rive-de-Gier. On a aussi brisé une plaque de
blindage pour faire voir la qualité du fer employé à cette fabrication, dans laquelle
excelle l'usine de Saint-Chamond. Plusieurs plaques de 15, 20 et 25 centimètres
d'épaisseur, dont quelques-unes ont été essayées, peuvent prouver la bonne exécution de ces cuirasses, non parce qu'elles ont résisté à la pénétration des boulets,
mais parce que la saillie produite par le coup sur la face interne du blindage ne
montre aucune fissure étoilée. La plaque est comme emboutie, une seule fente
longitudinale se fait remarquer, mais dans un endroit où le projectile a frappé sur
un trou de boulon. L'usine de Saint-Chamond, parfaitement outillée pour la fabrication des plaques de blindage, peut en fournir 15,000 tonnes par an.

Le ministère de la marine a disposé sous le pont d'acier fondu jeté près du
phare, l'assortiment complet de notre artillerie navale. La fabrication de ces canons est décrite avec les plus grands détails dans la notice sur Ruelle.

DOCUMENTS COMMUNIQUÉS

Lorsque, l'an dernier, nous avons fait appel à MM les exposants, en leur offrant d'insérer *gratuitement* toutes les notes et les clichés qui nous paraîtraient devoir être utiles aux lecteurs des Grandes Usines, nous pensions réunir tous ces documents que les intéressés publient en vue d'une Exposition, et parmi lesquels un grand nombre renferment de précieux enseignements, qui, une fois disséminés ne peuvent plus être rassemblés. Nous devons avouer que cet appel n'a pas eu toute la portée que nous en attendions. Nous avions espéré que cet appel serait compris de tous ceux qui s'adressent à notre public spécial, et principalement de tous les fournisseurs des usines qui ont besoin de faire connaître leurs machines ou leurs produits, comme les chefs d'établissement ont de leur côté intérêt à être informés des inventions qui peuvent servir à perfectionner leur industrie ou à diminuer leurs frais.

Nous avons reçu, en effet, quelques renseignements dans le sens de nos travaux, mais en même temps il nous a été adressé beaucoup d'avis sans rédaction détaillée, dont nous avons été forcés d'éloigner le plus grand nombre. De ces avis cependant, quelques-uns nous ont paru devoir être publiés, car ils apprenaient quelques inventions bonnes à connaître, nous avons refusé les autres parce que ces Études, ne constituant pas un journal et n'étant pas timbrées, il nous était interdit de les publier.

ÉTUDE SUR L'ESSENCE DE MENTHE en général : notes et observations sur la fabrication particulière de M. Roze, exposant. — La menthe et ses produits n'occupent qu'une modeste place dans l'ensemble des industries et du commerce français, et le tribut que nous payons à l'étranger sous ce rapport est relativement assez léger. Cependant, la valeur de l'essence de menthe importée annuellement d'Angleterre et d'Amérique en France peut être estimée sans exagération à plus de deux millions. Il ne serait donc pas absolument sans intérêt, à ce point de vue, de nous affranchir de l'espèce de monopole dont l'Angleterre est en possession, pour cette industrie spéciale, et que ne motive suivant nous, aucune raison de supériorité réelle de l'essence anglaise sur celle de notre propre pays. Nous essayerons de prouver que nous pouvons rivaliser, sous ce rapport avec nos voisins et nous espérons que l'examen du produit que nous exposons justifiera cette prétention.

L'extension de la culture de la menthe en France présenterait un autre avantage, celui de fournir un moyen d'utiliser plus fructueusement que par les cultures ordinaires certains sols d'une nature particulière : elle permettrait aussi de varier les assolements et contribuerait au développement de l'agriculture industrielle dont l'état d'avancement laisse encore tant à désirer. Enfin, en rapprochant les lieux de production de l'essence des centres de consommation on pourrait sans doute créer des obstacles aux falsifications trop nombreuses dont cette essence est l'objet, ainsi que nous l'expliquerons ci-après : expulser peut-être du marché celle qui ne serait pas pure et, par cela même, donner une nouvelle impulsion à la culture dont il s'agit.

A ces divers titres nous espérons que le jury voudra bien porter son attention sur la présente note, résumé de dix années de recherches et d'observations, et ne jugera pas nos produits indignes de quelque marque d'encouragement.

Qu'on nous permette, avant d'entrer en matière, d'expliquer par quelques mots comment, étant resté étranger toute notre vie à l'industrie et au commerce, nous avons été conduit à nous occuper de la culture et de la distillation de la menthe.

Il existe à Sens (Yonne), au confluent de l'Yonne et de la Vanne, d'assez vastes terrains nommés *courtils*, consacrés de temps immémorial à la culture maraîchère. Ces terrains riches en humus, légers, noirs, même un peu tourbeux, sont maintenus frais et humides par des infiltrations des eaux de la Vanne à travers le sous-sol. Les *courtillers* (propriétaires ou fermiers de ces terres) ont eu longtemps le monopole, pour ainsi dire, de la production et de la vente des légumes à Sens et dans un rayon assez étendu autour de cette ville. Ces terrains avaient acquis une grande valeur (6 à 8,000 fr. l'hectare). Diverses circonstances locales, qu'il est inutile de mentionner ici, en ont occasionné depuis quinze ans la dépréciation dans une forte mesure. Propriétaire de trois hectares environ de ces terrains, nous avons pensé qu'il ne serait pas impossible d'en relever le prix au niveau que leur richesse exceptionnelle doit leur faire atteindre, en substituant à la culture maraîchère des cultures industrielles, et nous avons fait choix de la menthe, en raison de l'analogie qui paraît exister entre la nature de notre sol et celle des terrains où on la cultive en Angleterre, principalement à Mitcham, dans le comté de Surrey.

Choix de la plante. — Toutes les variétés de menthe, baume commun des champs, menthe Pouliot, menthe verte, menthe citronnée, menthe aquatique, menthe poivrée ou anglaise, fournissent des huiles odorantes à la distillation. La menthe poivrée est celle dont l'essence est à la fois la plus abondante, la plus parfumée, la plus agréable au goût : elle possède, par excellence, une qualité très-recherchée par les consommateurs, mais assez difficile à définir et qu'on nomme du montant. C'est, nous le croyons, la seule variété cultivée spécialement pour la distillation et c'est celle que nous avons nous-même adoptée. Ses caractères botaniques la font distinguer facilement de ses congénères, sauf peut-être de la menthe verte, dont, pour le dire en passant, on doit détruire avec soin les pieds qui pourraient exister dans la plantation, car elle ne tarderait pas à envahir entièrement le terrain aux dépens de la menthe poivrée.

Choix du terrain et du climat. — Tous les terrains doués d'une fertilité ordinaire sont propres à la culture de la menthe. Mais elle se plaît particulièrement dans les terres profondes, légères, humides et même un peu marécageuses, en un mot dans les terrains qui conviennent au jardinage. C'est précisément dans ces conditions que nous nous trouvons.

Sur un sol moins riche et surtout moins frais la plante végète avec moins de vigueur, s'élève moins haut ; ses feuilles sont plus rares et plus petites. Mais, pour le même poids de plante, la quantité d'essence fournie par la distillation est plus considérable. Néanmoins, dans ce cas, le produit en essence n'augmente pas dans un proportion suffisante pour compenser la perte résultant du moindre poids de la plante récoltée. Il sera donc toujours avantageux de choisir, pour la culture, le terrain le plus favorable à la végétation de la plante.

Il resterait à savoir si, comme quelques personnes le prétendent, l'essence provenant de la menthe cultivée sur un terrain un peu aride n'aurait pas un arôme plus fin et une saveur plus piquante que celle que fournit un sol plus riche. L'analyse chimique n'a fait découvrir aucune différence dans leur composition élémentaire. Quant à l'appréciation par l'odorat et le goût, on ne saurait, vu les nombreuses causes d'erreur qui peuvent en altérer la justesse, en accepter les résultats qu'autant qu'on ferait, dans ce but spécial, des essais comparatifs convenablement dirigés. Jusque-là la question reste au moins douteuse.

Les plantes qui croissent dans le Midi sont plus chargées d'huiles volatiles que celles des climats froids ou tempérés : mais celles qu'elles fournissent passent pour être d'une qualité inférieure. Ce fait semble surtout parfaitement établi en ce qui concerne les labiées. C'est en partie à cette circonstance que l'essence anglaise doit sa réputation. Mais on peut trouver au centre ou au nord de la France des climats aussi convenables que celui de l'Angleterre pour la culture de la menthe, et nous pensons être précisément dans ce cas.

Quoiqu'il en soit de l'influence des climats sur la qualité de l'essence, ce qui est hors de doute c'est qu'un climat tempéré ou, comme on l'a dit ci-dessus, un sol fertile fournira toujours, pour une surface déterminée de terrain, une quantité d'huile essentielle plus considérable qu'on ne l'obtiendrait dans le Midi ou sur un sol aride, en raison de la plus grande vigueur de la végétation.

Culture. — Le terrain doit recevoir une façon à la bêche de 0 m. 20 à 0 m. 25 de profondeur. La plantation a lieu du 20 avril au 15 mai, suivant l'état d'avancement de la saison. La menthe trace beaucoup ; elle projette en tous sens une énorme quantité de filets ou drageons, présentant, à des intervalles très rapprochés, des nœuds qui prennent racine et produisent chacun une nouvelle tige. Ce sont ces rejetons qu'on arrache au printemps lorsqu'ils atteignent un ou deux centimètres de hauteur et que l'on plante sur le nouveau terrain en se servant du plantoir. Les pieds sont espacés de 0 m. 30 en tous sens. Si le sol n'est pas très-humide ou le temps pluvieux, on doit arroser les plants au moins une fois. Jusque vers le milieu de juillet, époque

ordinaire de la première récolte, la plantation ne réclame généralement qu'un ou deux binages. La plante ne présente alors qu'une tige plus ou moins haute garnie de rameaux. C'est après cette première coupe que de chaque pied partent les drageons dont nous avons parlé. A l'automne, ils recouvrent presque entièrement le sol et ont pris racine en partie. Souvent même, si la saison est favorable, de nouvelles tiges se sont élevées qui fournissent une espèce de regain, qu'on doit récolter avant les premiers brouillards. Mais, en somme, les deux récoltes de la première année sont peu abondantes. De juillet à novembre, un ou deux sarclages sont nécessaires. Avant l'hiver, pour garantir la plante des effets de la gelée et aussi pour en activer la végétation pendant l'année suivante, on la couvre d'une légère couche de paille sur laquelle on étend un peu de terre ou un peu de fumier. Nous nous servons avantageusement, pour cet objet, des boues de la ville.

La seconde année, la menthe a complétement recouvert le sol ; elle pousse avec une extrême vigueur et atteint la hauteur de 0 m. 70 et plus. Plusieurs fois, sur notre terrain, la végétation en a été tellement exubérante, que la plante a versé comme un champ de blé. Il suffit, généralement, de sarcler deux fois pendant la deuxième année. On coupe la plante en juillet pour la livrer à la distillation, et on fait quelquefois une deuxième récolte, mais peu importante, en automne ; on prend, pour l'hiver, les dispositions déjà indiquées.

La végétation se ralentit la troisième année. A ce moment et la quatrième année surtout, le sol est recouvert d'un inextricable amas de drageons et de racines, entrelacés dans tous les sens, qui étouffent les anciens pieds et se nuisent réciproquement. La plante ne végète plus que difficilement, et dégénérerait si on la conservait plus longtemps. La durée d'une plantation dépend de la nature du terrain. Sur le nôtre, le renouvellement doit avoir lieu tous les quatre ou cinq ans.

Produit en plante fraîche. — Le produit de chaque récolte en plante fraîche a été pesé avec soin pendant une période de six ans, de 1856 à 1861, pour une plantation d'une superficie moyenne de 31 ares, composée de plusieurs parties d'âges différents compris entre un et quatre ans. On a obtenu un poids total de 26,639 kilog., ce qui donne, par are et par année, 115 kilog. en nombre rond. Ce rendement aurait été sensiblement plus élevé, si les gelées fortes et prolongées de l'hiver de 1860 à 1861 n'avaient détruit, faute de précautions suffisantes, une partie de la plantation et endommagé le reste. On sera encore au-dessous de la vérité, en portant à 155 kilogrammes le produit annuel moyen d'un arc dans le terrain particulier que nous avons consacré à cette culture.

Distillation. — Cette opération soulève diverses questions qu'il convient d'examiner successivement.

A quel moment la plante doit-elle être distillée ?

De l'avis presque unanime des personnes compétentes, l'époque la plus favorable est celle où les fleurs s'épanouissent. Après la floraison, la plante donne peut-être plus de produit, mais l'essence paraît avoir perdu de ses qualités, ce qu'on attribue à un changement dans les proportions relatives de la substance liquide *le menthène*) et de l'espèce de résine ou camphre, dont le mélange constitue l'huile essentielle de menthe.

La floraison dure un mois environ. L'atelier doit donc être organisé de façon que la distillation, si elle a lieu à l'état frais, soit terminée dans le même laps de temps.

La plante doit-elle être distillée à l'état frais ou sec ?

En Angleterre, la menthe est généralement distillée à l'état frais. Toutefois, on en fait de petits tas qu'on laisse dans les champs pendant quelques jours avant de les emporter pour la distillation. Cette pratique exige beaucoup de précautions, car la menthe coupée s'échauffe très-vite et si un léger commencement de fermentation est de nature peut-être à augmenter la quantité et même la qualité de l'essence, un excès d'échauffement la détruirait complétement.

En France, on est loin d'être d'accord sur les résultats comparatifs de la distillation de la plante à l'état frais ou sec. Soubeiran ne se prononce pas d'une manière précise sur cette question. Quelques praticiens habiles, au nombre desquels nous citerons M. Bouchecorne, pharmacien, inventeur du réactif pour l'essai des huiles fixes, M. Ortleeb, pharmacien, font sécher la menthe complétement ou aux trois quarts ; mais, généralement, on la distille fraîche.

MM. Barreswil et Aimé Girard (Dictionnaire de chimie industrielle) émettent l'opinion que les plantes fraîches fournissent une essence d'une odeur plus agréable et en plus grande abondance que les plantes sèches.

Pour nous, il n'est pas douteux que la plante desséchée ne donne, au contraire, un produit plus abondant et d'une odeur plus suave. En 1858, dans une expérience directe faite sur une grande échelle, en employant dans les deux cas la plante coupée le même jour, sur le même point et dans les mêmes conditions de végétation et d'inflorescence, nous avons obtenu la même quantité d'essence, un kilogramme, d'une part avec 592 kil. de plante fraîche et, d'autre part, avec 518 kil. de plante sèche (pesée fraîche), ce qui établit une augmentation de 7 0/0 en faveur de ce dernier mode de distillation. Le produit n'était pas d'ailleurs affecté, au même degré que l'essence provenant de la plante fraîche, de cette odeur particulière appelée *goût de cerf* ou *goût de feu* que les huiles essentielles ont toujours en sortant de l'alambic.

Cette augmentation de produit peut être attribuée à l'une ou à l'autre des deux causes ci-après indiquées, si ce n'est à toutes deux. Il est probable que pendant la dessiccation, il s'opère dans les matériaux de la plante une espèce de fermentation ou de réaction qui en complète, pour ainsi dire, la maturité, ainsi qu'il arrive pour certains fruits qui n'atteignent leur plus haut degré de saveur et d'arome que lorsqu'ils ont été gardés pendant un temps plus ou moins long après qu'ils ont été cueillis. En second lieu, on a cru remarquer que les petites outres qui renferment l'huile essentielle des labiées sont si bien protégées par la chlorophylle, à l'état frais, qu'il est très-difficile d'en soutirer le contenu, tandis que lorsque la plante a été desséchée, l'essence y est retenue moins énergiquement. Conséquemment dans le premier cas, l'ébullition doit être prolongée plus longtemps et le produit prend une odeur de feuille verte désagréable. C'est cette circonstance qui explique pourquoi l'essence provenant de la plante sèche, exposée moins longtemps à l'action de la chaleur, conserve mieux l'arome naturel de la menthe que celle que fournit la plante fraîche.

Doit-on conclure de ces observations qu'il faille adopter exclusivement le mode de distillation à l'état sec ? S'il s'agissait de recueillir une faible quantité d'essence destinée à être employée immédiatement et à un usage délicat, nous n'hésiterions pas à le conseiller. Mais ce procédé ne serait pas économique pour la fabrication en grand, attendu que l'augmentation de produit et de qualité, ne compenserait pas l'accroissement de frais de main-d'œuvre et la dépense que nécessiterait l'établissement de séchoirs fermés. Nous concluons donc à l'emploi de la plante fraîche, et nous indiquerons les soins à prendre pour que l'essence qui en provient se ressente peu ou point, sous le rappart de la qualité, de l'infériorité de ce procédé comparativement au mode de distillation à l'état sec.

Doit-on distiller tout ou partie seulement de la plante ?

Il est incontestable que les feuilles et les sommités distillées, à l'exclusion des tiges, donnent un produit plus fin que la plante prise en masse. Mais, d'une part, comme les tiges contiennent elles-mêmes une petite quantité d'essence, en les laissant de côté, on perdrait une partie du produit. D'autre part, ce procédé exige plus de main-d'œuvre, et, en somme, ses avantages ne seraient point proportionnés à l'excédant de dépense qu'il occasionnerait. En Angleterre, on distille la plante entière.

La plante doit-elle être placée dans l'alambic entière ou incisée par petits tronçons ?

Le second de ces deux procédés a cet avantage que l'alambic contient un poids de plante plus considérable; mais il présente l'inconvénient d'exiger en surcroît de main-d'œuvre. D'ailleurs, dans les deux systèmes, la quantité et la qualité du produit paraissent être les mêmes ; on peut donc adopter indifféremment l'un ou l'autre. Les fabricants anglais ne tronçonnent point la plante.

La distillation doit-elle être faite à feu nu ou à la vapeur ?

Cette question est fort controversée. Soubeiran s'exprime ainsi : « On a mal déterminé encore les avantages et les inconvénients de la distillation à la vapeur pour la préparation des huiles essentielles. Je tiens de Méro qu'il s'en est servi avec avantage pour la préparation de plusieurs essences. Cependant, suivant Cadet de Gassicourt, l'huile de menthe obtenue ainsi serait inférieure à l'huile préparée par l'ébullition de la plante. Méro a obtenu un résultat contraire. »

Le *Traité des odeurs, des parfums et cosmétiques*, de Piesse, chimiste parfumeur à Londres (traduit en 1865 par O. Réveil, professeur agréé à l'École de pharmacie et à la Faculté de médecine), fournit à ce sujet les indications suivantes :

« Les feuilles de menthe desséchées rendent, à la distillation à feu nu, une plus grande quantité d'huile que par la distillation à la vapeur.

» L'essence obtenue par la distillation à la vapeur est spécifiquement plus légère et d'une couleur plus transparente que celle qui a été distillée à feu nu.

» Fraîche, la menthe donne une égale quantité d'essence par l'un et l'autre procédé. »

MM. Pelouze et Frémy ne mentionnent que la distillation à feu nu pour la préparation des essences.

La distillation à la vapeur est plus généralement employée en Angleterre ; c'est le contraire en France.

Ces indications et ces faits sont contradictoires et manquent de précision ; la question reste à étudier.

Suivant nous, la distillation à la vapeur donne un produit moins coloré, plus fin d'arome et de goût au sortir de l'appareil. Mais, ainsi que nous l'avons dit, la plante se laisse difficilement dépouiller de l'essence qu'elle contient. L'ébullition à feu nu peut seule donner le moyen de l'en extraire complétement, à moins que l'opération, avec l'appareil à vapeur, ne soit prolongée bien plus longtemps. Il y a donc, dans ce dernier système, perte d'une partie du produit ou augmentation de dépense. Les avantages de la distillation à la vapeur ne sont pas tels qu'ils doivent être achetés au prix de ces inconvénients. D'ailleurs, moyennant les précautions et les soins que nous indiquerons, l'essence recueillie à feu nu peut avoir toutes les qualités désirables. Nous n'hésitons donc pas à recommander ce mode d'opérer pour la fabrication industrielle.

Il nous reste à faire connaître la manière dont nous procédons à la distillation.

Notre appareil n'est autre que l'alambic ordinaire, généralement en usage pour l'extraction de l'eau-de-vie de marc de raisin. Il a une capacité de trois cents litres. La cucurbite est engagée jusqu'aux deux tiers de sa hauteur dans un fourneau en maçonnerie construit de telle sorte que la flamme du foyer ne vienne lécher directement aucun point de sa surface et que, seuls, les produits gazeux, mais non ignés, de la combustion circulent plusieurs fois autour de la chaudière avant de se rendre dans la cheminée. Cette disposition a pour double objet : 1º D'empêcher la plante de brûler par le contact direct de la flamme avec la mince paroi métallique contre laquelle elle est fortement appuyée et d'éviter, par suite, la production d'huile empyreumatique ; 2º D'utiliser le plus économiquement possible la chaleur du foyer. Pour mieux garantir encore la plante de la désorganisation que produirait une chaleur trop intense, nous plaçons dans la cucurbite, à 0 m. 10 environ au-dessus du fond, une claire-voie en cuivre sur laquelle repose la menthe en herbe. La disposition des autres parties de l'appareil ne présente rien de particulier. Le produit de la distillation est recueilli au moyen du récipient florentin, placé lui-même dans un contenant de grandes dimensions destiné à recevoir l'eau de menthe qui coule constamment par le siphon pendant tout le temps que l'appareil fonctionne.

La plante coupée jusqu'à ras du sol est soigneusement purgée des herbes étrangères qui s'y trouvent toujours mêlées, quelque fréquents qu'aient été les sarclages. Les tiges et les feuilles sont introduites et fortement foulées dans l'alambic. On a soin de laisser dans la partie supérieure de la cucurbite un vide de 0 m. 25 de hauteur environ, pour éviter que le liquide, boursouflé par l'ébullition, se projette en partie dans le chapiteau, et de là dans le serpentin, ce qu'en termes du métier on nomme *un coup de feu*. Dans ces conditions, notre alambic reçoit de 40 à 50 kilogrammes de plante fraîche, suivant l'état de celle-ci. On verse de l'eau jusqu'à ce que la plante baigne presque complétement, en employant d'abord de préférence l'eau de menthe provenant des opérations antérieures. Il est avantageux, en effet, de se servir, pour distiller, d'eau déjà saturée d'huile essentielle, car elle ne dissout plus aucune portion de celles que contient la nouvelle plante. Mais on ne doit pas se dissimuler que ce procédé, s'il est économique, ne donne peut-être pas un produit égal en qualité à celui qu'on obtient sans avoir recours aux anciennes eaux.

Lorsque la cucurbite est chargée, on achève de monter l'appareil et on lute les joints avec soin. Le feu peut être activé au début, mais doit être très-modéré aussitôt que l'ébullition se manifeste. A ce moment, l'eau saturée d'huile essentielle commence à sortir du serpentin, tenant en suspension l'essence libre qui se rassemble dans le col du récipient florentin, tandis que l'eau en excès sort par l'extrémité du bec de cet ustensile. La durée de l'opération dépend de la manière dont le foyer est conduit. On s'aperçoit qu'elle est terminée lorsque le liquide produit ne laisse plus dégager d'huile surnageant à sa surface. Alors, on démonte l'appareil; on enlève la plante, qui ne doit plus avoir ni odeur ni saveur de menthe et on procède à une nouvelle opération. Chacune d'elles exige, moyennement, deux heures et demie; on peut donc la répéter cinq fois dans une journée de travail de douze heures. Un atelier, composé d'un ouvrier fort et intelligent, d'un manœuvre ordinaire et d'une femme plus spécialement chargée de nettoyer la plante peut suffire, si la distillerie est établie sur la plantation même, pour couper la menthe sur pied, la transporter et conduire deux alambics.

L'eau qui reste dans la chaudière après chaque opération, finit par prendre une couleur noire très-foncée et une odeur excessivement forte et désagréable qui se communiquerait à l'essence, si l'on n'avait le soin de vider et de laver à fond l'alambic tous les deux ou trois jours.

Les récipients florentins, lorsqu'ils contiennent une suffisante quantité d'huile essentielle, sont transvasés dans un appareil diviseur tel que celui dont Soubeiran donne la description, et dont l'invention et le perfectionnement sont dûs à MM. Desmarets et Méro. De cet appareil, lorsqu'on y verse successivement le contenu des récipients, l'eau sort sans cesse par un des deux tubes dont il est pourvu, et l'essence s'écoule par l'autre, goutte à goutte ou sous forme d'un mince filet liquide, pour être recueillie dans les contenants où elle doit être conservée.

Rendement de la plante. — Les données que l'on possède sur la proportion d'essence contenue dans la menthe poivrée sont peu concordantes : elles sont, en outre, défectueuses, parce qu'elles ont été fournies sans qu'on fît connaître en même temps le climat producteur, la nature du sol, la période de développement de la plante, son état frais ou sec, la portion distillée (sommités ou tiges complètes); enfin, le procédé de préparation, toutes circonstances qui ont une plus ou moins grande influence sur le rendement en huile essentielle. Piesse, l'auteur Anglais déjà cité, évalue le produit en essence entre 93 grammes 50 et 123 grammes 50 pour 50 kilogrammes de plante fraîche, soit 1 kilogramme d'essence moyennement pour 460 kilogrammes de plante.

Ce résultat est exagéré et ne peut s'expliquer que par l'usage où l'on est en Angleterre, comme nous l'avons dit, de laisser la plante reposer pendant quelques jours après qu'elle a été coupée, et éprouver par conséquent un commencement de dessication et perdre ainsi une partie de son poids.

Les constatations que nous avons faites pendant six années consécutives, de 1856 à 1861, et qui ont porté sur 26.639 kil. de plante en fleur, pesée dans les vingt-quatre heures qui ont suivi la récolte et distillée en entier, nous ont donné pour moyenne 1 kil. d'essence pour 600 kil. de plante. Pendant cette période de temps, le poids de menthe en herbe nécessaire pour produire 1 kil. d'essence a varié entre les deux limites extrêmes, fort éloignées l'une de l'autre, 518 kil. et 638 kil., qui correspondent respectivement aux années 1860 et 1859, ce qui prouve que les années pluvieuses sont plus favorables à la production de l'essence que les années sèches et chaudes. Ce fait résulte de ce que, en temps humide, les feuilles, partie de la plante qui renferme principalement l'essence, se développent en plus grand nombre et ont plus d'étendue que par les temps secs.

Soins à donner à l'essence après la distillation. Quelque procédé que l'on emploie, quelques soins qu'on prenne dans la distillation, l'essence est toujours affectée, au sortir de l'alambic, d'une odeur et d'un goût particuliers, plus ou moins désagréables, auxquels on a donné le nom de *goût de vert* ou *goût de feu*, qui provient de l'ébullition prolongée des feuilles et des tiges vertes, et peut-être aussi d'une faible quantité d'huile empyreumatique, si le feu n'a pas été conduit convenablement. Il serait impossible de la livrer dans cet état au commerce. On doit commencer par la laver en l'agitant avec une grande quantité d'eau fraîche, sans craindre d'ailleurs la perte de l'essence, qui se dissout pendant cette manipulation, car cette eau peut servir ensuite à remplir l'alambic. Séparée de nouveau de l'eau, comme nous l'avons dit, on la verse dans des contenants en verre, de simples bouteilles, qu'on place dans un lieu froid et obscur, une cave, par exemple, et qu'on y laisse débouchées pendant plusieurs mois. Cette pratique améliore sensiblement l'arome de l'essence et enlèverait complétement le *goût de vert*, si on laissait les contenants dans cet état pendant un temps suffisamment long. L'évaporation n'occasionne point de perte appréciable. Mais l'action de l'air colore et épaissit l'essence en la transformant en matière résineuse. On doit donc n'user, que dans une certaine mesure, de ce moyen de *désinfection*; si l'on peut s'exprimer ainsi.

Lorsqu'on juge que l'essence s'est reposée assez longtemps dans ces conditions, on n'a plus qu'à la filtrer au papier et à l'enfermer dans les contenants à l'usage du commerce.

Quelques praticiens affirment qu'on obtient plus promptement un résultat semblable à celui que produit l'exposition de l'essence à l'air dans un local obscur et froid, en plongeant pendant quelques heures les contenants, également débouchés, dans un mélange réfrigérant à 15 ou 18°.

Mais le moyen, le meilleur incomparablement de tous ceux qu'on peut employer pour améliorer l'essence, consiste simplement à la laisser vieillir. C'est là, nous le croyons, un des *grands secrets* des maisons anglaises dont la réputation est bien établie et dont les produits, vraiment supérieurs, sont cotés à un très-haut prix. L'essence conservée ainsi pendant plusieurs années à l'abri de la lumière, prend, il est vrai, un ton plus foncé et s'épaissit un peu; mais elle acquiert un parfum de plus en plus suave. Malheureusement ce moyen, en raison des avances qu'il exige, n'est pas à la portée de tous les fabricants et augmente le prix de revient. Nous ajouterons que si l'on excepte quelques produits de parfumerie d'une finesse exceptionnelle, les compositions dans lesquelles la menthe entre comme ingrédient, n'exigent point une telle délicatesse d'arome qu'on ne puisse se contenter de l'huile essentielle, recueillie avec les soins indiqués ci-dessus.

Indépendamment de l'odeur désagréable dont l'essence est affectée au sortir de l'alambic, il arrive quelquefois, après un *coup de feu* qui a fait passer dans le chapiteau et dans le serpentin une petite portion de l'eau de la cucurbite, que l'huile essentielle prenne une teinte verte très-foncée. Cette couleur accidentelle est enlevée facilement par un filtrage au charbon animal. Les filtres sont ensuite jetés dans l'alambic afin de recueillir de nouveau l'essence dont le charbon est imprégné.

Caractères physiques et chimiques de l'essence de menthe. — Lorsque l'essence a été préparée par le procédé et avec les soins que nous avons indiqués, elle doit se présenter sous la forme d'un liquide jaune verdâtre, clair, limpide et transparent, avec une consistance légèrement huileuse. Telle est celle que contient le flacon n° 1 de notre exposition, et qui provient de la récolte de 1866. L'essence prend, en vieillissant, une couleur de plus en plus foncée, dans laquelle la nuance verte a disparu pour faire place à la nuance jaune. Ce changement est déjà apparent dans les flacons n°ˢ 2 et 3, qui contiennent de l'essence des récoltes de 1865 et 1864. Il devient de plus en plus sensible avec le temps, comme le montre la série des petits échantillons exposés et qui se rapportent aux années 1858, 1859, 1860, 1861, 1862, 1863, 1864, 1865 et 1866. On remarquera, en même temps, que l'essence s'épaissit de plus en plus. Ces changements de couleur et de consistance proviennent de l'effet de l'oxygénation qui augmente la proportion de la partie résineuse du mélange qui constitue l'essence.

Celle-ci est, en effet, considérée comme formée d'un hydrocarbure $C_{20} H^{18}$ et d'une espèce de camphre dont la formule est $C^{20} H_{20} O_2$.

Quelques chimistes pensent que la couleur de l'essence de menthe ne lui est pas inhérente et en donnent, comme preuve, qu'une rectification bien faite la rend incolore. Nous ne partageons pas cet avis. On peut, il est vrai, obtenir par la rectification un liquide presque complétement incolore. Mais, pour cela, il faut fractionner les produits ; les premiers, seuls, présentent cette absence de coloration. Au fur et à mesure que l'opération se prolonge, les produits se nuancent de plus en plus. Ce fait s'explique en remarquant que l'hydrocarbure, *incolore*, plus volatil et entrant en ébullition à une température moins élevée (163°) que le camphre (213°), passe le premier. Le nouveau produit recueilli diffère donc par sa composition de l'essence naturelle, soumise à la rectification. Mais, avec le temps, le camphre se reforme et l'essence se colore de nouveau. Enfin, si la couleur vert-jaunâtre était réellement étrangère à l'huile essentielle, on parviendrait à la lui enlever en filtrant au noir animal, et c'est ce qui n'a pas lieu.

La pesanteur spécifique de l'essence de menthe varie entre 0.90 et 0.93. Celle de l'essence de térébenthine est de 0.87 environ. La différence n'est malheureusement pas assez grande pour donner le moyen de reconnaître les falsifications dont nous parlerons ci-après.

Le pouvoir rotatoire suivant M. Buignet (Journal de pharmacie et de chimie), serait représenté par un chiffre compris entre 11.39 et 34.29. Celui de l'essence de térébenthine serait de 15.50. Mais on ne pourrait non plus se fier à ces caractères pour distinguer les essences, car on a remarqué que la rotation de divers échantillons de la même essence varie considérablement. On a même constaté, en ce qui concerne l'essence de térébenthine, qu'elle dévie tantôt à gauche, tantôt à droite, suivant son origine, les rayons de lumière polarisée. (Pelouze et Frémy).

Ainsi que nous l'avons dit, l'action de l'air colore et épaissit l'essence en la transformant en matière résineuse. La lumière favorise beaucoup cette transformation. On doit donc, et c'est l'usage en Angleterre, conserver l'essence dans des contenants de verre de couleur foncée ou mieux placer les contenants dans une complète obscurité.

Nous ignorons quel est le degré de congélation de l'essence de menthe. Nous avons tenu la nôtre pendant quatre heures dans un mélange réfrigérant à 18°. Elle est restée liquide ; seulement il s'y est produit de petits nuages blanchâtres qui résultaient d'un commencement de séparation entre l'hydrocarbure et la matière résineuse. Peu à peu ces nuages ont disparu et le camphre s'est dissout de nouveau lorsque l'essence est revenue à la température ordinaire.

On peut recueillir la matière résineuse en filtrant aussitôt que le flacon est retiré du mélange réfrigérant.

Convient-il de rectifier l'essence ? — Quelques fabricants jugent nécessaire ou convenable de rectifier l'essence afin de la livrer au commerce presque incolore. Cette pratique ne nous semble pas bonne. Sans doute le produit se présente ainsi sous un aspect plus séduisant : mais sa qualité s'est-elle améliorée? Les observations qui précèdent prouvent d'abord que l'essence rectifiée diffère encore plus de l'essence naturelle, telle que la plante la contient, que l'essence de premier jet. Or, quelque parfaite que soit celle-ci, personne ne soutiendra que le goût et le parfum en soient aussi agréables que ceux de l'essence naturelle proprement dite avant qu'elle ait subi l'influence de la chaleur, ainsi qu'on peut s'en assurer en mâchant quelques feuilles de la plante. L'action du feu altère toujours plus ou moins sa finesse naturelle ; moins on l'y soumet, mieux on lui conserve ses qualités. La rectification a cet autre inconvénient de faire perdre au moins $\frac{1}{10}$ du produit, représenté par un résidu sans valeur. Enfin, pour obtenir à la rectification un produit de bonne qualité, il faudrait employer l'appareil à vapeur. Dans ce système l'opération demande beaucoup de temps et est fort dispendieuse.

Malgré ces observations et par un reste de respect pour un usage que nous croyons cependant peu justifié, nous présentons dans le flacon n° 1 un échantillon de notre essence rectifiée.

Comparaison des essences de France, d'Angleterre et d'Amérique. — La prédilection du public et du commerce pour l'essence de menthe de provenance anglaise est incontestable. Est-elle justifiée? Il nous semble *a priori* que l'essence provenant de la même variété de menthe, distillée avec les mêmes soins, et amenée au même degré de pureté est un produit *sui generis* toujours presque identique à lui-même, surtout lorsqu'il a été recueilli sous des climats et dans des terrains peu différents les uns des autres. A notre connaissance, l'analyse chimique n'a point constaté de différences de composition entre des essences de menthe d'origines diverses C'est l'hydrocarbure qui est odorant : il faudrait donc que, suivant le sol ou le climat, la proportion d'hydrocarbure fût plus ou moins forte et donnât plus ou moins de montant à l'essence. L'expérience n'a point été faite, que nous sachions. Resterait cette influence occulte du sol et du climat, comparable à celle qui donne au vin son bouquet, si tant est qu'on puisse comparer cette dernière production d'une composition si complexe avec l'essence de menthe formée de trois éléments simples. Encore faudrait-il constater par des essais comparatifs convenablement dirigés la réalité de cette prétendue supériorité de l'essence anglaise. L'appréciation qui réside entièrement dans la délicatesse du goût et de l'odorat peut-elle fournir des conclusions certaines ? Qui peut être sûr en outre d'avoir à sa disposition de l'essence d'Angleterre authentique, s'il n'a été la recueillir sur place et, pour ainsi dire, au sortir de l'alambic ? Ne sait-on pas que des maisons anglaises, profitant de l'opinion qui leur est si favorable, n'hésitent pas, lorsque la production du pays est insuffisante ou pour toute autre cause, à faire venir soit d'Amérique, soit de *France,* les quantités dont ils ont besoin pour les réexporter sous leur propre marque ? Enfin quelle garantie peut-on avoir de la pureté des produits à comparer entre eux, si on ne les recueille soi-même, lorsqu'on sait de combien de falsifications et de fraudes l'essence de menthe est l'objet, ainsi que nous le dirons tout à l'heure ?

Jusqu'à preuve contraire résultant d'expériences comparatives exécutées dans des conditions qui ne laissent subsister aucun doute, nous croirons donc que la préférence qui existe pour l'essence anglaise tient d'une part, au fait probable de la préexistence de cette industrie en Angleterre ; d'autre part, pour quelques maisons de ce pays, à la loyauté de la fabrication et peut-être aussi à quelques secrets de manipulation ; à des espèces de tours de mains qu'il faut chercher à s'approprier ; à l'usage de certains fabricants de laisser vieillir l'essence, ainsi que nous l'avons dit plus haut ; enfin et surtout à une longue habitude du commerce et du public et à cet esprit de routine dont il est si difficile de triompher.

Terminons cette discussion en relatant un témoignage qui n'est pas suspect puisqu'il nous vient d'un rival et qui ramènera, nous l'espérons, à notre opinion ceux que nos arguments n'auraient pas convaincus. A la fin de ce traité de Piesse, chimiste parfumeur, à Londres, ouvrage plusieurs fois cité, qui a pour garantie de son mérite et de son incontestable compétence, l'honneur d'avoir été traduit par le professeur O. Réveil, se trouve un tableau de documents commerciaux qui contient textuellement (p. 501) ce renseignement :

« Essence de menthe poivrée, 150 à 180 fr.
« le kilog., celle anglaise ; 40 à 50 fr. le kilog,
« celle d'Amérique, moins estimée ; *celle de*
« *France bien soignée vaut celle d'Angleterre.* »
Quant à l'essence d'Amérique, on peut dire qu'elle occupe aussi incontestablement le dernier rang dans l'opinion du commerce que l'essence anglaise le premier, mais avec plus de fondement. Cette infériorité bien constatée tient à diverses causes : à une culture négligée qui n'exclut des plantations ni les variétés de menthe inférieures, ni les herbes étrangères ; au peu de soin apporté à la distillation à laquelle la plante est soumise sans triage préalable ; enfin à des habitudes de falsification peut-être plus générales dans ce pays que dans les autres.

Falsifications. — Moyen de les reconnaître. — L'essence de menthe, en raison de son prix élevé, est une de celles qui sont le plus fréquemment falsifiées par addition de substances de moindre valeur vénale. On se sert d'alcool, d'huiles fixes et surtout d'essence de térébenthine pour en augmenter le volume ; d'huile essentielle de moutarde ou de gingembre pour lui donner cette saveur styptique, âcre et brûlante qui plaît tant à certains consommateurs. Les habiles savent très-bien qu'en distillant plusieurs fois de la térébenthine sur une plante à essence elle perd une partie de son odeur spéciale pour laisser prédominer celle de la plante. C'est ainsi qu'ils opèrent en se servant, par surcroît de précautions, de térébenthine rectifiée préalablement sur de la brique pilée. Les ignorants ou les moins scrupuleux mélangent simplement les deux essences sans plus d'artifice. D'autres font un mélange d'essence d'Amérique à très-bas prix et d'essence anglaise ou française. Parmi ceux qui emploient les essences, pharmaciens, droguistes, parfumeurs, etc., beaucoup, il faut l'avouer, sont au courant de ces déplorables manœuvres et préfèrent se servir de produits ainsi adultérés que de chercher à se procurer, mais à un prix plus élevé, des produits naturels. Ces pratiques déloyales sont entrées dans leurs habitudes commerciales et leur semblent légitimes. N'a-t-on pas lu, il y a peu d'années dans les journaux le récit d'un grave accident arrivé dans une fabrique de parfumerie d'une ville du midi, que nous ne nommerons pas, pendant que le chef de maison, dit-on naïvement, opérait *son mélange d'essence de menthe et de térébenthine ?*

D'autres industriels ou commerçants, pleins de confiance dans leurs fournisseurs et dépourvus, d'ailleurs, de moyens sûrs de reconnaître les fraudes, se croient à peu près certains de l'authenticité de la provenance et de la pureté de l'essence dont ils font emploi. Cependant, après un certain laps de temps, l'odeur caractéristique de la térébenthine reparaît dans ces mélanges et finit par prédominer. Eh bien ! ce phénomène n'ébranle pas toujours la confiance de l'acheteur, car un pharmacien nous en a donné à nous-même cette explication : que *l'essence de menthe se transforme spontanément, en vieillissant, en essence de térébenthine.*

Enfin, il est des commerçants ou industriels, mais en trop petit nombre, qui attachent une extrême importance à la qualité des essences et ne reculent, pour se les procurer pures, ni devant le haut prix qu'on en exige, ni devant des recherches consciencieuses. Parmi ceux-là, il en est qui les fabriquent eux-mêmes lorsqu'ils n'en emploient qu'une faible quantité. S'ils en consomment beaucoup, force leur est de s'adresser au commerce. Mais ils remontent, s'ils le peuvent, jusqu'au fabricant, au lieu d'accepter des produits qui déjà ont passé par plusieurs mains. Ils font subir à ceux qu'on leur propose toutes les épreuves qui, à leur connaissance, sont propres à révéler les falsifications : ils s'entourent, en un mot, de toutes les garanties possibles. Néanmoins, ils n'échappent pas toujours à la fraude, parce que, jusqu'à présent, on ne possédait réellement pas un moyen sûr et pratique de la reconnaître, lorsqu'elle résulte de l'addition d'essence de térébenthine, qui est la véritable plaie de ce genre de commerce. Mais un grand progrès a été fait récemment sous ce rapport.

Nous ne nous occuperons ici que des moyens propres à dévoiler le mélange des essences des labiées avec l'alcool, les huiles fixes et la térébenthine, parce que ces divers modes de falsifications sont les plus usités et les plus nuisibles. A cet égard, nous ne pouvons mieux faire que de reproduire les indications fournies par MM. Barreswil et Aimé Girard dans leur dictionnaire de chimie industrielle (Pages 333 et 334.).

« La fraude par l'alcool se reconnaît en agitant l'essence avec un peu d'acétate de potasse. Ce sel, en se dissolvant par l'alcool, l'entraîne à la partie inférieure du tube et l'essence surnage. (*a*)

» Le mélange avec une huile fixe devient très-évident si l'essence laisse sur le papier une tache huileuse (*b*), qui ne disparaît pas par la chaleur et par l'agitation dans l'air. L'alcool à 40° ne dissout pas les huiles fixes : lorsqu'on l'agite avec un dixième de son poids d'une essence huileuse, le corps gras trouble l'alcool et finit par s'en séparer, tandis que l'essence forme une dissolution limpide.

» Aucuns des procédés cités par les auteurs pour mettre en évidence l'essence de térébenthine, ne donne des résultats satisfaisants, y compris celui par l'huile d'œillette : nous nous abstenons de les mentionner ; ils ne peuvent faire naître que des erreurs (*c*).

» On peut bien, à l'aide de l'odorat, reconnaître jusqu'à un certain point ces mélanges d'essences, en mettant à profit leur différence de volatilité. Ainsi, on fait tomber quelques gouttes de l'essence suspecte sur du papier ; on l'agite dans l'air et, en flairant le papier à diverses reprises, on saisit dans les intervalles les odeurs étrangères à l'essence principale. Le procédé qui réside entièrement dans la délicatesse du sens olfactif, n'a rien de certain dans la conclusion qu'on en tire.

» On trouve des indices beaucoup plus exacts dans une expérience très-simple fondée sur l'hydratation de l'essence de térébenthine par l'action de l'air humide. Si l'on souffle avec la bouche dans un flacon d'essence de térébenthine, rempli aux trois quarts, assez doucement pour ne pas agiter le liquide, il se condense un peu d'humidité sur l'essence et on voit se former des stries blanches, des nuages qui descendent dans le liquide. En répétant cette expérience sur de l'essence de lavande ou de menthe pure, l'humidité ne descend pas sous forme de nuages, mais comme des gouttelettes en chapelet, tandis qu'une essence mélangée de térébenthine se comporte comme la térébenthine elle-même. Les stries nuageuses deviennent d'autant plus évidentes que le mélange a été plus frauduleux. Ce phénomène se produit avec 5 0/0 d'essence de térébenthine, et il y a très-peu d'essences dans le commerce qui résistent à cette épreuve.

Nous avons expérimenté plusieurs fois ce dernier procédé et nous le croyons infaillible : il exige quelque habitude, mais qu'on acquiert très-promptement. Pour en faciliter la pratique il est bon que le liquide soit à une température plus basse que celle de la vapeur produite par insufflation et, à cet effet, on doit tenir le flacon dans l'eau fraîche pendant quelque temps

---

(*a*) Un procédé plus simple consiste à verser une portion de l'essence à essayer dans une éprouvette graduée ; on prend note de la hauteur et on verse environ la même quantité d'eau. Si l'essence contient de l'alcool, l'eau s'en empare et on constate que la hauteur de la colonne d'essence a diminué.

(*b*) Il convient d'ajouter : et *transparente*, car si le papier renferme la moindre trace de colle, celle-ci se dissolvant dans l'essence formerait une tache ou un cerne, même avec une huile essentielle parfaitement pure.

(*c*) On a aussi préconisé l'emploi d'un morceau de sous-acétate de cuivre cristallisé (verdet) qui, dit-on, placé dans l'essence mise à l'essai, la troublerait si elle est mélangée de térébenthine et la laisserait limpide si elle est pure. Ce procédé est défectueux comme le précédent.

avant l'expérience. Enfin, nous avons facilité encore ces essais en nous servant au lieu de la bouche, d'un appareil qui n'est autre que l'éolypile un peu modifié, avec lequel on peut projeter sur la surface de l'essence un mince filet de vapeur. Le phénomène se produit instantanément.

Voilà, nous le répétons, un mode d'essai certain, pratique et à la portée de tous ; tel enfin que les acheteurs d'essences de labiées ne devront plus être que bénévolement victimes de la fraude.

La pureté de l'essence une fois constatée, il ne s'agit plus que d'en apprécier la qualité. Pour cela, il ne faut pas s'en rapporter uniquement aux indications que fournit l'odorat, comme le font beaucoup de personnes. On doit la déguster sur du sucre et même l'essayer dans quelque préparation spéciale.

Nous ne doutons pas que le jury n'emploie tous les moyens propres à l'éclairer sur le mérite comparatif des produits présentés à son examen et ne les soumette à toute les épreuves nécessaires. Nous désirons personnellement que ses investigations soient aussi sévères que possible.

Vente des produits ; prix courants. — La vente de l'essence de menthe présente deux difficultés très-sérieuses : la prédilection du public pour l'essence anglaise ; la déconsidération du commerce des essences en général.

Le temps, la persévérance, une absolue loyauté et une fabrication très-soignée pourront seuls vaincre le premier obstacle, si, comme nous l'avons soutenu, la préférence pour le produit anglais n'est pas justifiée par une réelle supériorité. Ce qu'il faut surtout, c'est qu'on cesse en France, par une fâcheuse concession au préjugé existant, de placer l'essence française sous une marque étrangère, comme il n'y en a que trop d'exemples.

Quant aux légitimes défiances qu'excitent toujours les offres de vente de produits *presque toujours* falsifiés, le seul moyen de les faire cesser c'est de ne jamais livrer que des essences parfaitement pures et recueillies avec tous les soins possibles et de provoquer des vérifications minutieuses et sévères de la part des acheteurs. Les moyens de s'assurer de la pureté des essences de labiées existent, on vient de le prouver ; il faut en répandre la connaissance et ceux qui dorénavant seront encore dupes de la fraude ne pourront plus s'en prendre qu'à eux-mêmes.

Le prix en gros de l'essence de menthe varie de 40 à 160 fr. le kilog. Celle qui vient d'Amérique se vend au plus 50 fr. Certaines maisons anglaises très-connues parviennent à placer la leur à 160 fr. Les fabricants français obtiennent difficilement un prix supérieur à 90 fr. Sur les prix courants du commerce la bonne essence est cotée 120 fr. Presque toute la nôtre a été vendue de 110 à 120 fr. On a même obtenu 200 fr. mais par faibles quantités. Enfin, les maisons de détail ne débitent pas l'essence à moins de 250 fr. et elle est rarement pure.

Si la fabrication loyale parvient à évincer le commerce frauduleux qui lui fait concurrence et occasionne la dépréciation du produit, on peut affirmer que le prix de l'essence de menthe atteindra le chiffre de 120 fr. au moins.

Rendement de la fabrication. — Les données que nous avons recueillies pendant dix années, de 1857 à 1866, pour une plantation de 31 ares de superficie moyenne divisée en parties d'âges divers, nous permettent d'établir ainsi qu'il suit le calcul du rendement, par are et par année, de ce genre de culture sur notre terrain.

Frais de 1er établissement, intérêts et amortissement à 10 p. 0/0 . . . . 3 »»
Loyer du terrain . . . . 2 »»
Frais de culture . . . . 7 »»
Frais de distillation, entretien du matériel. . . . . , ... 7 50
____
19 50

D'après les indications qui précèdent le poids moyen de la récolte en plante fraîche est de 155 kilog. qui, à raison de 1 kilog. d'essence pour 600 kilog. de plante, fournissent 255 grammes d'essence. Si on la cote à 100 fr. seulement le produit brut est de 25 50

et le produit net de . . . . . . 6 »»

Soit de 600 fr. par an et par hectare. Ce résultat, qu'on doit considérer comme un minimum, montre jusqu'à quel point cette industrie pourrait être avantageuse, si elle était exercée sur une grande échelle.

Eau de menthe. — Indépendamment de l'essence de menthe on peut recueillir pendant la distillation de l'eau aromatisée, si on ne préfère remettre toujours dans l'alambic l'eau qui provient des opérations précédentes. Cette pratique évite des pertes d'essence ; mais le produit obtenu en se servant toujours de nouvelle eau est plus fin. Il est d'ailleurs un autre moyen de reprendre l'essence contenue dans les eaux de distillation ; il consiste à les saturer de sel marin : l'essence vient nager à la surface.

Quoiqu'il en soit, si l'on veut conserver une certaine quantité d'eau de menthe, il convient de recueillir seulement celle qui provient des opérations faites dans le premier jour qui suit celui du nettoyage à fond de l'appareil.

Nous présentons, dans le flacon n° 5, un échantillon d'eau de menthe recueillie dans notre distillation.

Usage de l'essence et de l'eau de menthe. — L'essence de menthe est employée par les pharmaciens, les parfumeurs, les confiseurs, etc. C'est surtout dans la confection des eaux dentifrices qu'on en fait la plus grande consommation. L'eau de menthe sert surtout dans la pharmacie.

Nous ne nous étendrons pas sur ces divers usages et nous nous bornerons à rappeler l'attention du jury sur l'utilité de l'emploi de l'eau de menthe dans certaines circonstances.

Depuis dix ans que nous avons fondé cette fabrication à Sens, l'habitude s'est établie peu à peu, dans la classe ouvrière principalement, d'user de l'eau de menthe comme d'une boisson apéritive et digestive, et comme d'un médicament contre les affections intestinales qui, dans cette localité, prennent quelquefois en automne un caractère épidémique. On l'emploie à faible dose, mêlée à l'eau sucrée. Journellement quelques personnes viennent chercher de cette eau, qui leur est débitée au prix modique de 50 centimes le litre. L'usage s'en répand de plus en plus. On a constaté aussi ses bons effets contre les maladies que contractent pendant les grandes chaleurs les ouvriers des campagnes, les moissonneurs principalement, par l'usage immodéré de l'eau pure. Il est certain que lorsque ces travailleurs sont réduits à cette seule boisson, comme il arrive trop souvent, l'eau de menthe qu'on y ajouterait, dans la proportion de 1⁄30 environ, la rendrait non-seulement inoffensive, mais encore salutaire et agréable à la fois. L'expérience en a été faite dans une localité de la Bourgogne avec un succès complet. Il serait utile de propager dans les exploitations agricoles l'emploi de ce moyen économique de préserver les ouvriers des campagnes d'accidents susceptibles de dégénérer en maladies graves.

L. ROZE,
Colonel du génie en retraite.

VÉGÉTAUX ET GRAINES, *par le docteur Adrien de Sivard, de Marseille.* — *Eucalyptus globulus.*

— Les feuilles d'eucalyptus globulus proviennent d'arbres âgés d'un à deux ans, cultivés dans le département du Var et à Marseille. L'eau distillée qui en a été extraite doit entrer dans la pharmacie. On l'étudie. L'eau distillée filtrée est moins active que la précédente et servira aux mêmes usages dans d'autres cas. L'alcoolat est appelé à un grand avenir et remplace en partie celui d'arnica Montano. L'on extrait de cet alcoolat une substance découverte depuis l'envoi des produits à l'Exposition. L'extrait gommeux est très-abondant et servira dans diverses circonstances. Quant à l'huile essentielle, qui est en assez grande quantité, elle demande encore à être étudiée. Divers autres produits peuvent être extraits dudit arbre: nous en possédons plusieurs qui seront étudiés en temps et lieu. Il est bon d'observer que la même feuille, traitée subséquemment par divers procédés, fournit quatre et même cinq produits indépendants les uns des autres. Les produits extraits de l'eucalyptus globulus sont inédits.

Cath-sé. — La graine de cath-sé nous a été envoyée de Chine par M. de Montigny: nous l'avons acclimatée en France depuis plusieurs années; diverses récompenses ont été accordées pour cette introduction. L'huile de cath-sé est très-abondante, on fait une moutarde excellente avec la farine et même les tourteaux. Quant à l'huile obtenue par la pression de la graine, elle est bonne pour fabrique et brûle admirablement.

Coton. — Les cotons Louisiane blanc — Louisiane long — Nankin de Malte — pur-mexicain — Kiang-Ran et Castellamare proviennent du quartier de Vitrolles (canton de Berre) Bouches-du-Rhône. Nous les avons cultivés sans arrosage. Le coton récolté en premier lieu, et même après la gelée, a été mélangé dans les échantillons exposés. (Voir notre Guide pratique de la culture du coton.)

Cocons. — Les cocons de privoltins-japonais proviennent des graines données l'an passé par le Gouvernement: l'on a obtenu trois éclosions. Ils sont remarquables par leur dureté. Ce sont les seuls que nous ayons vus aussi fournis. Quant aux cocons du bombyx de l'ailante, on les élève en plein air et sans soins, mais l'on ne peut obtenir des produits dans les localités privées de rosée: par contre, ils réussissent admirablement dans les localités où les arbres sont arrosés.

Garance. — Cultivée sans arrosage dans des défrichements, à Vitrolles, canton de Berre (Bouches-du-Rhône).

Vétiver. — Cette racine est âgée de deux années; on la cultive en plein air, sans soin, mais avec un peu d'arrosage et en couvrant la racine de fumier en hiver: dans la propriété de M. Abel de Perrin, au Rouet, banlieue de Marseille, elle a passé les hivers de 1864 et 1865 : on l'a arrachée à la fin de l'année 1866.

Sorgho sucré. — L'un des meilleurs fourrages, même dans les contrées non arrosées ; les chevaux et tous les animaux mangent la feuille et la tige. — Capsule utile pour la teinture Quant à la paille, l'on en fait toute sorte d'objets remarquables par leur couleur naturelle, qui sont indestructibles. La bonne graine est excessivement rare, ce qui est cause des mécomptes qu'ont obtenus maints cultivateurs... Il serait urgent d'aviser pour obtenir de bonnes graines.

Maïs dent de cheval. — Le maïs dent de cheval jaune, panaché, et la variété que nous avons obtenue sont d'excellents fourrages. La paille est utile dans l'industrie.

LES RÉSINES provenant des pins maritimes occupent dans le grand centre producteur plus de cent cinquante usines échelonnées sur le littoral du golfe de Gascogne, de Bayonne au Verdon (embouchure de la Gironde). Entre toutes, l'usine de MM. Ramondin et G. Venot, à La Teste (Gironde), se recommande par son importance, sa position, les procédés perfectionnés de sa fabrication et les produits supérieurs qu'elle livre à la consommation. Les essences de térébenthine obtenues par les appareils de distillation à système mixte, feu et vapeur combinés, dont MM. Ramondin et G. Venot sont les inventeurs, n'ont pas besoin d'être rectifiées pour être débarrassées des huiles empyreumatiques dont sont souillées presque toutes les essences obtenues à premier jet dans les appareils distillant au feu seulement. Par suite, les colophanes obtenues dans leurs appareils, et spécialement les colophanes Hugues, traitées par des opérations excessivement brèves, sont supérieures par leur blancheur, leur cristallisation et leur épuration complète, à toutes celles que l'on trouve communément dans le commerce. Disons aussi que M. Ramondin père, propriétaire d'une surface considérable de forêts de pins dans les dunes, prépare à la fabrication qu'il fait en commun avec son fils et son gendre, des matières premières hors ligne, par son exploitation forestière remarquable, les soins et la propreté qu'il a fait apporter à la cueillette des résines brutes. La maison Ramondin et G. Venot occupe à l'année, pour les besoins de son usine, plus de cent ouvriers, tant résiniers que distillateurs, hommes de peine, voituriers, bateliers ou bûcherons. L'importance de sa fabrication s'est élevée en 1866 à plus de 6,000 barriques de 235 à 240 litres, représentant une valeur de 450 à 500,000 francs.

Outre les essences et les colophanes Hugues, dont nous avons déjà parlé, la maison Ramondin et G. Venot font encore des colophanes ordinaires, des brais de toutes nuances, clairs, demi-clairs, noirs, secs et gras : des résines fauves, des térébenthines en pâte, à la chaudière et au soleil. Tout le monde connaît l'emploi de l'essence de térébenthine dans les peintures, la fabrication des vernis et dans une foule de produits chimiques. Les colophanes Hugues supérieures sont recherchées pour la fabrication de la savonnerie fine de toilette ; les parfumeurs anglais les emploient pour base de leurs meilleurs savons ; elles entrent en quantité notable dans les vernis blancs, on s'en sert pour l'encollage des papiers fins, etc. ; les brais et les colophanes ordinaires, dont on fait de l'huile pyrogénée, des savons communs, s'emploient aussi dans la papeterie et à une foule d'usages que l'industrie applique tous les jours ; les brais noirs communs et les brais gras, sont employés dans les constructions navales. Enfin, les résines jaunes opaques, qui sont un mélange de brai et d'eau bouillante, sont l'objet d'une grande consommation pour l'éclairage des fermes et des habitations rurales en Bretagne et en Vendée. Ces divers renseignements, utiles aux consommateurs de produits résineux, doivent les solliciter de s'adresser directement à cette maison de production, en supprimant les quatre ou cinq intermédiaires qui augmenteraient pour eux la marchandise de 12 à 15 p. 100.

VIN DE LA COTE DU MAZET, *à Lunel.* — Le vin muscat de Lunel fut mis en réputation par l'abbé Bouquet, propriétaire de la côte du Mazet, qui, allant de temps à autre passer ses hivers à Paris, à une époque où les voyages étaient en quelque sorte des événements, le fit goûter à plusieurs hauts personnages avec lesquels il avait des rapports. Les demandes qu'on fit de ce vin muscat, qu'il vendait au prix de trois livres cinq sols, devinrent bientôt tellement nombreuses, que ses voisins de campagne plantèrent aussi du muscat ; mais tous ne réussirent pas également, et le vin muscat de la côte du Mazet resta supérieur à tout autre. Cette supériorité ne profita pas seulement, comme cela aurait dû être pourtant, au propriétaire de la côte du Mazet ; elle fut exploitée par des négociants qui vendirent comme provenant de ce vignoble des vins muscats de divers crus et souvent même étrangers au terroir de Lunel.

A la mort de l'abbé Bouquet, la côte du Mazet fut acquise par feu M. Gautier, notaire à Lunel, qui y joignit plusieurs terres voisines, et qui, tout en respectant la modeste habitation de l'abbé Bouquet, dite le Mazet, située au sommet de la côte, construisit, dans un bas-fond, des locaux plus vastes et devenus nécessaires, soit pour exploiter un domaine plus considérable, soit pour loger une famille plus nombreuse. En faisant ces constructions, et en creusant un puits propre à arroser des jardins pittoresques, il découvrit des grottes à ossements fossiles, les premières qui aient été décrites à l'état vierge, en Europe, et dont il transforma quelques-unes en caves, à l'aide de murs de soutènement.

La profondeur de ces caves, où vieillit depuis lors le vin muscat de la côte du Mazet ajoute-t-elle à ses qualités, déjà reconnues supérieures du temps de l'abbé Bouquet? Toujours est-il que la supériorité de ce vin muscat excite chaque jour de plus en plus la convoitise. Aussi, en prenant possession de la côte du Mazet, à la mort de son père, en 1827, feu M. Gautier-Ronel fit-il des circulaires pour prévenir le public que la réputation de son vin muscat était compromise par des gens qui, se disant propriétaires alors qu'ils n'avaient aucun vignoble, vendaient sous le nom de vin muscat de la côte du Mazet, du vin muscat qui n'était souvent même pas de Lunel.

Malgré cette précaution et le soin qu'il eut de changer la forme de ses bouteilles, ainsi que les étiquettes, l'abus devint de plus en plus grand : et, peu après la mort de mon beau-père, étant allé à Paris, en qualité de délégué du Conseil municipal de Montpellier, je découvris dans quelques magasins des bouteilles de vin muscat à forme ancienne, et revêtues de l'étiquette sur laquelle était le nom de Gauthier, notaire, mort en 1827 !

M'étant adressé à un avoué, je le chargeai de faire rechercher les contrefacteurs de ces étiquettes, évidemment fausses : et M. Lefauro parvint à découvrir un nommé M. Goix. De plus, il fit opérer dans 36 magasins la saisie de bouteilles contenant du vin muscat qui était censé provenir de la côte du Mazet, et qui n'en était jamais sorti. Le sieur Goix, imprimeur, et la plupart des marchands poursuivis, ont été condamnés.

Cet historique fera mieux ressortir la supériorité du vin muscat de la côte du Mazet, que ne pourraient le faire de grandes phrases. Aussi n'y ajouterai-je que la recommandation expresse à quiconque veut être sûr de boire du véritable vin muscat de la côte du Mazet, de s'adresser directement à moi, Mme Chrestien ayant seule hérité de cette propriété de mon père.

A ceux pourtant qui prétendent que le vin muscat est passé de mode, je ferai observer qu'autant, en effet, se trouve délaissé, — et à bon droit, — le prétendu vin muscat de Lunel que l'on vend à vil prix dans la plupart des magasins, autant est recherché le véritable vin muscat de la côte du Mazet. Aussi Charles X l'appelait le *vin des rois.*

CHRESTIEN,
Ancien chirurgien de la Marine royale,
agrégé à la Faculté de Médecine de Montpellier.

BALAIS DE ROUTES ET D'USINES, *de M. F. Guérard-Deslauriers.* — Ces balais sont montés à la cheville. La matière employée est le Piassava, espèce de jonc d'Amérique, matière dure et flexible. Les premiers balais en Piassava ont été fabriqués en Angleterre, d'où ils étaient importés en France. M. Toslain, inspecteur général des ponts-et-chaussées voulut bien, en 1853, m'en demander une certaine quantité sur un type qu'il avait apporté de Londres : ce modèle était monté à la *poix.* Après plusieurs essais sur les routes, MM. les ingénieurs reconnurent que la poix avait l'inconvénient de ne pas retenir suffisamment les loquets des balais. Je proposai alors un modèle nouveau pour lequel j'ai pris brevet S. G. D. G. : le modèle est monté à la cheville, en voici la description et en même temps le procédé de montage. Le système de monture a pour caractère essentiel : une monture, dite à la cheville, combinée avec une matière adhérente pour déterminer le maintien invariable des brins ou *loquets* à la fois par pression mécanique et par adhérence.

Le procédé consiste à pratiquer sur le dos de la tablette des trous de forme évasée, à introduire les loquets ou brins par lesdits trous du côté de leur évasement, et à implanter dans le talon préalablement enduit ou goudronné, des loquets et dans l'évasement des trous, une cheville de forme également conique. On chasse fortement chaque cheville conique de manière à serrer tous les brins contre la périphérie intérieure des trous. Les loquets se trouvent de cette manière parfaitement maintenus par leur talon, dans les trous de la tablette, à la fois par la compression des chevilles et par l'enduit collant qui solidarise tous les brins, et aucun d'eux ne devient isolé ni susceptible de se détacher. Des essais avec ce nouveau balai furent faits, dès 1857, par MM. les ingénieurs des ponts-et-chaussées du Calvados, et un rapport très-favorable fut fait par M. Olivier, ingénieur en chef. Sur ce rapport, des échantillons me furent demandés par MM. les ingénieurs des ponts-et-chaussées de la Seine, et après des essais nombreux et concluants, j'obtins, par traité, la fourniture annuelle de la ville de Paris. Des quantités relativement considérables. 95,000 balais, ont été fournies, à Paris, en France, en Algérie et à l'étranger (Belgique. Suisse, Italie, Espagne, Tunis, grand-duché de Bade, etc.). L'usage de ces balais, d'abord appliqué seulement aux routes, est devenu plus général. En effet, des fournitures sont faites pour les villes, pour les usines cotonnières, les minoteries et huileries, forges, filatures, les haras, les chemins de fer, les fermes, les parcs, etc. Depuis 1860, l'importation anglaise de cet article a presque cessé : l'impulsion étant donnée, d'autres fabriques françaises se sont établies en faisant des balais Piassava montés à la ficelle ou à la poix : la consommation est devenue encore plus considérable. Ce balai fut exposé pour la première fois au Concours universel de 1856, et une deuxième fois au Concours national de 1860, où il obtint une médaille de bronze comme balai propre aux grandes usines agricoles et aux haras. M. Guérard-Deslauriers a apporté, cette année, un perfectionnement pour l'emmanchage. Ce perfectionnement consiste dans une douille en fer, mobile et tournante, et garnie à son intérieur d'un pas de vis conique qui retient fortement le manche et permet d'en changer facilement. Ce genre d'emmanchage m'avait été demandé par M. Buffet, ingénieur de la voie publique, à Paris. Cette douille permet aussi de supprimer le dos du balai et le rend en conséquence beaucoup plus léger.

CLAIES COCONNIÈRES ÉCONOMIQUES *Système E. Caillas*. —

Depuis longtemps déjà les contrées séricicoles sont ravagées par une terrible maladie qui vient chaque année détruire les plus belles espérances; de proche en proche tous les pays producteurs de soie sont envahis et les plus belles races de vers à soie disparaissent l'une après l'autre.

Une des grandes causes et celle qui maintiendra pendant peut-être encore longtemps cette situation, est surtout le mauvais système d'éducation généralement suivi, aussi bien par les grands producteurs que par les petits éducateurs qui ne portent au marché que 2, 3, 10 kilog. de cocons.

Chez les grands producteurs qui deviennent des industriels, on ne voit dans le ver à soie qu'une matière première à transformer le plus vite possible en produit vendable, la soie ; de là ces systèmes d'éducations forcées à température excessive qui conduisent au but en 21 ou 25 jours, quelquefois moins. Les vers, ainsi traités, engraissés, chez lesquels l'appareil digestif s'est développé au détriment des autres organes, ne donnent le plus souvent qu'un produit de qualité inférieure, et, si malheureusement on les prend comme reproducteurs, on n'a plus que des descendants affaiblis et sur lesquels les maladies de toute sorte ont prise plus facile. C'est ainsi que peu à peu nos belles races françaises ont été détruites, car pour les magnaniers dont nous parlons, tous les papillons sont bons et toute la graine est vendable.

Chez le paysan, petit producteur, nous voyons les vers entassés sur des planches, dans des paniers, restant sur leurs déjections de toute sorte tant que dure l'éducation et dans un air constamment vicié, chauffé par des moyens barbares, au milieu d'une fermentation souvent très-active, cause la plus certaine des désastres que l'on constate chaque année.

En présence de ces faits, il est certain qu'un puissant moyen de relever cette branche de notre production nationale est de réformer ces mauvais systèmes d'éducation aussi bien chez les grands que chez les petits producteurs et d'amener chacun à faire chez soi et avec le plus grand soin la graine qui lui est nécessaire.

Et d'abord il faut supprimer le chauffage; il est inutile, il est nuisible. Il est inutile, car la chenille vivant au printemps, doit s'accommoder des abaissements de température si fréquents à cette époque ; il faut se borner tout simplement à éviter les trop grands écarts ce qu'on obtient facilement par le fonctionnement intelligent des ouvertures de la magnanerie. Depuis huit ans que j'ai des vers à Paris, je n'ai jamais chauffé et deux années de suite j'ai eu des vers qui, du deuxième âge à la montée sont restés en plein air et m'ont donné de beaux et bons cocons. Le chauffage est nuisible car il donne aux vers un air qui ne contient plus l'humidité nécessaire à l'acte de la respiration. Si l'on cherche à rendre à l'air cette humidité indispensable en mettant de l'eau dans les chambres, la vapeur et l'air chaud ne se mêlent pas assez intimement dans les litières et cette vapeur à haute température n'a pour effet que de développer cette fermentation qui, comme il est dit plus haut, est la cause de tout le mal.

Je n'entrerai pas ici dans de plus longs détails sur les grandes magnaneries, ce sera l'objet d'un travail ultérieur. Pour les petites magnaneries, et surtout en vue de ceux qui veulent préparer leur graine dans des éducations soignées de 2 à 3 p., j'ai imaginé un appareil composé de claies que j'appelle claies coconnières économiques et pour lequel j'ai obtenu à l'Exposition universelle de 1867 une mention honorable, (Classe 50, n. 22. Galerie des Arts usuels). Ces claies composées d'un cadre en bois de 0.85 à 0.90 de long sur 0,30 à 0,33 de large supportent dans leur longueur deux rangs de ficelles superposés à 2 c. 1/2 de distance ; dans chaque rang, les ficelles sont aussi espacées de 2 c. 1/2, et placées de telle sorte qu'une ficelle d'un rang correspond au milieu de l'espace laissé libre entre deux ficelles de l'autre rang. Ces claies sont disposées dans un bâtis spécial ou simplement en étagères autour d'une chambre, mais toujours superposées et ayant entre elles une distance de 0.30 ou 33 c. La face supérieure des claies recouverte de papier sert à l'éducation depuis l'éclosion jusqu'à la montée. Au moment précis où la maturité des vers se manifeste, on attache entre chaque étage de claies et par en haut seulement, des échelles construites d'après le même principe que les claies : ce sont des cadres en bois, carrés et ayant de 0.30 à 0,33 c. de côté ; les ficelles sont disposées verticalement. Aussitôt que les vers sont mûrs, on les voit embrasser les échelles, puis se rendre dans la claie placée au-dessus d'eux, où, grâce à la disposition des ficelles, qui forment dans toute la largeur de la claie des espaces prismatiques triangulaires de 2 c. 1/2 de hauteur, ils trouvent immédiatement la place pour poser leur cocon avec tous les points d'attache nécessaires.

Ce système, permettant l'éducation et la montée dans le même appareil économise la main-d'œuvre nécessitée par la confection des cabanes avec la bruyère ou tout autre boisement, opération toujours longue, coûteuse et rarement faite à point. Les vers ne traînent pas en perdant inutilement leur soie comme dans les bruyères avant de pouvoir s'installer ; ils ne se piquent pas, et les cocons commencés ne sont jamais tachés par les vers retardataires puisque tous les vers travaillent dans le même plan ; les doubles ne sont qu'une très-rare exception ; enfin tous les vers trouvent un abri convenable ; les faibles, dans les échelles, les plus vigoureux, dans les claies. Jusqu'à la fin les délitements sont possibles et la plus grande propreté est jusqu'à la fin maintenue dans la magnanerie. En résumé, les claies coconnières économiques donnent une économie convenable dans les frais de premier établissement, simplifient beaucoup le travail de l'éducation, celui de la montée ; elles se placent facilement partout, chacun peut les construire pour son emploi particulier, ce qui en fait surtout l'appareil du petit éducateur qui aura ainsi, dans un très-petit espace, une magnanerie salubre, simple, économique.

ENTREPRISE DU REPEUPLEMENT DES EAUX DE LA LOIRE MARITIME ET DU LAC DE GRAND-LIEU.

— La multiplication *naturelle* des poissons, suivie d'une incubation *artificielle*, m'a toujours réussi, pour obtenir des sujets vigoureux dès le jeune âge, et, partant m'a donné moins de pertes dans mes éducations en général.

Maintenant que l'on transporte au loin des œufs *fécondés artificiellement*, qu'on en ait obtenu quelques sujets avec l'incubation artificielle, j'approuve hautement ces opérations, au point de vue scientifique où je me suis placé pour l'acclimatation de quelques espèces ; mais, la perte a toujours été pour moi très-sensible, et ce serait là une prévention si je n'avais à cet égard des rendements fort concluants.

La multiplication *artificielle* n'est plus, grâce à l'intelligente direction donnée à l'établissement d'Huningue une préoccupation pour les propriétaires limitrophes ou pour les savants éloignés. C'est l'incubation artificielle qui suit qui n'a pas, chez tous, couronné les tentatives effectuées et préoccupe impérieusement les praticiens pour lesquels je vous écris.

J'ai dû constater : 1° qu'on voulait pour imiter la nature, opérer sur de trop grandes quantités à la fois, et que pour défendre les œufs nous manquions des immenses ressources dont dispose la Providence ; 2° qu'on opérait toujours à des températures variables, désastreuses pour les éducations ; j'ai donc pour but de mettre chaque éleveur à même d'opérer facilement et sûrement, en accordant à l'embryon tous les soins qu'il exige, voici comment :

Avoir pour règles que la multiplication naturelle déterminant une action fécondante immédiate, la parturition libre a lieu plus activement et la réussite est assurée ; — que le transport des œufs provenant d'une fécondation artificielle doit être une ressource pour l'acclimatation d'espèces utiles, et, doit être de préférence employée pour les éclosions hivernales.

Dans tous les cas, l'immersion des œufs de poissons à leur arrivée est désastreuse ; on doit leur rétablir une température qui évite les transitions trop brusques, $+ 8°$ en hiver et $+ 15°$ en été.

Le local où ils seront placés doit permettre

de régler non-seulement la température, mais,
le renouvellement de l'air, de l'eau et de la lumière. Les appareils que j'ai créés par la pratique sont élémentaires dans leur ensemble,
mais les détails sont de la plus haute importance *pour moi*, parce qu'ils assurent la réussite
de l'éclosion en petit, la seule qui donne des
résultats certains aux éducateurs commen-
çants

1° Un petit plancher, à 1 mètre 80 centimètres du sol, soutenue par des consoles en fer le

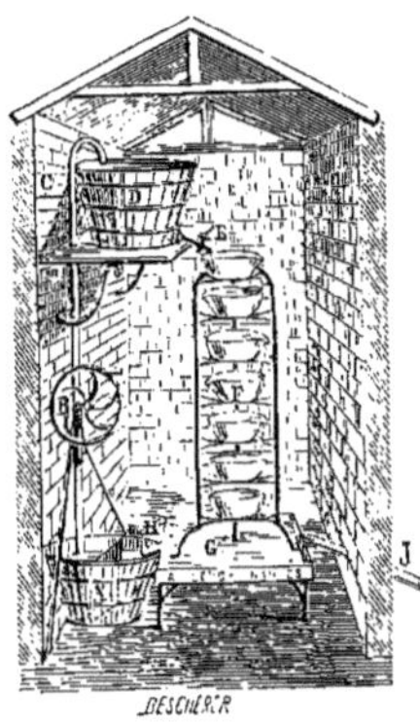

long d'un mur, reçoit une cuve pour l'eau d'a-
limentation ;

2° Au-dessous, une cuve à deux compartiments; l'un reçoit sur un filtre l'eau de vidange
des vases à éclosions, et ne la rend à l'autre
compartiment que parfaitement limpide pour
être, par une pompe élévatoire, rendue au premier cuvier d'eau d'acclimatation ;

3° Enfin, une étagère en fer avec des récipients à incubation en grès.

Voilà tous mes appareils complets, et qui
me coûtent 100 francs.

Le robinet A déverse l'eau avec chute légère,
faisant plonger le liquide *jusqu'au fond* du
premier récipient, et, après avoir donné naissance à une ligne elliptique en remontant, va
se déverser (par un trop plein formant courant
supérieur,) dans le second récipient où la chute
renouvelle le phénomène.

Pendant ce temps, un trou B de soutirage
écoule, par le fond du premier vase, une partie du liquide qui vient à l'opposé du trop plein
X tomber dans le récipient inférieur avec
chute. Il produit un contre-courant neutrali-
sant, au milieu V du vase, l'action du liquide

venu par le trop plein X. Dès lors, l'inclinaison
du second vase en sens contraire du premier,
détermine l'établissement d'un courant général
par le trop plein en X, et l'action se continue
comme en B, par le trou de soutirage, etc......,

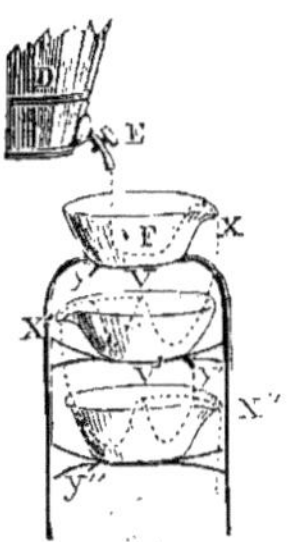

Voilà ce dont il faut tenir compte... C'est tout
*mon secret pour nettoyer les fonds sur lesquels
reposent les œufs.* Est-ce assez simple? Pourtant, j'évite ainsi les pertes que j'ai toujours eu
à supporter avec les autres systèmes essayés.
J'obtiens alors des courants continus par casca-
des et par soutirages à volonté; et, les parasi-
tes végétaux, algues, hydrocanthares qui se
fixent si facilement, étant vivement déplacés,
agités, expulsés à l'état de larves, *dyticus mar-
ginalis, le plomitus clavatus, gammarus pulex,*
etc., etc, ne peuvent avoir le temps d'exercer
de grands ravages. Ils sont sans cesse ramenés
dans le courant supérieur, qui vient alimenter
la cascade, ou bien, étant surpris par le courant de soutirage, courant léger, mais permanent au fond, sont toujours entraînés jusqu'au
baquet de vidange.

Dois-je ajouter que chaque récipient contient
du sable bouilli chaque semaine; que les œufs
y sont étendus en couche très-mince, et, que
soir et matin les produits morts y sont rigoureusement enlevés avec une petite pincette ; que
la cuve, récipient inférieur, partage en deux,
reçoit les eaux du déversement sur un filtre de
sable et de charbon. Il ne se rend à la pompe
élévatoire, dans l'autre compartiment, qu'une
eau parfaitement débarrassée des animalcules
nuisibles à notre éducation. — Ajoutons que
l'eau ne passe sur les œufs que deux jours de
suite, après quoi elle est expulsée, et, j'aurai
tout dit: laissant à votre haute compétence
l'initiative de relater tous ces faits en technolo-
gue émérite.

Il a été traité ainsi avec succès (outre les

élevages d'espèces du pays en quantités notables), pour l'ensemencement des eaux de la Loire maritime et du lac de Grand-Lieu :

80,000 féra grandes
2,000 truites communes
1,500 truites des grands lacs
2,000 ombres chevaliers

} entres autres provenant d'Huningue.

A l'Exposition universelle figurent, récompensés :

1° Le plan d'un établissement de pisciculture ;

2° L'appareil à éclosion des œufs de poissons ;

3° L'aquarium pour surveiller l'alevin ;

4° Le vivier flottant à cases mobiles, pour protéger les poissons.

A. LEROY, *de Nantes.*

APPAT POUR LA PÊCHE DE LA SARDINE.—

Les pêcheurs de sardines emploient depuis longues années, pour exercer leur industrie, les œufs de maquereau, de stockfish et de morue salés et extraits par les nations du Nord. La Suède, la Norwége et le Danemark envoient ces œufs en baril et ils sont vendus sous le nom de rogue. Autrefois le baril de cet appât, contenant environ un hectolitre 50, était livré au prix de 25 francs ; mais depuis, par l'extension du commerce, le même baril a atteint le prix actuel de 120 francs. Un pêcheur jette environ, à ce prix, pour 15 ou 20 fr. de rogue par chaque pêche, et la vente lui fournit un prix moyen de 6 fr. par chaque millier. Quand un bateau a pris une moyenne de six mille sardines par jour dans toute une saison, sa pêche a été abondante. Il serait donc facile de se rendre compte du petit gain des malheureux pêcheurs qui ruinent et leur santé et leur bourse en travaillant péniblement.

Cet état de choses vraiment malheureux me fit tenter de composer un appât qui pût remplacer la rogue du commerce pour les qualités, et qui pût surtout être livrée à un prix moins élevé. En me basant sur ces principes d'une bonne rogue : Odeur, saveur et graissage des eaux, je formai à l'aide de plantes et de détritus d'animaux et de poissons un appât qui, essayé par moi et par plusieurs pêcheurs, fournit des résultats satisfaisants. Comme je désirais surtout d'un seul coup détruire la routine toujours trop enracinée chez les populations maritimes, je demandai à Son Excellence monsieur le Ministre de la Marine et des Colonies l'autorisation de tenter une expérimentation officielle, ce qui me fût accordé avec le plus gracieux empressement.

Cette expérimentation eut lieu dans le port de Saint-Gilles-sur-Vie, chef-lieu de canton de l'arrondissement des Sables-d'Olonne (Vendée), le 24 juin 1866, et le certificat, dont copie est ci-après, m'a été délivré à la date du 25 juin 1866.

Expérimentation de l'appât ou rogue composé par M. Delidon, notaire à Saint-Gilles-sur-Vie (Vendée), pour la pêche de la sardine.

Le dimanche 24 juin 1866, sur les quatre heures du matin, deux chaloupes de pêche du port de Saint-Gilles-sur-Vie, l'*Aimable*, ayant pour patron le sieur Morineau (Auguste-Marie-François), et la *Sainte-Anne*, ayant pour patron le sieur Boulineau (Jean-Jacques),

Sortirent de ce port, sur le désir de M. Sières, administrateur de l'Inscription maritime, afin d'expérimenter un nouvel appât pour la pêche de la sardine, composé par M. Delidon (Ernest-Pierre-Serpeau), notaire, à Saint-Gilles-sur-Vie, et membre de la Société impériale d'Acclimatation ;

M. Delavaud (Alexandre-Olivier), syndic des gens de mer du sous-quartier de Saint-Gilles-sur-Vie, était présent dans la chaloupe l'Aimable, ainsi que M. Delidon, et chaque bateau était muni d'un baquet du nouvel appât.

A la distance de 4 kilomètres de la côte, la chaloupe Sainte-Anne tenta la pêche à 5 heures moins cinq minutes, et la chaloupe l'Aimable suivit son exemple à 5 heures.

A ce premier mouillage, le patron de la chaloupe Sainte-Anne jeta vainement une certaine quantité de l'appât à expérimenter sans prendre ni voir de poisson ; celui de la chaloupe l'Aimable, avec le même appât, fit lever une certaine quantité de sardines et en prit *deux cents.*

Un poisson ayant été ouvert renfermait quelques fragments de l'appât.

Une seconde tentative fut faite à une certaine distance du premier mouillage, mais plus près de terre.

Le patron de la chaloupe l'Aimable jeta vainement le nouvel appât sans voir ni faire lever de sardines ; celui de la chaloupe Sainte-Anne en jeta environ pendant vingt minutes et fit lever une grande quantité de poisson qui lui fournit une pêche de *quatre mille cinq cents sujets.*

Toutes les personnes présentes à cette opération ont observé :

1° Que l'appât composé par M. Delidon présentait toutes les qualités de la rogue employée actuellement pour la pêche des sardines, puisqu'il faisait lever le poisson et le faisait prendre dans le filet ;

2° Que la sardine aimait cet appât puisqu'elle se laissait prendre par lui et qu'elle en mangeait ;

3° Que les tentatives infructueuses ci-dessus constatées ne doivent être dues qu'au manque de poisson ou à toute autre cause ne provenant point de l'appât, puisque le patron de la Sainte-Anne a essayé vainement, au moment où son filet contenait 4500 sardines par l'appât de M. Delidon, d'attirer une plus grande quantité de poisson en jetant de la rogue de stockfish, et presque aussitôt le poisson s'est enfui.

Il est reconnu généralement que la sardine ne travaille pas lorsque l'air est lourd et le temps orageux, et le fait ci-dessus doit probablement être attribué à cela puisque, sur les deux heures du soir, le même jour, un orage assez violent éclata sur Saint-Gilles-sur-Vie.

Le poisson, malgré la chaleur, est arrivé frais au port et a été vendu à un confiseur, comme tout autre.

Certifié exact par M. Delavaud, syndic des gens de mer au sous-quartier de Saint-Gilles-sur-Vie, qui a signé avec M. Delidon.

Saint-Gilles-sur-Vie, le 25 juin 1866.

L'original est signé : Delavaud, syndic. — E. S. Delidon.

Au bas est écrit :

Vu pour légalisation de la signature ci-dessus de M. Delavaud, syndic des gens de mer, à Saint-Gilles, le 25 juin 1866.

L'administrateur de l'Inscription maritime,

Signé : SIÈNES.

Mon appât figura à l'Exposition de pêche et d'agriculture d'Arcachon en 1866, avec une copie du certificat d'expérimentation ci-dessus, et la liste des exposants de cette ville le mentionne en ces termes :

» M. Delidon (Ernest-Pierre-Serpeau), notaire » à Saint-Gilles-sur-Vie (Vendée). — Rogue à » sardines.

» Un certificat d'expérimentation délivré à » l'exposant, à la date du 25 juin 1866, et joint » à un échantillon de son appât, témoigne que » sa composition peut être très-utile aux pê- » cheurs. Le prix de la rogue actuelle varie » entre 70 francs et 100 francs le baril, tandis » que l'appât de l'exposant, pouvant toujours » être fait par le pêcheur lui-même, variera » entre 6 francs et 10 francs le baril. »

J'obtins à cette exposition une médaille d'argent grand module.

J'avais trouvé un appât convenable et les pêcheurs pouvaient le produire eux-mêmes, sans le secours du commerce, car les matières qui entrent dans sa composition sont toutes sous sa main, lorsque des amis puissants me conseillèrent de mettre mon invention à l'abri de tout coup de main par un brevet, ce que je fis à la date du 15 octobre 1867.

J'ai donc un brevet d'invention s. g. d. g.

Voulant autant que possible et payer les frais que j'ai été forcé de faire et mettre mon appât à la portée de tous, j'ai affermé mon brevet à un industriel des Sables-d'Olonne (Vendée), à la condition de ne pas porter à plus de 25 francs le prix du baril de mon appât. Aujourd'hui une usine fonctionne dans cette ville, et les nombreuses demandes qui y sont faites me donnent l'espoir que les pêcheurs comprendront tous avant peu l'éminent service que je leur ai rendu.

Avant de terminer mon article, il ne sera pas sans intérêt de donner quelques détails sur la pêche à la sardine :

Les bateaux, parfois nommés chaloupes, sont montés par six ou huit hommes y compris le patron et le mousse. Ils sortent du port à l'heure de la marée, pour n'y rentrer qu'à la marée suivante ; ils s'élèvent à la haute mer suivant que les eaux leur paraissent plus convenables, c'est-à-dire bleues et non claires, et l'œil observateur et attentif du patron cherche à découvrir si le bateau est arrivé sur le lieu de pêche. Lorsque sa voix de commandement a dit d'arrêter, les matelots remplacent la voile par les rames et font tous leurs efforts pour maintenir le bateau dans la même position et sur le même point, puis un filet d'une vingtaine de mètres de longueur est filé dans l'eau par un bout, de manière qu'il puisse s'étendre verticalement dans la mer, étant coulé d'un côté par des plombs et maintenu de l'autre côté par des Lièges à la surface de l'eau, il forme sur la surface de la mer une ligne droite, prolongement de la quille du bateau et dans son sillage. Le patron jette alors, par petites parcelles, à l'aide d'une cuillère de bois, la rogue à droite et à gauche du filet, jusqu'à ce que la pêche soit abondante. Ce filet retiré est remplacé par un autre et le poisson est retiré à bord au fur et à mesure par l'action du tamisage qui s'opère en secouant le filet. — Mon appât est employé de la même manière. — La sardine est ou vendue salée ou confite à l'huile et expédiée dans des boîtes de ferblanc soudées. Aux Sables-d'Olonne, elle rapporte plusieurs millions et on y consomme par an pour plus de 400,000 francs de rogue.

LE GUANO AGENAIS est exclusivement composé de matières animales : rebuts de cornes, poils, onglons, écharnures de tannerie, chiffons de laine, débris de poissons, déchets de colle forte, débris de cuirs et cuirs vieux, sang, poudre d'os, etc.

Toutes ces matières, les deux dernières exceptées, sont traitées par des agents chimiques, dans des appareils spéciaux.

En sortant des appareils, la corne la plus dure, le cuir le plus coriace sont complétement désagrégés. Le cuir, séparé du tannin qui en *momifie* l'azote, revient à son état primitif, au moment où il est enlevé du corps de l'animal. La décomposition est plus grande encore, puisque l'on peut l'écraser entre les doigts et le réduire en poussière après dessication. Toutes ces transformations s'opèrent sans que pas une de ces matières passe par l'état putride, c'est là sans contredit, un des effets les plus appréciables du procédé de M. Jaille.

Ainsi traités, ces divers éléments sont placés sur un carrellement bien uni : on les mêle alors avec la poudre d'os et le sang qui arrive journellement en barriques, entièrement désinfecté, des abattoirs d'Agen, Bordeaux et Montauban.

Une addition de sel marin permet de conserver le tout indéfiniment, et de l'expédier au loin comme les salaisons domestiques.

En opérant le mélange, la partie fluide du sang (le sérum) s'égoutte et est reçue dans un réservoir d'où on la retire pour la placer dans un bassin extérieur. Là, elle est désinfectée de nouveau au moyen d'eaux acidulées, provenant des fabriques de stéarine de Montauban et de Toulouse. Ce sérum, ainsi traité, entre ensuite dans la préparation de l'engrais désigné sous le n° 2.

Le mélange effectué, l'engrais est composé. Il ne reste plus qu'à le faire sécher. On le transporte et on l'entasse immédiatement sous les hangars, et, lorsque le temps le permet, on étend sur l'aire de la cour en couches minces. Quand il a perdu son excès d'humidité, on le pulvérise. Il est dès lors livrable au commerce.

Tel que nous venons de le voir fabriquer, l'engrais constitue le Guano Agenais n° 1.

En cet état, il possède son *summum* de richesse en azote et en phosphates.

Les analyses les plus rigoureuses établissent ainsi le titre du Guano n° 1 :

Azote. . . . . . .   7 à 10 pour cent.
Phosphates. . . . 15 à 20 pour cent.
Chlorure de sodium Potasse.
Et autres sels divers.

Il s'emploie pour toutes les cultures : céréales, prairies artificielles et permanentes, plantes sarclées, choux, navets, tabac, pommes de terre, betteraves, maïs, etc. ; chanvre, lin, garance, safran, etc : jardinage de toute sorte. Il se vend 25 fr. les 100 kilog., rendu franc de port et d'emballage dans toutes les gares des chemins de fer français.

Le Guano n° 2 est le résultat d'un mélange de matières animales non complétement désagrégées, d'eaux grasses et de résidus résultant du dégraissage des os, de lie de vin, et enfin, du sérum du sang désinfecté par l'eau acidulée dont nous avons parlé.

Voici quel est le titre de ce Guano :

Azote. . . . . 4 à 6 pour cent,
Phosphates. . . . . 6 à 12 pour cent.
Chlorure de sodium. 10 pour cent.
Potasse et autres sels divers.

Il se vend 15 fr. les 100 kilog.

Ce Guano est spécial pour la vigne et les arbres. On l'enfouit au pied de la plante. La fabrication quotidienne est aujourd'hui de 80 balles de 100 kilog., ce qui donne pour l'année, une moyenne d'environ 24,000 balles ou 2,400,000 kilogrammes.

MEULES DE SAVERNE. Nos meules à émoudre sont en grès rouge, (variant du rose blanchâtre ou rouge brun). Voir notre exposition au Parc, Classe 54, section des Machines-Outils.

Elle sont extraites des carrières ouvertes dans les montagnes des Vosges, situées à la limite des départements de la Meurthe et du Bas-Rhin, mais dans la partie bornée au sud par la vallée de la Zorn, dans un périmètre de quelques kilomètres, plutôt dans le Bas-Rhin que dans la Meurthe. De nombreuses carrières ont été ouvertes dans d'autres parties de la chaîne des Vosges, mais le grès trouvé varie sensiblement de la qualité du nôtre. Par son ouverture et sa fermeté, notre grès a acquis dans la métallurgie une incontestable supériorité comme meules sur toutes celles connues jusqu'à ce jour. On estime cette différence de 35 à 40 pour cent de l'aveu des consommateurs.

Nos bancs de rocher sont tels que par nos simples procédés d'extraction, nous parvenons à retirer des blocs qui nous permettent de faire des meules de toutes dimensions. L'une de celles exposées mesure 3ᵐ,50 de diamètre et nous aurions pu l'augmenter si les difficultés de manutentions et de transport ne nous en avaient empêchés.

Nous avons pour notre compte six carrières nous fournissant tous les grès employés selon l'usage que l'on veut faire des meules, fin, demi-fin et gros, dur, demi-dur et tendre. 80 à 120 ouvriers sont employés dans ces carrières selon la saison.

La meule est devenue un outil indispensable aujourd'hui qu'on veut produire vite et à bon marché, vu son prix relativement bas en le comparant à celui de la lime et au travail qu'on peut faire avec elle. Nous citerons entre toutes les fabriques de ressorts de voitures, d'armes, de limes, de taillanderie, ferronnerie et quincaillerie en tous genres et ateliers de construction de machines.

Malgré l'élévation des frais de transport (double et triple souvent de la valeur de la pierre) nous expédions à des distances très-grandes, ce qui est une attestation pour la qualité de nos meules : citons le Creusot, Firminy, Marseille, La Ciotat, Toulon, Albi, Toulouse, Pamiers, Bordeaux, Brest, Paris, Rouen, le Havre, Bruxelles, Liége, etc., etc ; jusqu'au Brésil, Rio-Janeiro.

Si nous arrivons à obtenir un prix réduit sur les lignes ferrées, dans quelques années nos meules, dites *Meules de Saverne*, seront employées dans tous les ateliers petits et grands de France et de l'étranger, car c'est le prix de revient seul qui fait reculer ceux qui ne les connaissent que de nom.

LOUIS WEYER.

FABRICATION DU SUCRE. — *Appareils per-fectionnés de J. Zambaux, ingénieur civil.* —

1° Une nouvelle chaudière tubulaire couronnée par la Société industrielle de Mulhouse, après une série d'expériences qui n'a pas duré moins de cent huit jours. A l'avantage d'économiser 30 0/0 du combustible, d'occuper moins de place qu'aucune autre, il faut ajouter encore celui de pouvoir se nettoyer avec une extrême facilité ; 2° Appareil à triple effet, beaucoup plus simple que ceux qui ont été exécutés jusqu'alors, fonctionnant d'une manière irréprochable depuis plus de six ans dans deux grandes sucreries du département de l'Aisne.

Le prix de cet appareil complet, muni de sa pompe à air et de sa machine pour un travail de 600 à 800 hectolitres de jus, est de 30,000 fr., de 40,000 fr. pour 900 à 1,000 hectolitres, et enfin de 50,000 fr. pour 12 à 1500 hect' litres par jour de vingt heures de travail. L'emploi combiné de nos appareils produit un rendement plus considérable, une qualité plus belle des produits et une économie de combustible dont l'ensemble est de 40 à 50,000 fr. pour une fabrication annuelle de 10,000,000 de kilogrammes de betteraves ou de cannes à sucre.

Sucrerie dite de la Ferme. — Le problème d'une sucrerie à construire à bon marché dans les fermes, resté jusqu'alors sans solution, devient facilement réalisable par l'emploi de nos appareils, dont le prix, mis ainsi à la portée de l'agriculture, devient pour elle un nouvel élément de prospérité. Le prix de l'ensemble des appareils perfectionnés pour une sucrerie dans la ferme, pouvant travailler 20.000 kilogrammes de betteraves par jour serait d'environ 30,000 francs et pour 80,000 kilogrammes la dépense serait proportionnelle, c'est-à-dire d'environ 45,000 fr. L'appareil de concentration et de cuite serait à double effet et donnerait un produit de bonne quatrième qui trouverait un placement favorable dans les raffineries, dont le concours lui est assuré.

PRESSOIRS *à vin, à cidre et à huile, présentés par MM. Mabille frères, d'Amboise.* Les pressoirs qui, dans les précédentes expositions ne tenaient qu'un rang très-secondaire, peuvent être considérés aujourd'hui comme des instruments présentant à la fois la force et l'élégance, les pressoirs de MM. Mabille offrent un ensemble parfait ; le pressoir à engrenage continu est, par sa simplicité, d'un très-bon usage.

Le pressoir à engrenage perfectionné à dinamomètre d'une assez grande dimension est très-ingénieux. La manœuvre en est excessivement facile et quand on veut serrer plus fort qu'il n'est nécessaire, le dinamomètre se décroche, et quelque effort qu'on puisse faire, la machine ne marche plus.

La presse à huile est aussi bien combinée ; un mouvement dinamomètrique rend cette puissante presse très-facile à faire manœuvrer et surtout rend toute espèce d'accident impossible.

Le pressoir hydraulique de MM. Mabille est d'une disposition entièrement nouvelle : Deux pistons de diamètres différents fonctionnent l'un dans l'autre ; le gros sert à donner la pression, le petit sert à relever le mécanisme. Le mouvement a lieu dans un cylindre disposé sous une cuvette en fonte, la tige du gros piston forme à son extrémité une vis sur laquelle sont un écrou et un volant à percussion pour communiquer la pression. Le pressoir agit avec la puissance qui caractérise la presse hydraulique. MM. Mabille frères ont rendu à la viticulture un service important en apportant de grands perfectionnements à ces instruments autrefois si encombrants et si difficiles à faire manœuvrer.

JOAILLERIE. — M. Rouvenat dont les lecteurs des *Grandes Usines* connaissent l'établissement si intéressant, avait exposé, montée en argent, une branche de lilas blanc, tout en diamants, pouvant servir alternativement de broche de corsage et de coiffure.

Cette pièce, d'un travail précieux, présentait de grandes difficultés d'exécution qui ont été vaincues. Pour donner à la fois aux tiges qui portent les grappes de fleurs la grosseur et la flexibilité de la nature, elles ont été faites en fil d'or plat, tordu en forme de ressort à boudin, ce qui leur donne, avec la souplesse nécessaire, une grande solidité. Elles sont toutes montées à charnière sur une tige principale, et pour les démonter il suffit de tourner à gauche le bouton de fleur qui se trouve à l'extrémité de la branche pour ôter les tiges l'une après l'autre, ce qui permet de les nettoyer avec facilité et de s'en servir séparément. Prix : 43,000 fr.

Un diadème, style Renaissance, d'une grande délicatesse de main-d'œuvre, ornementation d'une extrême légèreté, courant entre deux rangées de brillants sertis à filet et surmontés de gros diamants forme poire. Prix : 26,800 francs.

Un autre diadème, formé de sept fleurs d'églantine, pouvant servir d'autant de petites broches, lesquelles, réunies à un nœud et ses pendilles, forment une broche très-riche. Lorsque l'on se sert des sept fleurs en diadème, ces pendilles, ajustées au nœud, forment encore une jolie broche ou une plaque de collier. — La pièce complète est de 11,600 fr.

Une parure en diamants, style Henri II, composée d'un bracelet maillons dentelle à jour, alternés de rangées de chatons en brillants sertis à filet, brisés à charnière à chaque maillon, et servant indifféremment de bracelet ou de bandeau.

Une broche, une paire de boucles d'oreilles, un diadème de sept églantines et une rivière d'un genre nouveau, à chatons suspendus à une tige en roses.

Une parure en brillants, composée d'une broche et d'un collier Rivière à gros chatons, or monté, en roses, style grec. Prix : 84,100 francs.

Une parure en brillants, style Henri II, composée d'un bracelet, d'une broche et d'un collier à plaque, se démontant pour servir de seconde broche.

Une paire de boucles d'oreilles riches en brillants, style grec.

Une paire de boucles d'oreilles, forme poire, avec entourage de brillants.

Un bracelet plaque joaillerie argent, style Renaissance.

Une paire d'épingles de coiffure en brillants et roses, imitant la fleur naturelle du saxifrage.

Une broche brillants, style Renaissance, époque Henri II.

Un oiseau, Colibri, aux ailes déployées en diamants, rubis, émeraudes et saphirs d'un serti si fin que l'œil peut à peine compter les roses dont il est enveloppé tant elles sont petites. Prix : 2,200 fr. Acheté par Sa Majesté l'Empereur.

Une libellule (ou demoiselle) en diamants, émeraudes et turquoises avec filet d'émail noir. Prix : 1,500 fr.

Un papillon en diamants, rubis et émeraudes. Prix : 2,450 fr.

Un paon en diamants, émeraudes et saphirs. Prix : 10,000 fr.

Une parure diamants, riche monture en or, composée de son bracelet, une broche, une paire de boucles d'oreilles.

Une parure diamants, monture en or, composée d'une broche servant de médaillon et pouvant s'attacher à une grosse chaine en or pour servir de collier.

Un bracelet et une paire de boucles d'oreilles. Prix : 11,375 fr.

Une parure or et brillants, composée de bracelet, broche et penjants. Prix : 930 fr.

Une parure or et brillants, même composition. Prix : 1,248 fr.

Une parure or et brillants, avec or vert. Prix : 1,550 fr.

Une parure or et brillants, genre Campana. Prix : 3,525 fr.

Une parure or et brillants, avec émail noir. Prix : 1,955 fr.

Une parure rubis et brillants. Prix : 1,660 fr.

Une parure, turquoises et roses. Prix : 2,225 francs.

Une parure corail, perles et roses. Prix : 1,090 fr.

Une parure Louis XVI, perles et roses. Prix : 2,250 fr.

Une garniture en camées d'après une peinture de Prudhon, avec encadrement et ornements en roses, pendilles en perles, broche et boucles d'oreilles.

Une autre garniture camées, entourage et ornements en roses, monture filigrane et or poli, style Campana, broc   b oucles d'oreilles.

Un médaillon camée, orné de perles et d'émaux. Renaissance.

Un médaillon rond reporcé avec petites perles, fond or mat.

Un médaillon camée, entourage de filigrane orné de perles.

Un médaillon joaillerie monté en or, une étoile au centre en brillants, entourages roses et perles.

Un bracelet en brillants, ornements Renaissance à jour sur fond émail noir.

A l'aide d'un ressort, que l'on fait mouvoir par un petit bouton, l'émeraude qui est au centre se renverse et laisse voir une petite montre, que l'on peut enlever à volonté, et dont on se sert comme d'une montre ordinaire.

Un bracelet palmette grecque reporcée en brillants et roses avec filets d'émail noir.

Un bracelet cinq émeraudes et roses, appliquo, dessin grec sur tour de bras, en or mat.

Un bracelet tour de bras, centre reporcé, serti de roses avec une rangée de petites roses de chaque côté et filets d'émail noir.

Un bracelet grec double, roses et rubis sur fond émail noir.

Un bracelet reporcé, avec frises en petites roses.

Un bracelet camée rose, entourage de petites roses et de perles avec émaux Renaissance.

Un bracelet brillants sur or mat.

Un bracelet rosace brillants, quatre palmettes.

Un bracelet rubis et perles.

Une broche joaillerie or et brillants avec pendants et chaine.

Une Brosse joaillerie en or, rosace de brillants, genre russe.

Une Broche, chiffre en brillants et roses, entourage émeraudes et brillants.

Une Broche camée, tête en relief, la *Baigneuse de Falconnet*, entourage brillants. —

Une Broche camée, *Tête de femme à la Résille*, double entourage de brillants et de roses avec, palmette de roses de chaque côté.

Une Broche camée, dit *Triomphe de César*, entourage roses et filigrane.

Une Broche camée, *L'Amour et Psyché*, entourage fantaisie perles et roses.

Une Broche camée, *l'Érèbe*, entourage perles et quatre brillants ornements reporcés et ramolayés.

Une Broche camée, entourage style Renaissance, époque Louis XIV, émaux de couleur avec perles et émeraudes pendantes.

Une Broche camée représentant Saint-Georges, entourage filigrane et roses.

Une Broche sur émail, entourage or mat avec ornements en roses, genre Campana. —

Une paire de Boucles d'oreilles, palme en brillants, modèle à anneaux, genre nouveau. Prix : 6,000 fr.

Une paire de Boucles d'oreilles à anneaux en brillants, genre nouveau. — Prix : 4,460 fr.

Une paire de Boucles d'oreilles, perles et brillants. — Prix : 1,020 fr.

Une autre paire de Boucles d'oreilles, perles et diamants. — Prix : 1.150 fr.

Une autre paire de Boucles d'oreilles en rubis et brillants. — Prix : 850 fr.

Une Cachemirienne émeraude et camée.

Une Cachemirienne, genre égyptien.

Une Scarabée.

Une croix en brillants, six gros brillants et des roses. — Prix : 18,500 fr.

Un collier de perles. — Prix : 3,000 fr.

Une autre croix en brillants.

Un miroir, style grec, monture en or ornée de diamants et de lapis, glace en cristal de roche.

Afin d'éviter la lourdeur, l'ornementation a été faite en deux parties réunies par une gorge; ce travail, dont un côté est orné de pierreries et l'autre est en or ciselé avec un fond en nacre de perle incrusté d'or, présentait de grandes difficultés d'exécution. Le dessin de cette pièce est de M. Liénard fils.

Une coupe en Jade blanc provenant du palais d'été de l'empereur de la Chine, monté en argent doré, orné de lapis, style grec.

Une paire de porte-bouquet même style, en argent doré, ornée d'émaux.

Une autre paire de porte-bouquets en argent doré avec verre gravé.

La coupe et les porte-bouquets sont dessinés et modelés par M. Liénard fils.

Une paire de porte-jupes en camées, entourage tout or. — Prix : 1,000 fr.

Un porte-cigares en or ciselé et gravé, orné de brillants roses et émail.

BIJOUTERIE OR *de MM. Lucy frères, 3, rue de la Chaussée-des-Minimes.* —Cette maison se fait remarquer par la légèreté de ses produits, sans que pour cela rien n'ait à souffrir pour le fini et la solidité des pièces. Son genre de fabrication consiste en boutons d'oreilles, pendeloques, broches, tout or et à pierres, depuis le meilleur marché possible; épingles de cravates, boutons de manchettes, solitaires, boutons de chemises, croix, parures contenant broches, bracelets, pendants d'oreilles depuis 100 francs.

MM. Lucy frères ont toujours de ces articles en grande quantité d'avance, de sorte que cha-

que client peut emporter de suite le choix qu'il
a fait.

BIJOUTERIE, OR DOUBLÉ. *Hérivé, rue du
Parc Royal, 12.* — Cette industrie malheureusement peu connue est une industrie toute
locale d'invention française, parisienne. Aucun
pays n'a encore fait cet article. Son exploitation date aujourd'hui de quarante ans environ.
Affaires 5 millions, réparties entre huit ou dix
maisons. Grands débouchés: Colonies espa-
gnoles, Brésil. Chili. Pérou, Russie. Espagne,
Italie. Allemagne. La beauté, la valeur et la solidité de cette industrie, c'est que la partie
voyante est toujours l'or, se fabriquant du reste
comme le bijou d'or, se polissant comme l'or
avec le tripoli et avivé avec le rouge anglais.
Le doublé s'émaille, se guilloche, se grave et se
cisèle même avec une très-petite partie d'or. Il
n'y manque donc que la valeur car la force
donnée par l'intérieur est le plus ou moins de
force de cuivre composé avec du maillechort.
Objets remarquables et pouvant donner une
idée complète en dehors de l'infinie quantité
de modèles de toutes sortes : montres, chaines,
demi-parure. boutons. clés. broches, etc., etc.,
enfin tout le bijou.

La France est le pays le plus rebelle à accepter le bijou doublé et achète du cuivre doré,
généralement moins bien fait comme goût,
mais surtout incomparable quant à la qualité.

Pour le doublé or. on prend un morceau de
cuivre composé avec du maillechort. du reste
communément appelé : maillechort tout court
par tous les ouvriers ou fabricants de doublé.

Vous prenez donc un morceau de 500 gram.

```
Longueur. . . . . . .  15 cent.
Largeur. . . . . . . .  05 cent.
Epaisseur. . . . .  01 cent.
```

Après le décapage du cuivre et le sablonné
bien fait. vous préparez votre morceau d'or à
18 karats au 750^m. titre de l'or pour la monnaie,
cela pour avoir la couleur bien franche. Vous
laminez votre morceau d'or à la longueur et à
la largeur exactes de votre morceau de cuivre,
vous mettez par exemple un morceau de 50
grammes. soit 10 grammes par 100 grammes
de cuivre, soit du doublé or au 10^{mr}. Vous sa-
blonnez donc bien proprement vos deux métaux, les appliquez l'un sur l'autre et faites huit
fois la même opération pour avoir de l'épaisseur et que la pression soit plus grande. Vous
séparez pour ne pas souder le tout ensemble
par une plaque de tôle très-mince. frottée fortement avec une gousse d'ail : vous soutenez le
tout par une forte plaque de fer de 2 cent.
d'épaisseur, une dessous, une dessus, vous en-

veloppez le tout avec une feuille de cuivre
très-mince, le paquet se met ainsi dans un
fourneau ad hoc. Quand le tout est rouge cerise,
on le met vivement sous la presse hydraulique
et par la chaleur et par la pression les deux
morceaux sont adhérents. Le laminage n'y peut
plus rien, ce n'est qu'un seul morceau, dont
un côté est de l'or et l'autre du cuivre. Vous
n'avez plus qu'à travailler selon les modèles à
produire.

BIJOUTERIE D'OR DOUBLÉ *de MM. L. Théo-
dore et Poirier. 129, rue Turenne.* — Maison
ancienne. fabriquant les bijoux bon marché.
grande variété de modèles. articles spéciaux.
modèles déposés. fantaisies peintures, parures
céramiques. brevetés s. g. d. g. en 1865 pour
l'application de la fleur modelée en porcelaine
à la bijouterie. breloques. longue vue, calen-
driers perpétuels en différentes langues. cadenas
à secret qui permet d'avoir dans un bijou une
véritable cachette pour y placer à l'abri des
regards indiscrets un souvenir ou objet précieux,
en plus. tous bijoux, chaines, boutons, clés,
médaillons. etc.

Cette maison se retrouvait à la classe 92
costumes populaires: où elle expose des spécimens de bijoux de localités provinciales,
tributaires de la fabrication parisienne.

L'industrie de la bijouterie or doublé a pris
depuis plusieurs années une extension considérable. aussi lorsque dans les autres branches
de la bijouterie on voit généralement les maisons se restreindre à un article spécial, la bijouterie or doublé. au contraire. centralise tout
dans ses ateliers. il y a d'abord les travaux
préparatoires d'apprêt. fonte. laminage. estam-
page, découpage. avant d'être remis aux mains
des bijoutiers. graveurs. ciseleurs, émailleurs,
polisseurs, qui dans la même maison ou au
dehors, mais sous la même impulsion se trouven
former l'ensemble d'une fabrique de bijouterie.

Cette bijouterie or doublé. dont le nom sert
d'enseigne menteuse aux revendeurs des bazars.
est l'intermédiaire naturel entre la bijouterie
d'or et la bijouterie dorée. quoique se rapprochant davantage de cette dernière par la modicité des prix.

Comme fabrication elle diffère essentiellement
du bijou de cuivre doré. en ce que l'application
de l'or se fait en feuilles. au feu et à la pression
et avant tout travail de bijouterie. il faut préparer le métal et ajouter à la superficie la quantité d'or à 18 carats. nécessaire à la bonne
confection des articles à établir. et à l'opération
du poli.

Le cuivre au contraire est travaillé en plein métal et ce n'est qu'une fois fini que par la dorure galvanique on recouvre toutes les parties d'une faible partie d'or, à laquelle on ne peut donner aucun poli. ce n'est que le bruni qui vient y donner du brillant.

BIJOUTERIE EN DORÉ. — La Société coopérative des bijoutiers en doré, rue Turbigo, 11, Paris, dont on a pu admirer les produits à l'Exposition universelle, se recommande par le bon goût et le soin qu'elle apporte à ses travaux ; par son organisation spéciale , elle peut réduire ses prix à des conditions exceptionnelles. L'élégance et le fini de son travail lui assurent une place importante dans son industrie.

OR EN FEUILLES.
MM. Favrel, Gognel et Cie, ont exposé :
1° Or, argent, platine, aluminium en feuilles à l'usage des doreurs sur bois, sur tranches, sur cuir et relieurs.

Poudres, coquilles. godets et encres à l'usage des peintres sur parchemin, sur porcelaine : canons d'église, pour réparation de la dorure au feu, pour armoiries. imitation de vieux manuscrits et dorure en relief.

Or. argent et platine uni et gaufré. à l'usage des dentistes. Or pour boutonniers.

Cuivre dit « bronze de Paris » en poudre, coquilles, etc., etc.

2° Echantillon de nos produits appliqués à la dorure sur bois, composé de diverses moulures formant colonne dans le centre de la vitrine.

3° Album, échantillon des feuilles de nos divers métaux appliqués sur papier Bristol.

4° Une série de nos outils indiquant les diverses phases de travail en cours de fabrication, et comprenant :

Un lingotin coulé pour le travail.

Un lingotin passé au laminoir et de 14 mètres de long.

Un lingotin forgé en 160 pièces.

Un caucher empli avec des quarts de feuilles de forgeage.

Un caucher battu.

Un chaudret empli avec des quarts de quartiers de caucher.

Un chaudret battu.

Une moule emplie avec des quarts de feuilles de chaudret.

Une moule battue et en cours de vidage, c'est-à-dire, représentant l'or battu et prêt à être placé dans les cahiers ou livrets.

5° De grandes feuilles d'argent et d'or, vert, rouge et jaune, obtenues par une moule de dimensions exceptionnelles et présentant de grandes difficultés à être battue.

6° De l'or dit « or Bel » (c'est-à-dire argent d'une face et or de l'autre), laminé, dégrossi et battu.

HORLOGERIE. —
MM. Paul Foucher et fils, 6, rue de la Butte-Chaumont. — Cette exposition contient un intéressant volume traitant des montres à cylindres, avec des développements très-étendus de fabrication et de rhabillages de ces sortes de montres, avec des indices sur le réglage en général, et des moyens pour régler immédiatement les montres.

L'exposition de ces MM. contient en outre divers compteurs d'observations, à l'usage des classes savantes et pour courses de chevaux.

Ces compteurs, d'un usage général, sont indispensables aux ingénieurs des mines et des ponts et chaussées, aux officiers de marine, du génie et d'artillerie: servent aux observations d'astronomie et de photographie, aux grandes usines à gaz, aux fonderies, etc., etc.

Nous ajoutons le dessin, dans la grandeur exacte du chronographe, dit compteur à pointages.

Ce chronographe marque la seconde par une aiguille au centre, et la minute sur le petit cadran : pendant la marche on peut noter plusieurs observations en poussant le bouton qui se trouve entre l'anneau, l'aiguille de seconde imprime un petit point noir sur le cadran sans ralentir la marche : on peut en noter autant qu'il est nécessaire pour une série d'observations qui sont liées ensemble : puis la dernière arrivant à son terme, on arrête la marche avec le bouton placé au-dessus du numéro 3. Pour recommencer de nouvelles observations, on ouvre la boîte en faisant une pesée sur le bouton au-dessous du numéro 3. et on essuie les points imprimés sur le cadran. Comme il est plus facile de commencer une opération quand les aiguilles sont à zéro. on pèse sur le crochet numéro 2 et les deux aiguilles se placent à zéro. Au moment où on commence une observation, on met l'instrument en marche par le bouton d'arrêt et marche au-dessus du numéro 3. Ce chronographe a, de plus que ceux connus jusqu'à ce jour. la remise à zéro des aiguilles. et son mécanisme est tellement simplifié qu'il coûte beaucoup moins cher : nous avons sous les yeux une mention honorable de la Société des Horlogers de Paris qui en dit plus que les éloges que nous pourrions en faire.

Pour les observations d'une très-grande délicatesse, ces messieurs font des compteurs qui enregistrent très-nettement les 1/10 de seconde.

Le *Manuel d'horlogerie* de M. Paul Foucher. de Bourges, est un très-curieux traité. dont la lecture est aussi utile à tous les possesseurs de montres qu'aux fabricants et horlogers. Quatre feuilles de dessins explicatifs en rendent le texte plus facile à comprendre pour tous.

FABRIQUE D'HORLOGERIE. *A. Roux et Cie à Montbéliard.*

— La fabrique de grosse horlogerie de MM. A. Roux et Cie, à la Prairie. près Montbéliard (Doubs), fut fondée en 1823 par M. Vincenti. Quelques années plus tard. en 1827. M. Albert Roux devint son associé et demeura, à la mort de M. Visconti, survenue en 1833. seul propriétaire de l'usine dirigée par lui jusqu'en 1852. Elle le fut ensuite et jusqu'en 1857 par Madame Roux. Son fils. et son gendre M. le baron de Chabaud-Latour, prirent à cette époque la direction de cet établissement : ils en ont triplé la valeur soit comme accroissement de production, soit comme perfectionnement d'outillage. Aujourd'hui. cette fabrique occupe environ 500 ouvriers pouvant produire annuellement 80.000 pièces d'horlogerie, au moyen de machines automates perfectionnées. en mouvements de pendules de tout calibre et de tout genre tels que : régulateurs, quantièmes, pièces de voyage. lampes. métronomes. rouets. réveils angélus lointains. grandes sonneries, répétitions, tableaux. minuteries, échappements. etc., etc. Depuis 3 ans environ. un atelier spécial a été organisé pour l'établissement en blanc d'appareils télégraphiques et de sonneries électriques. ainsi que de toutes les pièces accessoires telles que : crémaillères. relais, fusées. hélices, etc.. etc. La qualité exceptionnelle des produits de cette maison. jointe à leur extrême bon marché. leur ont dès longtemps conquis une réputation de premier ordre. et aux diverses expositions qui se sont succédées en France. les jurys n'ont pas hésité à la sanctionner en leur accordant les plus hautes récompenses attribuées à cette branche d'industrie.

ORFÉVRERIE D'ART. — *Ouvrages de M. Henry Dufresne.*

— La Coupe du Plaisir. ouvrage en argent et acier damasquiné. Sur le sommet du couvercle : un groupe de deux figures : un jeune homme succombant à une double ivresse. laisse tomber de sa main affaiblie une coupe vide. tandis qu'une jeune femme agite encore au-dessus de sa tête des raisins et des pampres. La lyre est abandonnée pour le vin, les fleurs sont éparses. foulées aux pieds. L'auteur a écrit au milieu d'arabesques. sous ces deux figures : *Homicida voluptas.*

Puis. parmi des fleurs. des ornements capricieux dans le goût du quinzième siècle. les noms des femmes illustrées par le mal. Sous la coupe. comme cariatides, trois figures symboliques. enlacées au milieu de serpents l'orgueil, qui cherche à saisir une branche de laurier : la Gourmandise. que les reptiles éloignent de la pomme et des raisins. but de ses convoitises : enfin. la Luxure. ayant au-dessus de sa tête les attributs. les parures qui causent souvent tant de chutes. Sur le pied de cette coupe. trois figures courbées dans les attitudes variées du désespoir : Samson. Antiochus et Balthazar. exemples empruntés à la Bible, personnifient le châtiment de ceux qui cherchent le plaisir dans les trois passions qui déciment l'humanité.

Le bas-relief de marbre de M. Dufresne représente deux jeunes filles qui consultent la sybille et viennent de faire un sacrifice à Vénus.

Un hanap en acier repoussé, portant trois écussons. orné de figures d'argent et d'une en ivoire. sculptées par M. Dufresne.

Un bas-relief d'ivoire : la *Résurrection du fils de la veuve de Naïm*. Des boucliers, des fusils, des couteaux de chasse, un casse-tête, des armes de toutes espèces, ouvrages damasquinés, composés, exécutés par le même auteur. Quelques bijoux, des miroirs de main, un flacon de lapis

Enfin, en dehors de son travail d'art, M. Dufresne présente à l'examen du public des pièces en argent doré par un moyen que M. Regnault a soumis à l'appréciation de l'Académie. Ce moyen consiste à remplacer l'emploi du nitrate de mercure, acide basique, usité depuis fort longtemps, et qui n'était pas sans inconvénient, par un sel basique qui assure tous les avantages de solidité mercurielle à la superposition par la pile des métaux appliqués les uns aux autres.

LE ROUGE ARNOUX, *dit Rouge français*,

déjà mentionné en 1849, et médaillé en 1855, a depuis 1834 toujours été reconnu supérieur pour *aviver* ou donner l'éclat à l'or, l'argent, l'aluminium, le cuivre et l'acier. Il est fabriqué par M. Arnoux, chimiste, rue Lauzin, 11. Il est employé aujourd'hui par les bijoutiers français de préférence au rouge anglais.

L'AUROPHILE ET L'ARGENTOPHILE. —

Berger, joaillier, 11, rue de la Chaussée-d'Antin. Paris. — L'aurophile liquide, pour nettoyer sans altération toutes pièces en bronze, or moulu, les marbres de pendules, les porcelaines, et avec précaution les dorures sur bois.

L'argentophile liquide, pour nettoyer (mais non pour polir) toutes orfèvreries, argent, argentées et plaqués, mates ou polies, la joaillerie, la bijouterie et la dorure mate sur bronze.

La *Misoprasienne* liquide pour faire disparaître immédiatement les taches de vert de gris sur toutes pièces dorées sur bronze ou zinc, mais particulièrement sur la dorure mate, sans crainte d'éclaircir ou de détériorer.

MACHINE LAINEUSE - VELOUTEUSE *de*

M. Nos d'Argence, breveté s. g. d. g. Machine garnissant et tirant à poil simultanément en tous sens. — La machine se compose d'abord d'un tambour rotatif garni de plaques métalliques et tirant le tissu à poil dans le sens longitudinal.

A la suite, sur l'un des côtés de la machine, sont installées deux poulies libres sur un arbre commun, et placées en regard de deux autres poulies, disposées semblablement du côté op-posé. Ces deux paires de poulies, que la commande fait marcher en sens inverse, soutiennent et conduisent des rubans de chardon métallique.

Ces rubans, animés d'un mouvement de translation continu et passant au-dessus du tissu où ils sont maintenus par des galets convenablement disposés, garnissent et tirent à poil transversalement et en sens contraire l'un de l'autre.

Enfin, un cylindre laineur rotatif, garni de chardons métalliques, est destiné à relever et à fixer les poils dans le sens désiré, par l'auxiliaire d'un couteau simple ou double placé au-dessous, et dont l'approchement ainsi que l'inclinaison peuvent se régler selon le genre de produit que l'on veut obtenir.

Les deux tourillons du cylindre releveur passent dans des supports dont l'ouvrier peut régler le soulèvement jusqu'au point exigé par chaque genre de produit, au moyen d'une manette à encliquetage, ou bien quand un défaut ou une couture se présentent. L'appel de la pièce s'effectue par un cylindre garni d'ardillons d'émeri ou de cardes, et situé en contrebas du cylindre releveur. Afin que le tissu ne s'enroule pas sur ce cylindre d'appel par le grippement des dents de cardes, un second cylindre est adapté au-dessous et relié avec le supérieur par des lanières ou cordes, afin de détacher l'étoffe et de la faire tomber à l'arrière pour qu'elle puisse subir de nouveau l'action de la machine, qui peut ainsi être rendue continue.

Des rouleaux conducteurs et d'embarrage sont placés aux endroits reconnus nécessaires pour soutenir et diriger convenablement le tissu, qui passe sur un élargisseur à nervures hélicoïdales destiné à lui donner la laize voulue. Pour que la pièce ne puisse obéir brusquement et par secousses à l'appel du rouleau, l'axe du premier rouleau d'embarrage, à l'arrière, est garni d'une poulie embrassée en partie par un frein, dont la friction se règle d'après la force du tissu, de telle sorte que l'on n'ait jamais à craindre de déchirures.

Il est aujourd'hui établi que la machine laineuse velouteuse sert également bien à apprêter toutes les étoffes susceptibles d'être tirées à poil, et qu'elle peut faire, avec une économie évaluée à 200 p. c. sur la main-d'œuvre et une plus-value de 15 p. c. donnée au tissu, les draps velours ou veloutine, sans qu'il soit besoin d'avoir recours au battage. Là ne se bornent pas les avantages qu'elle présente. Sa construction, des plus simples, fait qu'elle est moins que toute autre sujette à se détériorer et que son entretien est des moins coûteux. Il est également constant qu'elle fait communément le travail de quatre laineries, sans exiger plus de force motrice qu'une seule d'entre elles. M. Nos d'Argence a souvent rencontré des difficultés dans les apprêts de certaines pièces dont la fabrication laissait à désirer, telles que lisières trop lâches ou trop tendues, ribots se répétant souvent dans la longueur de la pièce, défauts provenant de la filature ou du tissage, ou des pièces foulées trop en laize, et qui se rétrécissent encore en subissant l'opération de l'apprêt; ce qui oblige, lorsque l'on vient à ramer la pièce, à tendre fortement en largeur pour obtenir la laize voulue

permet de mettre le drap en laize et d'accélérer d'une manière remarquable l'opération du garnissage. En résumé, la machine laineuse-veloutense de M. Nos d'Argence sera adopté dans la plupart des manufactures.

MACHINES A VISSER LES CHAUSSURES.

— *Lemercier, à Paris.* — La machine à visser les chaussures que M. Lemercier a exposée, est le résultat d'une combinaison ingénieuse dont l'effet est de permettre à l'ouvrier de produire une plus grande quantité de travail tout en ayant moins de peine ; elle est peu volumineuse, d'un mécanisme simple et d'une manœuvre très-facile. Il est établi, par une pratique qui date aujourd'hui d'une dizaine d'années,

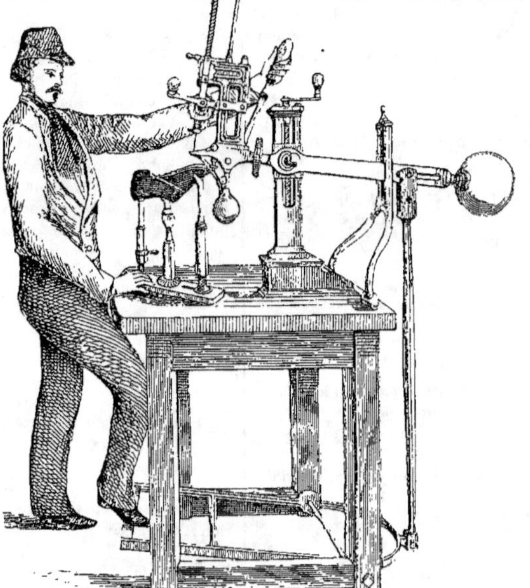

ou faire disparaître le ribotage. Il n'est pas besoin de dire que cette opération est des plus nuisibles aux apprêts, car en donnant plus de largeur au drap qu'il n'en avait sur la machine à lainer, on détruit le garnissage et l'on donne un grain large et gros au tissu apprêté. Pour remédier à cet inconvénient, M. Nos d'Argence a adapté à sa laineuse-veloutense une rameuse continue qui

qu'avec ce système de machines la façon de chaque paire de souliers vissés ne revient qu'à 1 fr. 35 cent., tandis qu'elle est payée à l'ouvrier 2 fr. 50 à 3 fr. Cette économie suffit pour payer la machine dans l'espace de quelques jours. Du reste, ce système a déjà été l'objet d'examens comparatifs très-sérieux par plusieurs Commissions et entre autres par une nommée par le

Ministère de la guerre, laquelle, après des expériences qui n'ont pas duré moins de quatorze
mois, a conclu par un rapport des plus favorables à la suite duquel les machines Lemercier ont été adoptées pour la fabrication mixte
des chaussures militaires. Les plus importantes
fabriques, non-seulement de France mais même
de l'Europe, font aujourd'hui usage de ces machines qui offrent l'avantage de pouvoir fabriquer une grande quantité de chaussures en
peu de temps et avec une économie considérable. Les chiffres suivants suffisent pour donner
une idée de cette économie : avec une machine, un ouvrier visse en moyenne 60 paires
de chaussures par jour; l'ouvrier couseur de
semelles et trépointes n'en fait guère que
3 paires, soit dix-neuf fois moins ; en mettant
la journée de l'ouvrier à 5 fr., cela fait donc une
production de travail de 95 fr. de plus par
celui qui se sert de la machine : au bout d'une
année, une seule machine a produit une économie de près de 35,000 fr. Nous n'insisterons
pas davantage. Ces chiffres, attestés par l'expérience et dont on peut, du reste, s'assurer
chez les nombreux fabricants qui font usage de
ces machines, sont assez éloquents pour constater le mérite du système et pour les recommander à l'usage de tous les cordonniers.

CHARDONS MÉTALLIQUES. — Le *Char-
don-Nos-métallique* se compose de divers numéros et genres ainsi classés et nommés, savoir :

Chardon-mortiage, petit croc, croché à 5 millimètres, croché bas, et pied-court ;

Chardon vif, petit croc, croché à 5 millimètres,
croché bas et pied-court ;

Chardon gitage-vif et gitage-brosse ;

Chardon brosses roulantes ;

Brosses à rames ;

Bross s à tondeuses.

Tous les genres peuvent être employés soit en
plaques soit en rubans.

Les plaques conviennent plus spécialement
aux tissus qui s'apprêtent avec l'auxiliaire de
l'eau : les rubans sont préférables pour l'apprêt
des étoffes dont les poils se tirent à sec et qui
sont commencées et finies sans changer le numéro du chardon.

Le *Chardon* dit *Mortiage* correspond un chardon végétal demi-usé, et c'est avec ce genre
que l'on doit commencer le travail ; le numéro
est choisi suivant la force du drap ou de l'étoffe
sur laquelle on veut opérer.

Le *Chardon vif*, croché bas ou à 5 millimètres,
sert pour commencer à garnir ; vient ensuite le

Chardon vif, petit croc, pour attaquer et garnir
vigoureusement le fond de l'étoffe.

Le *Gitage vif* peut être employé dans diverses
phases de l'apprêt, ainsi que pour commencer
les étoffes légères à la sortie du foulon, pour
donner un sens à la laine, et non à la défeu-
trer, et faire tomber les poils jarres ; il est employé aussi avec succès pour velouter les étoffes
et leur donner beaucoup de souplesse, de moelleux et de douceur : pour les draps lisses, on
obtient de très-bons résultats dans la dernière
eau pour diviser la laine, donner un grain fin
et beaucoup de moelleux et de douceur. De
plus, son emploi supprime entièrement le mar-
brage et le caillage.

Le *Chardon gitage-brosse* s'emploie sur les
tondeuses longitudinales pour relever, en remplacement des brosses en crin et des pannes (ou
velours laine), qui ne peuvent relever régulièrement et ne font que moutonner ou onduler
les étoffes. En l'employant pour la tonte dans les
premiers apprêts ou hermauts, il faut donner
moitié moins de coupes, avoir moins à craindre
qu'il existe des poils baveux.

Le *Chardon gitage-brosse* est employé aussi
pour terminer entièrement les apprêts et remplacer les chardons végétaux les plus usés,
qu'on emploie toujours pour ce genre de travail :
opération connue, suivant les localités, sous les
noms de *gitage*, *affinage*, *lustrage*, *planissage*,
etc. Cette opération doit être faite à pleine
eau.

Il est employé aussi avec beaucoup de succès
sur les brosseries, chaque fois que les draps
reviennent de la rame, pour les décailler, leur
donner de la souplesse, et faciliter l'opération
de la tondeuse. On obtient de très-beaux résultats sur les brosseries avec jet de vapeur
libre. Cette opération donne beaucoup de douceur, de brillant et de moelleux aux draps;
il est à regretter que les fabricants de draps
n'emploient pas plus généralement ce genre de
brosserie.

Les rubans de *Chardon métallique* ont permis
d'adapter aux laineries des cylindres releveurs
qui suppriment le travail en sens inverse. Cette
opération accélère beaucoup l'apprêt et donne
une grande économie de temps. Ce cylindre
peut être mû dans les deux sens, et, par conséquent, active le travail sans augmentation
de main-d'œuvre pendant tout le temps de
l'apprêt.

Les *Chardons roulants* sont employés pour les
apprêts des étoffes tirées à poil debout ou droit.
Ils ont l'avantage de garnir sans faire de bourre,
de donner beaucoup de moelleux aux étoffes, de

moutonner et friser les étoffes à haute laine, telles que : édredons, peluches, étoffes pour pardessus, dites zibelines ou peau d'ours, et veloutés, ainsi que pour apprêter les draps tricot pour ganterie.

On peut appliquer ce système sans aucun changement aux machines, et travailler alternativement avec les autres chardons de quelque nature qu'ils soient.

Les *Brosses* pour rames ont la propriété, lorsqu'on a tendu et croché les draps sur les rames, d'effacer les plis, de remettre tous les poils dans le sens convenable et de dérailler les draps. L'emploi de cette brosse ne supprime pas celle en crin dont on doit se servir en dernier.

Les *Brosses* pour tondeuse transversale sont employées avec le même succès que celles faites en cylindre pour les tondeuses longitudinales.

L'emploi du *Chardon métallique* ne nécessite aucune augmentation de matériel : au contraire, il supprime les croisés ou cadres, pour lesquels un local spacieux est indispensable, tant pour les mettre à l'abri de l'intempérie du temps que pour les faire sécher à grands frais, surtout en hiver.

Une simple planche de sapin suffit pour son application sur les machines ou laineries, et dont la ferrure varie suivant leur système.

Le *Chardon métallique*, n'absorbant pas l'eau comme le chardon végétal, n'exige pas de séchage: grande économie reconnue par tous les fabricants qui l'emploient.

Le *Chardon métallique* donne un apprêt beaucoup plus doux, plus moelleux, un grain plus fin, mieux garni, et en moitié moins de temps que le chardon végétal. Faisant beaucoup moins de bourre, il laisse plus de force au tissu. La parfaite régularité de hauteur de la partie dentée sur toute la largeur des plaques et des tambours garnis de rubans, permet un travail instantané sur toute la surface employée, ce qui explique la célérité avec laquelle se fait le travail. Cette régularité de la hauteur des dents rend impossible tout éraillement aux tissus, et ne peut, comme dans l'emploi du chardon végétal, fournir des parties de travail isolées les unes des autres et rayonner les étoffes.

Pour les étoffes de soie, cotons, flanelles, tartans, qui généralement sont très-légères, son emploi est beaucoup plus avantageux, en ce que l'on peut les garnir sans éraillement.

De petites plaques dites *mains*, qui varient de longueur et de largeur, sont disposées pour le travail à la main, pour faire les échantillons et les feutres.

CONSTRUCTION DE MACHINES DE FILATURE, TISSAGE ET AUTRES INDUSTRIES. — *F. Carimey et A. Crespin, ingénieurs.* L'établissement exploité actuellement par MM. Carimey et Crespin, 7, avenue Parmentier, est un des plus anciens de Paris, il date de 1819. De 1819 à 1848, il a été exploité par MM. Pihet, qui avaient su en faire un des plus grands établissements de construction de machines qui ait existé. On y construisait, indépendamment des machines de filature, toutes les autres machines pour les arts, pour la marine, etc., etc. En 1848, l'établissement de MM. Pihet fut fermé, les ouvriers furent dispersés et les ateliers eussent été définitivement anéantis sans l'intervention de M. Carimey, ancien employé de la maison Pihet. Aidé de quelques ouvriers bien disposés, il fit reprendre peu à peu cette grande affaire et aujourd'hui la maison de construction, dont la raison sociale est devenue F. Carimey et A. Crespin, se trouve de nouveau en mesure d'exécuter les commandes les plus importantes en machines de filatures de toutes sortes. On y construit tous les modèles de machines pour la filature de la laine cardée et peignée depuis les machines les plus simples jusqu'aux plus perfectionnées. De nouveaux ateliers ont été ouverts récemment pour la construction des renvideurs de laine peignée et cardée, des échardonneuses, etc., etc., enfin, de toutes les machines les plus nouvelles dont l'usage tend à se généraliser de plus en plus après les bons services dont on les a reconnues capables. MM. Carimey et Crespin ont repris également la construction de machines de toutes sortes pour les arts, et leur outillage très-complet leur permet de livrer ces machines dans les conditions les plus avantageuses de prix et de bon fonctionnement.

À l'Exposition universelle ils ont placé deux machines comme spécimen de leur construction en machines de filature : une carde fileuse à un seul peigneur et une machine à doubler et à retordre ; cette dernière machine est ce qu'il y a eu jusqu'à ce jour de plus perfectionné en ce genre ; elle est d'un service à très-peu près automate et une ouvrière peut facilement décupler sa production ordinaire en se servant de cette machine.

Comme produit de leurs ateliers dans une autre branche, sont les ascenseurs mécaniques de M. Edoux dont les pistons sont tournés dans toute leur longueur au diamètre de 25 centimètres.

FABRIQUE ET ÉPURATION D'HUILES DE TOUTES ESPÈCES.

M. A. Deutsch, 103, *rue de Flandre-Villette*, possède deux établissements importants, l'un à la Villette-Paris, 103, rue de Flandre, l'autre à Pantin, lieu dit ancienne ferme de Rouvray. Dans cette usine, est installée : 1° une distillerie assez considérable d'huile de Pétrole de Pensylvanie en Amérique.

Les appareils montés à cet effet peuvent distiller 2,500 fûts par mois ;

2° Une distillerie d'huile de résine ;

3° Une fabrication d'huiles pour graissages de machines et ensimages de laines.

4° Une fabrique de graisses de toute nature pour voitures, chemins de fer, etc.

L'huile de pétrole prend tous les jours une extension des plus importantes ; elle rend de véritables services à la population, donnant une économie de plus de 40 p. 0[0 sur les huiles. Ce produit est entré aujourd'hui pour 1[3 dans la consommation générale de l'éclairage en Europe. C'est la France cependant qui en consomme le moins, soit par des dispositions administratives, qui imposent au détaillant des mesures difficiles à remplir, soit par d'autres causes. Malgré cela, la consommation est toujours croissante. Il est tout à croire que ce mode d'éclairage supprimera, dans un temps donné, l'emploi des huiles végétales, ce qui a déterminé M. Deutsch à ajouter à son épuration d'huiles de la Villette, une usine pour l'huile de pétrole ;

2° La distillerie d'huile de résine n'a pas la même importance. C'est un produit dont la consommation est moins répandue. Cependant on a apporté une telle perfection dans cette fabrication que les chimistes les plus éminents, qui ont visité l'Exposition de M. Deutsch, l'ont vivement félicité, ne pouvant à peine croire qu'il soit possible de pouvoir rendre ces huiles aussi incolores que celles de la fabrication de la ville, ainsi que les graisses qui dérivent de ce produit. L'action de l'air sur ces matières les fait toujours brunir instantanément. Par le procédé employé, au contraire, l'oxigène de l'air n'a plus sur elles aucune action :

3° Huiles à graisser les machines. M. Deutsch a créé cette fabrication en 1845, après avoir eu pendant nombre d'années la gérance d'une fabrique de la même nature, qui par des marchés faits avec la boucherie de Paris, avait le monopole de tous les pieds de bœufs des abattoirs. Comme ces huiles ne suffisaient plus à la grande consommation, par suite de la multiplicité des machines, M. Deutsch est parvenu à faire des huiles ayant à peu près la même propriété que celles des pieds de bœufs et pouvant se livrer à l'industrie à plus de 50 p. 0[0 meilleur marché.

CACHEMIRES, CHÂLES EN LAINE, ESPOULINÉS.

de Heussy-Dancirouse père et fils et Boisglavy. — Cette maison de premier ordre a été fondée dans les premières années de ce siècle, par M. Lagorce, qui a eu M. Dencirouse pour associé et premier successeur. Il a laissé son nom aux produits perfectionnés de cette industrie ; ainsi, en parlant d'un châle, on dit : c'est un Lagorce. Ses successeurs, comme lui, ont continué de prendre la plus grande part aux perfectionnements de cette industrie, tant sous le rapport des dessins que pour les modifications considérables apportées au métier Jacquart. Ils ont obtenu les plus hautes récompenses dans toutes les expositions françaises, et la grande médaille du conseil (council Medal, à l'Exposition universelle de Londres en 1851 la seule qui ait été accordée pour tous les tissus. Ils sont les inventeurs du mariage des couleurs, très-heureuse, très-belle et surtout très-utile découverte qu'ils ont laissée, sans prendre de brevet, dans le domaine public, ce qui a promptement servi à perfectionner et à multiplier la richesse du coloris de toutes les étoffes brochées de plusieurs couleurs sans en augmenter le prix. Ils exposent cette année une collection variée de châles d'une richesse de dessin et de coloris remarquable. Ils ont créé un article nouveau, qu'ils ont nommé *Péplum Impératrice.*

BRODERIES FINES.

— *L. Horrer*, 4, *rue des Michottes, Nancy.* — Cette industrie, qui envoie ses produits dans le monde entier, est encore peu connue. Nancy fut incontestablement son berceau, et elle a pris des proportions s considérables dans nos contrées de l'Est, que l'on y a employé plus de deux cent mille ouvrières.

Lors de la naissance de cette industrie, et pendant bien des années, les dessins étaient de la plus grande simplicité ; on ne faisait que des pois, de petits grains de café ; on essaya ensuite quelques feuilles, enfin des fleurs : on est parvenu, à force de soins et de persévérance à exécuter d'une manière parfaite des paysages, des personnes, des armoiries les plus compliquées.

M. Horrer emploie constamment 7 à 800 ouvrières d'élite ; bon nombre sont de véritables artistes.

Épuration d'huiles.

L. Horrer a obtenu. en 1841. un brevet d'invention pour une broderie toute nouvelle connue dans le commerce sous le nom de point-*Horrer*.

Il a exécuté des travaux hors ligne pour S. M. l'Impératrice des Français et pour toutes les cours de l'Europe.

En 1862. une crise vint frapper l'industrie de la broderie à Nancy; une commission fut nommée afin d'aller supplier S. M. l'Impératrice de lui accorder sa haute protection. Cette commission, dont M. Horrer avait l'honneur d'être le président, fut reçue aux Tuileries le 9 mars 1862 : le président eut l'honneur d'entretenir longuement S. M. l'Impératrice sur les besoins et les vœux de l'industrie lorraine.

LA BRODERIE BLANCHE. — *Extrait d'une brochure de Mmes Drion-Morel et Ce, de Nancy.*

La broderie blanche s'exécute sur étoffe blanche avec du coton blanc, plat, mouliné ou retors. Elle semble avoir pris naissance en Saxe vers la seconde moitié du dix-septième siècle. Toutefois. si l'Allemagne paraît fondée à revendiquer la priorité de l'invention, il est juste de dire que c'est la France qui a popularisé et donné l'essor, au point de vue artistique comme au point de vue commercial. à ce genre de travail.

Quelques années avant la Révolution française, Saint-Quentin, Saint-Nicolas. Ligny, Nancy, étaient des centres de fabrication importants. On y brodait sur filet, mousseline, percale, jaconas, pour châles, cravates, fichus. robes, bordures. Pendant la Révolution, la crise alla jusqu'à la fermeture complète des premières maisons. Le luxe de la cour impériale rendit pendant quelque temps à la broderie un éclat inaccoutumé. Puis les revers ramenèrent le chômage. Sous la Restauration, la paix permit à toutes les industries de s'équilibrer, d'envisager l'avenir et de s'organiser régulièrement. C'est alors que la broderie marqua définitivement sa place dans la production nationale. Sans déchoir sous le rapport du fini et du beau, jadis sa spécialité exclusive, elle offrit à la consommation des prix accessibles pour toutes les bourses. Enfin des débouchés s'ouvrirent en Amérique.

La production de la broderie s'est concentrée spécialement en France, en Allemagne, en Suisse et dans le royaume-uni de la Grande-Bretagne (Écosse et Irlande). Les rapports des expositions nous donnent quelques chiffres statistiques comparatifs intéressants sur son développement dans chaque pays.

En 1851. une commission d'enquête évaluait à 35 ou 45 millions le produit des broderies blanches françaises; en 1857, la même valeur était portée à 60 millions; on estimait à 250,000 le nombre des ouvrières brodeuses. — Le rapport du jury international à l'exposition de Londres disait : « Pendant longtemps la broderie n'était qu'un point dans l'industrie de la Grande-Bretagne : maintenant elle donne de l'occupation à 250.000 femmes. » — En Allemagne, même progression : en 1830, une enquête ne constate que 10.000 brodeuses environ; en 1842, elles sont déjà de 50 à 60,000, et en 1855, 200.000. — La Suisse compte 50.000 ouvrières, généralement plus assidues que nos Françaises, lesquelles combinent leur travail avec les soins du ménage ou la culture. — On peut estimer encore à 60 ou 70,000 les brodeuses disséminées dans les divers pays autres que les quatre centres cités plus haut.

La broderie est un art essentiellement féminin; elle ne doit son succès et son développement qu'au goût varié et fantaisiste de la femme. C'est aussi un art particulièrement français, comme tout ce qui tient du caprice et de la mode.

On peut ramener les différentes variétés de broderies blanches à trois genres : la *broderie au crochet*, le *passé* et le *plumetis*.

Les broderies au crochet, les plus anciennes et les plus simples, s'emploient généralement dans l'ameublement, pour rideaux, dossiers de fauteuils, de divans. de canapés, concurremment avec les broderies au passé ou à points de reprise. Lunéville, dans la Meurthe. et Tarare, dans le Rhône. sont les deux centres les plus considérables de cette fabrication. Saint-Quentin a plus d'importance comme vente du même article que comme manufacture. Les machines brodantes font aujourd'hui parfaitement le crochet et le point de reprise, et c'est par milliers de kilomètres que Tarare brode des mousselines pour rideaux. Ce qui ne l'empêche pas d'occuper dans son rayon industriel plus de 20.000 ouvrières brodeuses.

La Suisse nous a particulièrement imités en ce genre. et dépassés quant au bas prix; elle a ainsi accaparé tous les marchés où l'on ne débite que le commun. Cependant le bon goût de nos dessins et l'habileté de nos fabricants ont maintenu à la France son marché intérieur où les mousselines étrangères ne sont classées qu'en dernier ordre.

Les broderies au passé et au crochet, qu'elles soient exécutées à la main ou par la machine. sont d'un aspect plat, sans relief; aussi ont-elles été remplacées dans les articles de toilette par le plumetis. Le plumetis se trace comme le point de reprise ; puis on le recouvre de points réguliers et serrés, formant saillie sur le tissu, comme les sculptures dans un bas-relief.

Le plumetis s'exécute ou sur le doigt, ou au métier, ou au tambour. La broderie sur le doigt, moins fine que celle au métier, a l'avantage d'être plus expéditive, plus maniable : on peut emporter son ouvrage aux champs : il n'y a pas l'encombrement de l'outil. C'est à partir de la renaissance de la broderie en France que l'usage a prévalu de broder sur l'index.

Le métier à la main n'est autre chose que le parallélogramme sur lequel les brodeuses en tapisserie tendent leur canevas : il est trop connu pour que nous nous arrêtions à le décrire.

Le tambour est un métier qui se tient d'une main, tandis que l'autre main manœuvre l'aiguille ; l'esprit routinier n'a pas permis jusqu'ici qu'il s'implantât en France : il est principalement usité en Suisse.

Le plus haut degré de perfection que la broderie blanche ait atteint jusqu'ici, c'est la *broderie ombrée*, invention qui date de 1855, et que nous devons à une des premières maisons de Paris. Cet admirable travail se fait à l'aide de points variés, classés par l'imagination de l'ouvrière en vue de rendre avec un même fil de coton blanc toutes les nuances du dessin.

Exécuter mécaniquement les mille et une merveilles du plumetis sur le doigt ou au métier, cela semble de la dernière extravagance.

Tel est pourtant le problème qu'a cherché et résolu un Français, Josué Heilmann, mécanicien de Mulhouse. C'est en 1829 qu'il prit son brevet. Sa machine et les produits qu'elle fabrique figurèrent à l'exposition de 1834 ; et voici comment le tout fut apprécié :

« La machine à broder de M. Heilmann est, sans contredit, de toutes les machines de l'exposition de 1834, celle qui a obtenu au plus haut degré la faveur du public : soit qu'elle fût en repos, soit qu'elle fût en mouvement, on était sûr de la trouver environnée d'une foule de curieux, les uns portant leur attention sur les broderies qu'elle avait exécutées, les autres essayant d'en suivre tous les mouvements et d'en deviner le mécanisme.

« On ne se lassait pas de voir, dans un petit espace, 130 aiguilles brodeuses occupées chacune à copier le même dessin, et accomplissant leur tâche avec une régularité parfaite. Un seul homme suffisait à mettre en action toutes ces aiguilles, et l'on était surtout émerveillé de voir avec quelle exactitude chacune d'elles venait piquer l'étoffe au point précis où elle aurait été conduite par la main la plus exercée.

« On peut dire que M. Heilmann a résolu, dans la construction de sa machine, un problème tellement compliqué et tellement délicat, que de très-habiles mécaniciens n'auraient sans doute pas osé se le proposer. Mais il n'y a pas seulement dans cette invention une grande difficulté vaincue : il y a, de plus, une utilité réelle et déjà constatée. En France, en Allemagne, en Suisse et en Angleterre, plusieurs fabricants ont senti l'avantage qu'ils en pouvaient tirer ; on compte, dès à présent, 6 machines à Lyon, qui travaillent sans relâche : 4 en Saxe, 15 à Saint-Gall et 12 ou 15 à Manchester et dans d'autres villes de l'Écosse et de l'Angleterre.

« On conçoit aisément qu'un mécanisme qui répète en même temps cent trente fois le même dessin en broderie ne doive pas être d'une exécution facile, surtout quand il le répète avec toute l'exactitude que ce genre de travail exige pour être parfait. Cependant la maison Kœchlin, de Mulhouse, construit, au prix de 5,000 fr. pour 130 aiguilles, ces machines avec une solidité et une précision qui semblent ne rien laisser à désirer. Elle a été imitée à Manchester, mais il ne semble pas qu'elle ait été surpassée.

« La machine fait journellement l'ouvrage de vingt brodeuses fort habiles, travaillant sur le métier ordinaire : elle n'exige cependant qu'un ouvrier et deux jeunes filles. »

Heilmann a partagé le sort de beaucoup d'inventeurs, de ceux principalement qui sont venus avant le jour où la société réclamait le bénéfice d'économie et de célérité de leur découverte.

Le développement dans des proportions industrielles de la broderie en France, et même en Europe, date à peine de cinquante ans. En quelques années, le nombre des brodeuses double et décuple. Les bras se recrutent d'autant plus facilement qu'il ne s'agit pas de déclasser des ouvrières occupées ailleurs, mais de donner du travail aux femmes de la campagne, juste au moment où les filatures mécaniques de lin, de chanvre, de laine et de coton, mettent au repos les fuseaux, les rouets et les quenouilles dans les chaumières. Or, c'est dès l'année 1829 que Josué Heilmann fait breveter sa découverte. La mécanique a enfanté un chef-d'œuvre, et le commerce n'a pas de commandes à lui donner.

Ce qui manquait à la machine brodante de Josué Heilmann pour prendre droit de cité, c'était un débouché plus vaste, une demande impossible à satisfaire par les moyens de production connus, et jusqu'à ces dernières années, le travail à la main suffisait à tout.

Aussi avons-nous vu reparaître fort à propos, en 1855, la machine brodante d'Heilmann, sous le nom d'un inventeur de Manchester, M. Hooldworth. Ce mécanicien n'apportait à l'idée de notre compatriote qu'une modification : la faculté d'employer un nombre illimité d'aiguilles.

En 1857, la société de Saint-Georges (Suisse) réinvente une troisième fois l'œuvre d'Heilmann, en compliquant le mécanisme primitif de détails et d'accessoires dont le mérite nous importe peu puisqu'ils n'avaient pour but que de créer, par cette différence, une raison suffisante de faire breveter une découverte ancienne, tombée dans le domaine public.

Une société étrangère a établi en 1859, aux portes de Paris, une fabrication qu'on pourrait appeler expérimentale. Il s'agit simplement d'emprunter à nos fabricants, à nos dessinateurs, à nos brodeuses d'élite le fini merveilleux de leur fabrication, afin de le reproduire.

Heureusement la broderie parisienne n'a pas besoin, pour se défendre contre ces tentatives, de lois prohibitives ou de tarifs différentiels : elle a créé à Nancy et dans tout le département de la Meurthe des métiers brodants du système Heilmann, perfectionnés, appropriés, modifiés sans cesse selon les exigences de la mode et du dessin, et dont les chefs-d'œuvre sont toujours inspirés des maisons de Paris. Une de ces maisons, bien connue par son importance et les médailles qu'elle a obtenues aux expositions universelles et particulières, vient de résoudre le problème si difficile d'appliquer la vapeur au métier d'Heilmann.

Grâce à ce moteur, la direction et la surveillance des machines brodantes pourront être confiées aux femmes ; ce qui permettra d'augmenter leur salaire, si peu en rapport d'ordinaire avec leur travail intelligent, et aussi de laisser à l'agriculture un plus grand nombre de bras.

La nécessité du métier mécanique ressort surtout de notre administration comme travail. Presque toutes les brodeuses de la Lorraine, comme les dentelières de Tulle, de Valenciennes, d'Alençon, de Caen, sont occupées quatre mois de l'année aux travaux de l'agriculture ; et ce serait jeter une perturbation fâcheuse dans l'économie agricole que de les en arracher. Pendant ce temps, il est impossible aux fabricants de compter sur des commandes régulières, des livraisons à échéance fixe. Ici la machine, sauf dans les pièces de choix, suppléera au déficit. Enfin, la broderie mécanique n'apparaît comme

engin industriel que trente ans après son invention : c'est dire, ainsi que nous l'avons remarqué déjà, qu'elle est appelée par le débouché et la consommation, qu'il s'agit de produire plus, non de déplacer le travail. Telle qu'elle est aujourd'hui, elle peut rendre déjà de très-grands services. Les lumières, l'expérience de nos dessinateurs et de nos fabricants lui viendront constamment en aide. Le génie de nos mécaniciens, provoqué par eux, travaillant sous leurs inspirations, enfantera des merveilles d'outillage. La France fera à la machine des œuvres estimables à la portée de toutes les bourses, et nos ouvrières à la main continueront d'étonner les gens de goût et leurs rivales étrangères par le caprice, l'imprévu, le fini de leurs conceptions.

MANUFACTURES DE DENTELLES *à Bayeux et à Caen. — Ernest GAST, 4, rue Calibourg, Caen. — La dentelle de Caen et de Bayeux,* identiquement la même, est à tort vendue sous le nom de *Chantilly,* et il importe enfin qu'elle soit connue sous son véritable nom et que l'on sache bien que ce prétendu Chantilly est le produit spécial du Calvados, et que Caen est le centre le plus important de cette fabrication.

Le but de M. Gast a été d'exposer des articles au point de vue commercial, c'est-à-dire de la marchandise réunissant au bon goût des dessins une fabrication supérieure, tout en restant dans des prix possibles pour le commerce régulier et ordinaire.

Le châle carré qui est au centre de la vitrine, la pointe placée à côté, le châle oblong garni d'un volant qui se trouve à droite, et le volant qui en fait le tour au haut, sont des objets dont le dessin est bien compris, ayant du cachet ; mais piqués seulement sur des fonds d'une finesse moyenne.

La fabrication du châle carré, surtout, est d'une exécution qui ne laisse rien à désirer et d'une régularité parfaite. On remarque que dans ce châle il se trouve deux sortes de dentelle, faites avec des soies différentes. Ordinairement, les parties les plus fines d'un objet sont exécutées avec la même soie et les mêmes fuseaux que le reste ; là, il en est autrement et les parties fines sont faites avec de la soie appropriée au fond et non avec celle des parties plus grosses.

Cette innovation donne des résultats très-heureux et très-appréciés.

Les deux ombrelles et plusieurs jolies barbes sont beaucoup plus fines que les grandes pièces ; on remarquait particulièrement la

barbe 1200, véritable petit chef-d'œuvre du
genre.

ÉTOFFES DE CRIN. — 47, *rue Vieille-du-Temple.* — M. Ch. Poulet fabrique les tissus de
crin, noirs et couleurs, pour meubles : les noirs
se composent de coton pour la chaîne, et le crin
fait la trame ; les couleurs se composent également de coton pour la chaîne, la trame est de
crin blanc, et le broché est en soie végétale
qu'il est possible de teindre en toutes couleurs.

Cet article est très-employé par les administra-
trations à cause de sa durée ; il est très-goûté
dans les pays chauds à cause de sa fraîcheur ;
les administrations de chemins de fer et de paquebots en font un fréquent usage, en noir et en
gris ; les couleurs sont plus généralement employées pour des ameublements particuliers et
pour la campagne.

M. Poulet fabrique également tous les genres
de tissus en crin, pour jupes, casquettes, cols et
équipements militaires.

La maison a obtenu des médailles à toutes les
expositions depuis 1802 :

Londres, 1851, médaille de 1re cl. en bronze.
Paris,   1855,   —   argent.
Nantes, 1861, médaille d'or.

Ces tissus offrent de très-grandes difficultés
de fabrication ; le crin n'étant pas un filament
continu, il faut le donner un à un au moyen
d'un crochet qui remplace la navette.

Les largeurs sont donc subordonnées à la longueur des crins, aussi ne nous est-il pas possible de faire plus large que 80 centimètres, et
encore cette largeur ne pourrait-elle se faire en
grande quantité, vu la rareté de ces grands
crins qu'il faut de 90 centimètres, car pour
que notre étoffe soit bien faite, le crin doit dépasser de chaque côté, et le tissage fait perdre
déjà quelques centimètres.

CARTOUCHES (*Coton, fil, soie*). — *Pour cou-
seuses mécaniques, Neveu, frères, 25, faubourg
Poissonnière, Paris.* — Les machines à coudre
dites à navette produisent un point solide et
durable, et seraient d'un emploi pour ainsi dire
exclusif, sans les inconvénients nombreux résultant de l'emploi des canettes. Interruptions
fréquentes, sérieuses, pour renouveler la petite
quantité de fil que contient la canette. Interruptions plus fréquentes encore pour remédier
autant que possible aux variations dans la tension du fil, le déroulage n'étant pas le même
lorsque la canette est pleine que lorsqu'elle est
à moitié vidée et encore lorsque le déroulage

a lieu du centre ou des extrémités de la canette, etc. Il en résulte une très-grande difficulté même pour les meilleures ouvrières à régler la tension des fils. Obligation de prendre
un dévidoir fait très-imparfaitement. Conséquences d'un mauvais dévidage : Tension irrégulière, mauvais travail, rupture des fils, etc.
Remplacement des canettes dont les pointes s'u-
sent rapidement, ainsi que des ressorts qui les
maintiennent. Perte grande de fil, soit pendant
la confection, soit pendant l'emploi des canettes
soit pour celles non épuisées dont le fil se détériore n'étant pas protégé, etc.

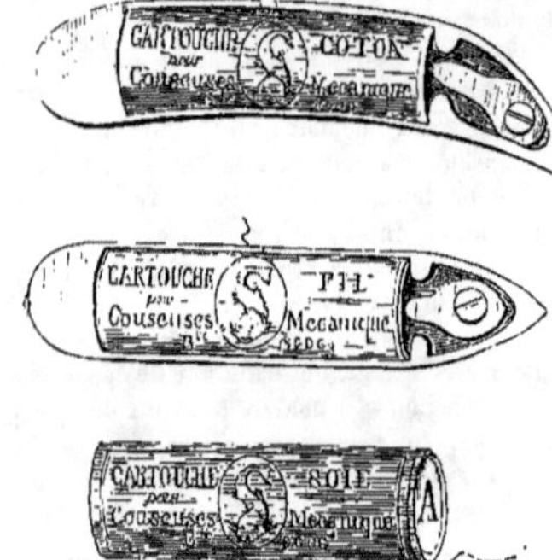

Tous les inconvénients ci-contre disparaissent avec l'emploi des cartouches brevetées.
Elles contiennent plus du double de fil que la
plupart des canettes et que les pelotes cocons.
La sortie du fil est parfaite, sans plus de résistance à la fin qu'au commencement, par
suite la tension toujours égale et facile à régler. Le travail produit est donc supérieur, sans
variations ni interruptions. Les dévidoirs, canettes et ressorts inutiles. La protection des matières, coton, fil et soie est parfaite, aussi longtemps qu'il convient, grâce à une enveloppe
adhérente. L'approvisionnement en est facile,
le transport a lieu à toute distance sans inconvénient. Le problème se trouve ainsi résolu de
la navette à fil continu, avec tension parfaite
du fil de la navette. Il n'y a rien à changer au
plus grand nombre des navettes en usage. On
peut facilement employer, dans une navette
quelconque, tous les modèles de cartouches de
dimensions inférieures. La dépense est très-légè-
gère et se trouve compensée et au-delà par l'é-

conomie de temps, des matières, de canettes,
etc., sans parler des avantages très-grands résultant de la grande supériorité du travail et de
la facilité d'exécuter très-rapidement un ouvrage pressé. En résumé, travail supérieur, facilité d'emploi, économie.

MANUFACTURE DE CARDES. — *H. Grossin-*
Levalleux, à Rouen, rue du Pré, 22, et rue de la
Pie-aux-Ang'ais, 20 bis. — Dans nos livraisons
de *la Foudre*, nous avons nommé comme impor-
tantes les maisons Metcalfe, Miroude, Fumière.
L'ordre d'importance en France serait le sui-
vant, d'après M. Grossin-Levalleux : MM. Scrive,
Fumière, qui dépassent tous deux 120 machines ;
M. Grossin-Levalleux viendrait après avec 110.
Les autres maisons seraient toutes au-dessous
de 100 machines.

L'art de bien fabriquer appartient aujour-
d'hui à tout le monde ; mais ce qui n'est pas
du ressort de tous, c'est la multiplicité des genres qui exige des machines très-précises, surtout pour les articles tissus et caoutchoucs à
coton et laine peignée surtout, car il faut obtenir des rangs très-exacts avec des dessous très-
minces et élastiques, et le moindre gros fil de
chaîne ou de tissure est assez pour faire dévier
les fils de fer si tenus, surtout pour les filatures de coton du Nord.

Une partie principale des échantillons de l'exposant se compose des échantillons en fils triangulaires dont quelques-uns en numéros 16 et 22
peuvent être regardés comme chef-d'œuvre du
genre pour leur coupe nette et sans morfil. La
forme du fil donne la pointe toute préparée
pour le cardage et évite d'aiguiser. Il y a, pour
obtenir ces belles coupes, besoin d'un ouvrier
consommé dans son art.

L'établissement peut fournir au minimum
36,000 plaques de cardes de 150,000 mètres de
ruban annuellement, et le cinquième est exporté en tous pays d'Europe, jusqu'en Chine et
à Pondichéry.

La maison, fondée en 1816, possède encore
les machines de ce temps à l'état de curiosité et
des premières aussi de celles actuelles. Car le
fondateur a été, avec MM. Scrive et Fumière,
celui qui, en France, a monté le premier des
machines réunissant à la fois le perçage et le
boutage.

Dans la collection de rubans à laine, on peut
voir comme un des objets les plus curieux de
précision des numéros 30 sur cuir et sur tissu
qui donnent 900 pointes sur 27 millimètres et
qui, malgré ce peuplage incroyable de près de
57,000 pointes dans un mètre de ruban de

16 millimètres sont d'un alignement parfait, et
il n'y a pas une pointe qui sorte de sa place ni
en hauteur ni sur le rang.

Le temps a manqué à l'exposant pour envoyer
au Champ-de-Mars une machine perfectionnée
de son système ; il le regrette d'autant plus,
que beaucoup de filateurs sont imbus de l'idée
de la prééminence des Anglais en construction ;
il aurait mis en présence les deux systèmes et
l'on aurait pu, sans être connaisseur, voir qui
l'emporte aujourd'hui pour la fabrication des
têtes de machines.

NOUVELLE TOITURE SPÉCIALE POUR
TISSAGES & FILATURES. — *Royaux fils.* —
Parmi les produits destinés à la couverture, on
a beaucoup remarqué les tuiles Royaux (Tuilerie mécanique de Leforest, près de Douai, Nord),
qui ont été choisies par la Commission impériale pour la couverture du pavillon d'entrée
de l'Exposition.

Ces tuiles d'un ton rougeâtre, agréable à
l'œil, sont d'un très-bel aspect, elles nous ont
paru composées d'une qualité de terre tout à
fait exceptionnelle et nous avons remarqué que
la combinaison des emboîtements donnait une
fermeture complète, tout en favorisant l'écoulement direct des eaux.

Elles sont en outre très-légères, elles ne pèsent
en effet que 33 kilog. par mètre carré, ce qui
permet à l'usage une notable économie sur le
cube de la charpente. Leur surface lisse et
presque sans saillie doit donner peu de prise
au vent ainsi qu'à l'adhérence des corps étrangers.

Ces tuiles réunissent toutes les conditions
voulues pour faire une bonne toiture.

Outre la couverture en tuiles à emboîtement,
cette maison a la spécialité d'un nouveau genre
de couvertures appropriées aux établissements
tels que tissages, filatures, glacières et autres
où il est nécessaire d'obtenir à l'intérieur une
température uniforme.

BRIQUES CREUSES TUBULAIRES *de M. P.*
Borie. — Les briques creuses sont aujourd'hui
recherchées par les architectes et les entrepreneurs, et, si elles ont leur place marquée dans
les constructions, elles la doivent non-seulement à leur légèreté et à la modicité de leur
prix de revient, mais encore à diverses propriétés révélées par la pratique, et que les briques pleines ne possèdent pas au même degré.
Ces propriétés sont : une résistance plus considérable à la rupture et aux agents atmosphériques ; une liaison plus intime des maçonneries ;

une inconductibilité de la chaleur plus prononcée; un isolement plus complet de l'humidité. Déjà, dans le nord de l'Europe, il existe plusieurs établissements qui se livrent actuellement à cette fabrication; il y en a également en Italie, en Espagne, dans l'Amérique du Sud, les Indes et l'Australie. En 1854, le Gouvernement a donné l'un des premiers l'exemple, en envoyant de Paris aux colonies françaises non-seulement des quantités importantes de briques creuses pour servir à l'édification de plusieurs monuments importants tels que casernes et hôpitaux, mais encore des machines à mouler destinées à encourager sur les lieux la fabrication de ces nouveaux et utiles matériaux de construction.

La fabrication des briques creuses n'est pas aussi simple que celle des briques pleines: elle exige un matériel complet pour le malaxage des terres, le moulage, l'étendage et la cuisson.

La composition chimique des terres variant non-seulement dans un même pays, mais encore dans une même localité, il n'est possible de fournir que quelques données générales sur le choix qu'on en doit faire pour telle ou telle application. À l'égard des briques creuses non réfractaires, toutes les argiles sont bonnes, pourvu, toutefois, que la proportion d'alumine soit à peu près normale, car c'est à la présence de ce corps que la plasticité et le retrait des terres sont dûs. Un retrait de un huitième environ sur les dimensions entre une brique sortant du moulage et cette même brique sèche et prête à mettre au four, indique que le mélange argileux est en proportions convenables. Si le retrait est sensiblement moindre, le mélange ne possède pas toute la plasticité voulue et se moule imparfaitement: on rectifie alors ce défaut soit par une addition d'argile plus liante, soit en éliminant, à l'aide d'un lavage, l'excès des matières siliceuses. Si le retrait est, au contraire, plus prononcé, les produits courent le risque de se fissurer à la dessiccation et à la cuisson; dans ce cas, on diminue la plasticité de la terre à l'aide de sable, de craie pulvérisée, de terre ou autres matières inertes. Il existe des argiles, celles de Paris, par exemple, qui absorbent utilement jusqu'à 40 pour 100 de sable fin. Celles qu'on met en œuvre, à l'usine de la rue de la Muette, viennent des plaines d'Ivry et de Chantilly; la proportion de sable qu'on y ajoute est de 33 pour 100.

L'argile ayant été réduite à un état de division convenable soit par des cylindres lamineurs, soit au moyen de couteaux mécaniques, on la livre au malaxeur, en y ajoutant le sable qui doit servir au mélange. Le malaxeur est un cylindre de bois ou de métal dans lequel tourne un arbre vertical armé de couteaux, qui produisent le mélange intime des matières. Un orifice placé à la base du cylindre livre passage à une trainée continue de terre malaxée que l'on divise en lopins, et qui se trouve ainsi parfaitement préparée pour subir l'opération du moulage.

La machine à mouler se compose d'un double piston mis en mouvement par des engrenages, et qui accomplit un mouvement horizontal de va-et-vient dans les intérieurs de deux caisses prismatiques en fonte, placées sur un bâti et s'ouvrant, par le haut, au moyen de forts couvercles à charnières. Chaque caisse porte, à son extrémité antérieure, une filière derrière laquelle est placée un crible épurateur. Une table couverte de rouleaux enveloppés de drap grossier, fait suite à chaque filière; elle est munie d'un châssis mobile, sur lequel sont tendus des fils de fer distancés entre eux de la longueur d'une brique et faisant fonction de couteaux.

L'ouvrier principal remplit l'une des caisses de la machine avec les lopins de terre sortant du malaxeur; il rabat le couvercle, le fixe invariablement à l'aide d'un levier à came d'une grande solidité, et la machine est mise en jeu. Sous l'effort du piston, la terre argileuse passe au travers du crible, qui intercepte au passage tous les corps étrangers d'un diamètre au-dessus de 0^m,005; puis elle traverse la filière qui la moule et laisse sortir sous la forme de plusieurs bandes prismatiques, qui glissent parallèlement sur les rouleaux de la table. La sortie effectuée, on rabat le châssis dont les fils de fer découpent des briques, qui sont immédiatement enlevées et portées au séchoir. Pendant cette manœuvre, qui dure une minute environ, l'ouvrier a eu le temps de charger la seconde caisse; le piston, arrivé au bout de sa course, revient alors au point de départ, sous l'impulsion inverse de la machine, et le même travail s'accomplit au travers de l'autre filière: l'opération peut donc ainsi se poursuivre indéfiniment.

Le crible au travers duquel la terre est obligée de passer retenant toutes les impuretés, telles que graviers, racines, etc., empâtées dans la terre argileuse, le piston ne peut jamais s'en approcher qu'à une distance d'environ 0^m,03. Lorsque cet espace est rempli par les impuretés, l'ouvrier opère le nettoyage à l'aide de la truelle.

Plusieurs appareils de ce genre fonctionnent

à l'usine de M. Borie : ils sont mûs par une machine à vapeur qui commande en même temps
les couteaux à découper l'argile, les malaxeurs,
ainsi que plusieurs monte-charges emportant
les briques à l'étage supérieur, où sont disposés
une partie des séchoirs.

Chaque machine à mouler fournit, par journée de travail, 6 à 7,000 briques; elle n'en
produit que 4 à 5.000 lorsqu'elle est mue à
bras. Dans le premier cas, elle est desservie
par quatre hommes; dans le second, trois suffisent.

Séchage et cuisson. — Les briques creuses, on
le comprend, doivent sécher plus rapidement
que les briques pleines. Le séchage est effectué
sur des rayons mobiles; ce sont des planchettes
longues de 1 mètre chacune, pouvant recevoir
dix briques posées sur champ, et que les ouvriers transportent sans effort.

Quant à la cuisson, elle ne présente rien de
particulier ; elle s'opère dans des fours prismatiques accolés et marchant alternativement. Ici,
comme partout, la difficulté consiste à répartir
la chaleur d'une manière égale dans toute la
masse des briques et à économiser le combustible. Or, on doit dire que M. Borie étudie cette
partie délicate de l'opération, et qu'il ne recule
devant aucune tentative pour chercher à améliorer sa fabrication. A cet égard, nous croyons
utile de dire quelques mots d'un four économique à feu continu, imaginé par M. Demimuid,
et dont l'essai a été fait à l'usine de la rue de
la Muette.

Ce four consiste en une longue galerie inclinée, formée de murs en briques creuses et recouverte, sur toute sa longueur, d'une voûte
également en briques. La longueur de cette galerie est de 50 mètres ; sa largeur, de 0^m,60;
sa hauteur, de 0^m,90, et son inclinaison, de
0^m,1 pour un mètre. A l'extrémité supérieure
est une cheminée d'appel, desservant deux petits foyers placés à 30 mètres environ en contre-bas.

Tout le long de cette galerie règne un chemin de fer sur lequel circule un chapelet de
chariots plats en fonte, chargés, chacun, d'un
certaine quantité de briques et assemblés par
des clavettes qui permettent de les détacher facilement les uns des autres. Le mouvement est
produit par un treuil qui sollicite tous les chariots à s'avancer de 1 mètre environ toutes les
trente minutes.

A l'extrémité inférieure de la galerie, sont
disposées deux portes de bois à coulisse, destinées à être ouvertes successivement, pour donner passage au dernier chariot détaché du cha-

pelet, sans que l'intérieur de la galerie soit mis
directement en communication avec l'air extérieur, tandis qu'à l'extrémité supérieure une
autre porte ferme l'entrée du four après l'admission du chariot chargé le dernier.

On comprend que l'appel déterminé par la
cheminée attire les vapeurs d'eau ainsi que les
produits de la combustion, qui remontent la
galerie pour s'échapper par cette cheminée. Par
suite de cette disposition, les briques sont soumises à une température qui va toujours croissant jusqu'au moment où elles arrivent aux
foyers; puis, à partir de ce moment, où leur
cuisson doit être faite, leur température décroît
jusqu'à leur sortie, de telle sorte qu'elles sont
à peu près refroidies lorsqu'elles arrivent au
bas de la galerie.

Chacun des chariots reçoit 165 briques de
dimensions ordinaires, et comme l'avancement n'est que de 1 mètre par demi-heure,
il s'ensuit que, par vingt-quatre heures, il doit
sortir 48 chariots pendant qu'il en entre pareille
quantité; la production est, par conséquent, de
7.620 briques. La consommation en combustible,
pendant le même temps, est d'environ 1,000 kilog. de houille, ce qui, pour 1,000 briques
fait 126 kilog. Or, dans les fours ordinaires, la
dépense est d'environ 250 kilog. pour cuire la
même quantité.

Un four analogue à celui que nous venons
de décrire, et capable de cuire annuellement
plus d'un million et demi de briques, absorbe,
pour sa construction, 12 à 15.000 briques, tant
ordinaires que réfractaires. Le matériel en
chariots, rails, etc., s'élève à 5,500 fr. : la façon
coûte 600 fr.

La manœuvre exige deux équipes travaillant
alternativement de jour et de nuit, et composées,
chacune, d'un cuiseur, de deux aides et d'un
enfant.

Le four que nous venons de décrire, et qui
donne les meilleurs résultats à l'usine de l'inventeur située à Commercy (Meuse), n'a pas
aussi bien réussi rue de la Muette. Cela tient,
sans doute, à la nature des terres qu'emploie
M. Borie. En effet, ces terres étant loin de contenir des éléments calcaires en aussi grande
proportion que celles de Commercy, il en résulte une plus grande difficulté dans la cuisson, qui ne peut s'effectuer dans un temps
aussi court qu'à l'usine de M. Demimuid. Il est
donc probable que, en modifiant la marche des
chariots de manière qu'elle soit ralentie, on
obtiendrait des résultats plus satisfaisants, et
c'est dans cette voie que de nouveaux essais
vont être tentés.

CARRELAGE EN GRANIT CALCAIRE *de MM. Larmande et Mezy, à Viviers (Ardèche).* — Ces dallages, placés dans la chapelle du parc, sont faits sans cuisson, et consolidés par une très-forte pression au moyen de machines très-énergiques.

PEINTURE SUR VERRE. — *M. Victor Gesta* a envoyé à l'Exposition universelle deux grandes verrières historiques représentant l'Entrée de Louis XI à Toulouse et la Proclamation du dogme de l'Immaculée Conception. Elles étaient placées avenue de Suffren, porte de Desaix. M. Victor Gesta a doté le midi de la France d'un établissement de premier ordre. Élève et lauréat de l'école des Beaux-Arts de Toulouse, travaillant sous la direction de maitres habiles en archéologie, comprenant de bonne heure que l'art du peintre vitrier était tout décoratif, cet artiste s'inspirait des meilleurs modèles en étudiant les verrières de Chartres, de Cologne, de Bourges, de Strasbourg et des principales cathédrales de l'Europe. Un grand nombre d'églises ont eu leurs vitraux exécutés dans les ateliers de M. Gesta. Les plus remarquables sont Notre-Dame de Bourges, Saint-Pierre de Saintes, Saint-Jacques à Angoulême, l'église du Calvaire à Nevers, Notre-Dame de Ladrèche, à Albi, etc.

Les couleurs de ses vitraux sont d'un grand éclat et d'une harmonie irréprochable.

On achève en ce moment à Toulouse les vitraux qui doivent orner la chapelle des Missions de France et la belle église de Saint-Barthélemy à Marseille.

La manufacture de M. Gesta, fondée en 1859, a pu, en treize ans de travaux devenir un établissement de premier ordre sous sa direction.

JASPES DU MONT-BLANC. — On nomme jaspe une variété compacte de quartz : la propriété qui la distingue de toutes les autres, c'est la complète opacité, même en plaques très-minces. Le jaspe est ordinairement devenu opaque par l'addition d'une certaine quantité d'oxyde de fer ou d'hydrate du même oxyde. Il y a des jaspes rouges, des jaspes bruns et des jaspes verts.

Le jaspe n'est pas toujours, au moins tel qu'il est employé dans les arts, une espèce minéralogique alliée au quartz; on désigne souvent sous ce nom des roches dures rayant le verre, présentant, comme certains jaspes de Sibérie, de larges bandes de couleurs différentes, les unes d'un brun rouge, les autres vertes. Ces bandes de différentes nuances donnent à ces variétés du jaspe une apparence de schiste argileux durci postérieurement par un phénomène métamorphique pareil à celui qui a produit les schistes ardoisiers.

Les jaspes ont naturellement plus de valeur qu'ils ont plus de dureté et que les couleurs en sont plus vives. Ces deux conditions sont, à un certain égard, liées entre elles, car les tons prennent d'autant plus de vivacité que la roche est capable de recevoir un plus beau poli.

A ces deux points de vue, les jaspes de Saint-Gervais sont très-remarquables : ils ne sont point de simples schistes argileux, endurcis par une puissante action métamorphique, mais proviennent visiblement de l'altération d'un véritable quartzite; les grains de quartz apparaissent encore avec la plus grande netteté dans les veines blanches, grises et verdâtres qui sillonnent le fond rouge de la roche.

La société formée pour leur exploitation, est propriétaire des carrières et concessionnaire de tous les gisements qui se trouvent dans les communes de Passy, Saint-Gervais et les Houches (Haute-Savoie); par ses travaux depuis deux années, son système nouveau d'outillage propre au travail de ces pierres, cette société peut aujourd'hui offrir au commerce, à la grande architecture, des blocs de toutes dimensions, des tranches, des colonnes, etc.

Les pierres, à base de silice, possédant les tons les plus variés, depuis le blanc (quartz opaque) jusqu'au rouge le plus pur et sans veine, dit rouge antique, sont, par leurs riches couleurs, leur inaltérabilité, fort recherchées comme pièces d'ornement, surtout dans l'architecture monumentale, car leur qualité principale est, en effet, de résister à l'altération produite ordinairement par le temps sur les marbres et autres pierres calcaires.

Parmi les applications auxquelles sont destinés les jaspes du Mont-Blanc, taillés et polis, on peut citer : les plaques pour le revêtement, la décoration des beaux édifices, des cathédrales, des demeures somptueuses, les colonnes, les fûts, les piédestaux des statues. En petits blocs, ils se prêtent à la fabrication des objets d'art, ils entrent dans l'ornementation des meubles du style Renaissance; ils peuvent servir de socles à des bronzes, entrent enfin sous mille formes diverses, dans les produits de l'art et de l'industrie modernes.

Chacun peut apprécier la richesse de ces matières, la variété de leurs couleurs, soit à l'usine établie rue Turgot, 21, soit au nouvel Opéra, où douze colonnes polies sont déjà installées, ainsi qu'à l'Exposition universelle de 1867 (jardin réservé) où sont élevées deux

deux magnifiques colonnes aux piédestaux incrustés de plaques et autres objets de même provenance.

CARRELAGE CÉRAMIQUE *de Boch frères et C°, à Louvroil, près Maubeuge (Nord).* — Carrelages exécutés : 1° Dans le Palais de l'Exposition des Beaux-Arts belges ; 2° dans la chapelle du Parc. Ce carrelage raye le verre, fait feu au briquet, résiste à la gelée et à l'humidité, inattaquable par les agents chimiques. Son entretien est des plus faciles.

FONTAINES *de M. Cousin, à Paris-Belleville.* — Les fontaines ordinaires du commerce ne comportent qu'un seul filtre, qui clarifie l'eau sans la purifier : la fontaine ordinaire Cousin la clarifie et la purifie en même temps, par la pierre filtrante, le charbon et le sulfate de fer.

Sa fontaine extra renferme onze filtres : le premier est la même pierre qui fait le seul filtre des fontaines en usage, l'eau en sort donc aussi clarifiée que celles de toutes autres fontaines, mais évidemment, son passage lent et gradué à travers dix autres filtres, la rend complétement purifiée, clarifiée et hygiénique.

Ces onze filtres se composent de cinq au charbon et les six autres à la pierre filtrante, aux matières ferrugineuses, grès, silex et calcaires volcaniques.

Six trous traversent ces filtres et se ferment avec des clés-fausses ; ces clés correspondent à des ventilateurs perpendiculaires et horizontaux, occasionnant à l'eau un bouillonnement qui la précipite et la sort avec force par le robinet filtrant.

Le nettoyage des filtres doit se faire au moins une fois chaque année : il suffit d'enlever les clés-faussets fermant les ouvertures de la première, remplir la fontaine, et ouvrir les robinets filtrants ; par suite, la précipitation de l'eau par les ventilateurs au travers des filtres, en opère le nettoiement complet ; après une ou deux opérations pareilles, suivant le besoin, l'on replace soigneusement les clés.

FABRICATION DES TUILES ET DES BRIQUES EN TERRE FERME *de MM. Boulet frères, 74, rue d'Allemagne, Paris.* — Nous reproduisons en entier la note suivante, qui nous a paru très-claire et très-bien conçue :

La terre la plus convenable pour la fabrication des tuiles et des briques, d'après nos procédés, est celle qui sort de la carrière ; on doit l'employer ainsi, pourvu qu'elle ait une consistance telle que, pétrie dans la main, elle conserve l'empreinte des doigts sans y adhérer. Si la saison est très-sèche, on humecte les terres au moment de les passer aux cylindres malaxeurs ; si, au contraire, elle est très-pluvieuse, on les durcit en y mêlant un peu de déchets de tuiles et briques sèches non cuites, mélange qui, quoique très-difficile, s'opère comme par enchantement. Ces cylindres malaxeurs ont une telle puissance que la terre qui se détache des cannelures est échauffée et ramollie, elle laisse dégager des vapeurs aqueuses comme si on l'avait arrosée d'eau chaude. Toute la fabrication repose en entier sur la bonne fabrication ou malaxation des terres, qui ne peuvent jamais l'être trop ; par ce travail, une terre très-médiocre gagne considérablement en bonté, à tel point que beaucoup de fabricants réexploitent des carrières abandonnées dont les terres employées par les procédés ordinaires, c'est-à-dire à l'état de pâte molle, ne donnaient que des produits défectueux.

Pour la fabrication des briques, la terre, il est vrai, a besoin d'être bien moins malaxée, c'est ce qui, sans doute, a donné l'idée, depuis plusieurs siècles, à différents constructeurs, d'établir des machines travaillant les terres brutes non malaxées, mais qui toutes ont été, tour à tour abandonnées. On peut s'en convaincre en visitant les brevets déposés au Conservatoire des Arts-et-Métiers, visite que devraient faire tous les hommes qui ne sont pas tuiliers, avant d'entreprendre la construction de machines pour la fabrication de produits céramiques ; ils s'éviteraient par là bien des écueils et des souris. On ne fait pas une machine à briques pour avoir le plaisir de faire des agglomérés en terre sèche ; il faut que les agglomérés qui ont le nom de briques soient solides, résistants, après leur cuisson et non friables et cassants au plus petit choc après cette même cuisson. Ce qui a entraîné beaucoup de personnes sans la connaissance de l'art céramique à la construction de ces machines, c'est que une fois sur cent, on est parvenu, en comprimant une terre maigre très-siliceuse, du sable gras, par exemple, à en faire un produit excellent en poussant la cuisson jusqu'à la vitrification, mais en obtenant au moins la moitié de déchets. Enfin, ici comme dans beaucoup de choses, on a souvent dépassé le but.

Nous construisons trois grandeurs de cylindres cannelés malaxeurs : 1° le n° 1 employant une force motrice vapeur de 2 chevaux, malaxant 10 mètres cubes en 10 heures et coûtant 1,000 francs, du poids d'environ 600 kilogrammes ; 2° le n° 2, employant une force motrice vapeur de 3 chevaux, malaxant 15 mètres en 10 heures et coûtant 1,200 francs, du poids de 700 kilogrammes: 3o le nᵒ 3, employant une force motrice vapeur de 4 chevaux, malaxant 20 mètres cubes en 10 heures, et coûtant 1,300 francs, du poids du 850 kilogrammes. Nous établissons des cylindres superposés, c'est-à-dire deux paires l'une sur l'autre: la force motrice employée est double, ainsi que la production, le prix et leur poids. Les cylindres superposés économisent de moitié la main-d'œuvre, les terres placées dans le haut tombant naturellement dans les cylindres du dessous. Ces cylindres sont cannelés circulairement: les cannelures s'emboîtant les unes dans les autres, déchirent, broient les terres en tous sens, écrasant parfaitement les pierres pour qu'elles ne puissent nuire aux tuiles, pourvu qu'elles ne soient pas de nature calcaire (a). Les cannelures des cylindres étant toujours pleines de terre, sont constamment vidées par des peignes râcleurs posés en dessous, et opèrent un mélange si intense qu'en soumettant à leur action plusieurs natures de terres et de couleurs différentes, il est impossible, après les avoir repassées trois ou quatre fois, de distinguer dans la masse les traces d'aucune d'elles.

Il faut avoir soin de laisser un vide entre les cylindres, au moins de cinq à six millimètres: en les approchant plus, le travail serait moins bon et l'on s'exposerait à les briser. Il faut avoir soin de les graisser trois ou quatre fois par jour. Les cylindres malaxeurs emploient deux hommes : l'un pour jeter la terre dedans, l'autre pour la retirer du dessous. Les cylindres malaxeurs doivent faire 110 à 120 tours par minute. Les terres malaxées sont mises dans une machine à étirer qui ébauche la tuile en lui donnant la forme d'une planche ou galette qui est coupée à la longueur de la tuile que l'on veut presser.

Nous établissons trois sortes de grandeurs de machines à étirer : 1o le nᵒ 1 a les cylindres ou boîtes dans lesquelles on met la terre du diamètre de dix-neuf centimètres, produit par ses deux orifices six mille galettes ou planches de terre avec lesquelles on fabrique six mille tuiles, dont vingt de ces mille tuiles forment un mètre carré de couverture. Il faut quatre enfants de quinze à dix-huit ans pour desservir cette machine: elle coûte 2,000 fr. et pèse 1.200 kilogrammes. La poulie de cette machine doit faire 125 tours à la minute : 2o le nᵒ 2 est établi de

la même manière que le nᵒ 1. Les cylindres ont 22 centimètres de diamètre, produisant 8 à 9,000 galettes et coûtent 2,200 fr.: elle pèse 1,300 kilogrammes. Avec cette machine, on fait également les briques pleines, les briques creuses et les tuyaux de drainage de toute grosseur; 3o le nᵒ 3 est également construit comme les deux autres: les cylindres ont 25 cent. de diamètre: elle ne fait pas de galette pour les tuiles: mais elle fabrique 10 à 12,000 briques crues par jour, 6 à 7,000 briques pleines, 15 à 18,000 tuyaux de drainage de 30 à 32mm intérieur et produit des tuyaux ou conduites d'eau, ou enfin des boisseaux jusqu'à un diamètre intérieur étant cuits, de 25 à 26 cent.: il faut deux hommes et deux enfants pour la desservir; elle coûte 2,500 fr. et pèse 1.100 kilogrammes.

Ces trois machines à étirer sont livrées avec leurs deux sorties ou filières, soit à galettes, soit à briques creuses ou enfin à tuyaux, avec deux tabliers ou chariot recevant par chaque bout les produits étirés.

Les filières de toutes formes et grandeurs demandées en plus se payent séparément.

Comme il est dit plus haut, la terre malaxée dans les cylindres cannelés est mise dans les filières ou machines à galettes, et étirée en forme de planche, ou en briques, ou enfin en tuyaux. Les galettes acquièrent une grande solidité, car la terre subit une pression extraordinaire, à tel point qu'en prenant une de ces galettes ou planches de terre par un bout, elle ne se brise pas, et qu'en la coupant on la trouve serrée, aussi dure que le marbre le plus fin.

Les briques pleines et les briques creuses sont très-polies: elles sont mises immédiatement en face et sèchent parfaitement et très-vite sans se déformer.

Les tuyaux fabriqués avec de la terre demi-dure n'ont pas besoin d'être roulés, tellement ils sont polis et serrés, tant à l'intérieur qu'à l'extérieur, et ne s'affaissent nullement à leur sortie de la machine. On comprendra tout l'avantage de ce système en n'employant pas l'opération du roulage qui donne tant de déchets, par là élevant le prix des tuyaux.

Chaque fois que la machine arrête de fonctionner pendant un jour, il faut avoir soin de démonter les becs ou filières, afin d'enlever la terre contenue dans les cylindres ou boîtes, terre qui, s'étant durcie pendant le repos, tant à l'intérieur du bec qu'à l'intérieur du cylindre, briserait presque toujours quelques parties de la machine, si l'on voulait la faire sortir sous forme de galettes, briques ou tuyaux.

Avoir bien soin aussi de graisser l'excentrique

(a) Dans ce cas, pour obvier à cet inconvénient, nous passons les terres malaxées sortant des cylindres cannelés, dans une paire de cylindres unis, qui laminent les terres en feuillets assez minces pour que les calcaires soient réduits en poudre assez fine, afin qu'ils ne soient plus nuisibles.

ainsi que tous les coussinets, au moins deux ou trois fois chaque jour.

Nous montons une presse double pour comprimer les tuiles de toutes grandeurs et de toutes formes, les carreaux, les faîtières. etc., qui produit six mille pressions par jour, à l'aide de deux hommes pour mouler et deux enfants pour ébarber, par conséquent, six mille tuiles ou carreaux. Cette presse coûte 2,000 fr., et pèse environ 1,200 kilogrammes.

Il faut avoir grand soin de bien régler la hauteur de la presse ; pour cela il faut mettre le moule qui doit servir, soit celui à tuiles, soit celui à faîtières, etc., sous la presse. faire descendre le plateau dessus, à l'aide des bras et non du moteur habituel, puis relever ou abaisser le dessous de la presse, selon le besoin. On comprendra qu'ayant pressé avec un moule de 8 centimètres d'épaisseur, si l'on en met un nouveau de 9 ou 10 centimètres, on brisera infailliblement une partie de la machine, le moule ne pouvant se comprimer. Avoir également soin de graisser l'excentrique qui opère la pression ainsi que tous les coussinets. Pour fabriquer la tuile, etc., on prend une galette que l'on pose dans le moule, puis on la soumet à l'action de la presse et elle subit une pression si énergique qu'elle diminue de volume au moins d'un tiers. On comprendra facilement quelle en est la solidité en sortant du moule, par le peu de précaution qu'on prend pour la toucher, en l'ébarbant immédiatement et la portant dans les séchoirs.

La construction de la presse étant basée sur l'excentrique, on pense bien que si la planche de terre ou galette que l'on soumet à son action, étant une fois trop épaisse et même aussi dure que le bois, la tuile n'en sortirait pas moins aussi belle et à égale épaisseur que les autres.

Nous pouvons donc conclure qu'en employant des terres dures avec des machines puissantes pour les malaxer, des filières énergiques pour les étirer, et des presses du même genre, on arrive à fabriquer des tuiles qui, étant mises dans les séchoirs, ne se déforment en aucune manière; elles sont bonnes à mettre au four après deux ou trois jours de fabrication, ce qui permet, en un temps donné, d'en fabriquer trois fois plus que si l'on employait des terres molles : par la même raison, on a besoin de moins de bâtiments et de séchoirs, et en fin de compte, on dépense beaucoup moins d'argent pour l'établissement d'une tuilerie, qu'enfin si tous les fabricants ne savaient pas que la fabrication des tuiles et des briques en terre molle était défectueuse, les trois cents machines sorties de nos ateliers depuis trois ans prouveraient la bonté de notre système.

Nous pouvons prédire, certains de ne pas nous tromper, que dans un temps peu éloigné, tous les fabricants qui ont reculé jusqu'à ce jour à suivre le progrès qui avance à grandes guides, se trouveront, pour ne pas voir diminuer leur clientèle, forcément obligés d'adopter notre système de fabrication en terre dure, prédiction qui se réalise chaque jour, regrettant de ne l'avoir pas fait plus tôt.

Nous construisons encore une machine sous le n° 1, composée :

1° D'une filière garnie d'une matrice pour étirer les galettes à tuiles ;

2° D'une presse à laquelle s'adaptent le moule à tuiles Boulet, et autres de plus grandes dimensions, qui produit 2,500 à 3.000 tubes, à l'aide de deux enfants pour faire les galettes, d'un homme pour mouler et d'un enfant pour ébarber par jour, et qui coûte 2,200 fr. et pèse environ 1,200 kilogrammes.

Une machine désignée sous le n° 2, composée :

1° De deux filières avec matrices pour étirer les galettes à tuiles;

2° D'une presse double recevant les moules de toutes grandeurs.

Cette machine réunissant sur le même bâtis une machine double à galette et une double presse, produit 5 à 6,000 tuiles par jour, coûte 2,500 francs, et pèse environ 1,800 kilogr.

Cette machine fonctionne avec : 1° quatre enfants pour étirer les galettes; 2° deux hommes pour mouler; 3° deux enfants pour ébarber les produits.

Nous avons encore une machine à tuiles et briques pleines et briques à moulures, qui est composée comme suit :

1° D'une presse à excentrique ;

2° D'un plateau circulaire armé de cinq moules à tuiles, présentant un de ses moules à chaque révolution de l'excentrique, comprimant dix fois par minute, produisant par conséquent 6,000 tuiles en dix heures de travail et employant deux hommes pour mouler et deux enfants pour ébarber. Cette machine coûte 4,500 fr., et pèse environ 1,000 kilogrammes.

Pour transformer cette machine en une machine à fabriquer les briques, on change le plateau circulaire qui est remplacé par un pareil avec cinq moules doubles, qui produit 21,000 briques et emploie également deux hommes et deux enfants. Cette addition d'un nouveau plateau élève le prix de la machine à 6,000 francs, mais on peut toujours prendre soit une machine avec son plateau à tuiles, soit avec un plateau à briques seulement. Dans les deux cas, la machine ne coûte que 4,500 francs, le plateau de rechange, quel qu'il soit, coûte 1,500 francs.

Sur le plateau à fabriquer les tuiles, on fabrique également les carreaux, les faîtières, les arêtiers, en ce cas on enlève les moules à tuiles que l'on remplace par les premiers: chaque moule nouveau coûte 100 francs.

Cette machine à plateau circulaire est donc une machine universelle fabriquant : 1° les tuiles; 2° les carreaux ; 3° les faîtières et arêtiers; 4° les briques pleines; 5° les briques à moulures, et ce qu'elle a d'avantageux sur toutes les autres, c'est qu'elle fait les briques avec les terres les plus maigres, le sable même, comme avec les terres les plus plastiques. Dans ce dernier cas, le graissage des moules se faisant très-facilement, ce qui est très-souvent impossible avec les autres machines connues jusqu'à ce jour.

FOUR TRIPLE *des frères Boulet, brevetés s. g. d. g.* — La plupart des fabricants de tuiles sont à la recherche de fours économiques: ici comme pour l'ancienne fabrication de tuiles, presque tout est encore à faire. En effet, plus de cent systèmes existent, et aucun ne donne ce que la théorie semble promettre. Les nombreuses expériences que nous avons faites nous ont amené, il y a déjà dix ans, à établir un four qui produit une notable économie de combustible, au point que plus de vingt tuiliers l'ont adopté et s'en trouvent bien, comparativement à ceux qu'ils ont abandonnés. Nous venons de perfectionner ce four, et pouvons affirmer qu'il y a une notable économie de combustible, mais que là n'est point l'immense avantage qu'on en retire. Il réside, seul, dans la perfection de la marchandise bien cuite et sans déchets. C'est sur ce point que roule l'avenir d'une tuilerie : grands bénéfices si vous pouvez retirer de vos fours autant de bonne marchandise que vous en avez enfourné : ruine certaine, si, comme dans la plupart des fours, vous en enlevez beaucoup de peu cuites, ou bien brûlées et gondolées. Ces fours, que nous appelons fours triples, sont composés de trois compartiments, séparés par deux murailles perforées, ou à jour, et rainées ou cannelées longitudinalement, de manière à appeler à volonté et selon le besoin, la flamme d'un four dans un autre, en ouvrant ou fermant un ou plusieurs registres. Il y a trois foyers et trois registres, qui communiquent à une seule cheminée qui

se trouve sur le haut du four du milieu : ce qui, comme je viens de le dire, permet de conduire son feu à volonté. Il n'est pas possible de trop cuire d'un côté, ou de peu cuire de l'autre, de brûler sur le devant, près du foyer, au détriment du derrière, sans y mettre tout le mauvais vouloir possible. Ce four triple contient environ dix-huit mille tuiles, dont vingt à vingt-et-une suffisent pour couvrir un mètre superficiel, et ne demande que trente-cinq à cinquante heures pour cuire, selon la nature des terres, fumage ou séchage et grands feux compris.

MANOMÈTRE A PESANTEUR SPÉCIFIQUE.

Système Rival, breveté en France et à l'étranger. — Le manomètre, qui est aussi indispensable pour une chaudière à vapeur que la boussole l'est au marin, a été l'objet de nombreux essais de perfectionnement : mais, à l'exception du manomètre à air libre et à colonne de mercure qui, en raison de sa hauteur (0.76 *par atmosphère*), est inapplicable aux chaudières à haute pression, tous les autres systèmes ont présenté des

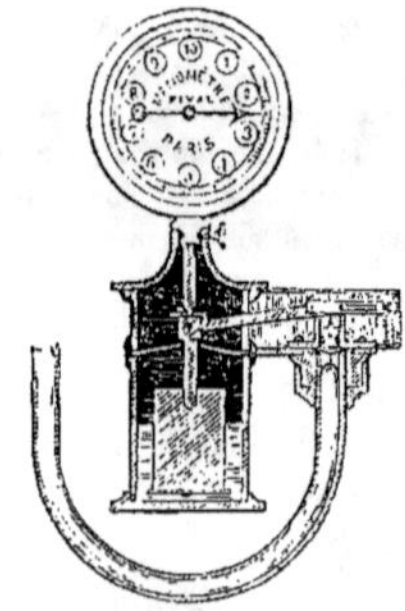

inconvénients plus ou moins graves qui ont fait donner la préférence (*en attendant mieux*) aux manomètres métalliques, dont les ressorts s'oxydent, s'énervent et se détendent sous l'action de la vapeur, et qui sont dès lors bien éloignés de la précision de ceux à mercure : cela est si vrai qu'au bout d'un certain temps de service, l'aiguille ne revient plus à son point de départ, et que l'instrument se trouve faussé.

Le manomètre qui fait le sujet de ce prospectus a aussi pour base le mercure : il est à air libre et repose sur le principe de la *pesanteur spécifique*. Il se compose d'un petit cylindre dans lequel joue librement un piston qui, pressé par la vapeur, soulève un levier à l'extrémité duquel est suspendu un flotteur ou contrepoids en fer plongé dans du mercure, et qui reprenant progressivement sa pesanteur, en sortant du mercure, fait ainsi constamment équilibre à la pression de la vapeur qui est indiquée par une aiguille sur un cadran. C'est, en un mot, la soupape de sûreté modifiée et transformée en manomètre. Il est muni d'un régulateur qui permet de le régler au besoin, en changeant les rapports de son levier avec piston, au moyen d'une vis de rappel: il est très-sensible et très-juste, car il repose sur la pesanteur invariable du mercure et du flotteur, au lieu d'avoir pour base la résistance irrégulière d'un ressort, et peut mesurer les plus fortes comme les plus faibles pressions; il supporte impunément la chaleur et le froid les plus intenses, dont les effets sont si funestes aux manomètres métalliques; il se démonte pièce par pièce, ce qui permet de le nettoyer très-facilement; enfin, il n'est sujet à aucune réparation pour cause d'usure, et sa durée est illimitée. Il a déjà reçu la sanction de l'expérience, car il fonctionne avec avantage dans un grand nombre d'usines, tant en France qu'à l'étranger.

Les prix du manomètre Rival sont de 25, 30, 35 et 40 fr., suivant la grandeur. — Modèles spéciaux pour la Marine et les Chemins de fer, à 45 et 50 fr.

Une instruction pour la pose et l'entretien de ce manomètre accompagne chaque envoi.

BALANCE A PESANTEUR SPÉCIFIQUE.

Système Rival, breveté en France et à l'Étranger.
— Le système de balance qui fait l'objet de cette notice repose sur le principe de la *pesanteur spécifique* et a pour but de remédier aux

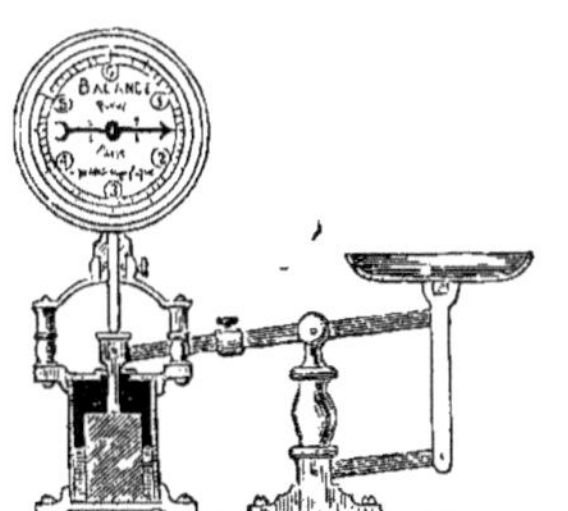

nombreux inconvénients des balances ordinaires, tels que : *perte et détérioration des poids, erreurs volontaires ou involontaires dans leur décompte, lenteur dans l'opération du pesage.*

etc., en remplaçant la série si incommode de leurs poids, par un poids unique, immergé dans du mercure et dont la pesanteur, qui varie suivant celle du mercure qu'il déplace, à mesure qu'il en sort, indique exactement, par une aiguille sur un cadran, le poids de l'objet qu'on veut peser et sans erreur possible, puisqu'il suffit toujours d'un seul coup d'œil pour en contrôler l'exactitude, et que d'autre part le poids immergé dans le mercure est à l'abri de toute altération frauduleuse.

Ce système de balance serait donc pour l'Administration des poids et mesures d'une surveillance sûre et facile, pour le commerce honnête d'un emploi aussi simple que rapide et offrirait à l'acheteur une garantie certaine de la justesse du pesage : les condamnations judiciaires pour ventes à faux poids, que la presse enregistre chaque jour, disent assez combien les anciens systèmes favorisent la fraude et rendent leur surveillance difficile, souvent même impossible.

Ce système peut s'appliquer aux balances et bascules ordinaires du commerce et notamment aux bascules qu'on emploie dans les gares des chemins de fer, pour le pesage plus rapide et plus facile à contrôler des colis et bagages des voyageurs.

Mais c'est surtout aux ménagères que cette balance se recommande plus particulièrement pour reconnaître leurs achats de chaque jour et s'assurer ainsi que la cuisinière ne fait pas danser l'anse du panier.

Les prix de cette balance sont ainsi fixés :

100 et 200 grammes. . .	25	fr.
500 — . . .	35	»
1 et 2 kilog.	50	»
5 —	75	»
10 —	100	»
25 —	150	»
50 —	200	»
Application du système à une bascule de 100 kilog. au 100ᵉ. .	60	»
Application du système à une bascule de 500 kilog. au 100e. .	120	»

S'adresser à M. Rival, ingénieur-mécanicien, 2, rue du Rendez-Vous (Barrière du Trône), à Paris.

Nota. — Pour empêcher l'oxidation du mercure et son adhérence aux parois du flotteur et du réservoir, il faut le recouvrir d'une légère couche d'huile de pétrole qu'on introduit ainsi que le mercure dans le réservoir par l'ouverture pratiquée pour le passage de la tige de suspension du flotteur. La quantité de mercure doit être suffisante pour soulever le flotteur elle est d'ailleurs indiquée en chiffres sur le cadran. Le petit contrepoids mobile traversé par le levier de la balance sert à régler l'aiguille en la ramenant sur son point de départ, sans y toucher et sans ouvrir le cadran.

BAROMÈTRE MÉTALLIQUE. — *Richard et Bourdon.*

— Ce nouvel instrument se recommande par divers avantages que ne comporte pas le baromètre à mercure : d'une construction simple et solide, entièrement en métal et sans liquide, on peut le placer dans toutes les positions sans craindre de dérangement, ce qui le rend très-commode pour les voyages et les expéditions.

Sa sensibilité, *la grandeur de ses divisions*, et la régularité de la marche de l'aiguille dans tout son parcours, permettent d'apprécier avec facilité de légères variations atmosphériques, et de l'employer utilement pour mesurer les hauteurs. Cependant ceux destinés spécialement à cet usage ont une disposition particulière, la légende devenant inutile.

(Les dimensions en sont variées depuis 8 centimètres, son plus petit diamètre; il n'a pas de limite et s'adapte facilement dans toute espèce de monture ou encadrement.

La rectification en est très-simple et si, par suite des changements de pays, il existait une différence, en le comparant à un bon baromètre à mercure de MM. Fortin ou Gay-Lussac, on rappelle l'aiguille avec la clé qui est jointe à chaque instrument; il suffit de la placer dans l'ouverture réservée au centre, derrière le baromètre, jusqu'à ce qu'elle en touche le fond, et on tournera à gauche ou à droite, suivant qu'on voudra faire avancer ou rétrograder l'aiguille.

La division est aussi mobile pour pouvoir la mettre en rapport avec la moyenne barométrique ou variable, selon la hauteur des pays : la dépression dans les premières couches inférieures de l'atmosphère est approximativement d'un millimètre par dix mètres (a). Toutes les fois qu'on s'élèvera de cette hauteur, il faudra tourner la division de gauche à droite d'un millimètre, c'est-à-dire un degré de la division (car elle représente des millimètres du baromètre à mercure) et avancer également l'aiguille de la même quantité de degrés, et *vice versa* pour la descente.

La pression atmosphérique se modifiant à mesure que l'on s'élève, la correction doit suivre cette loi, la petite table suivante donne la

moyenne pour 1,10 et 100 mètres; elle est toujours à retrancher de 0.761, hauteur moyenne de la colonne de mercure au niveau moyen des mers (pour plus de précision on peut prendre cette moyenne d'après la latitude).

	Correction pour 1 m. d'élévation	Correct. p.10 m. d'élév.	Correct. p.100m. d'élév.
de 0 à 100 mèt.	0.000095	0.00095	0.0095
100 à 200 »	0.000094	0.00094	0.0094
200 à 300 »	0.000093	0.00093	0.0093
300 à 400 »	0.000092	0,00092	0.0092
400 à 500 »	0.000090	0.00090	0,0090
500 à 600 »	0,000089	0.00089	0,0089
600 à 700 »	0.000087	0.00087	0.0087
700 à 800 »	0.000086	0.00086	0,0086
800 à 900 »	0.000085	0.00085	0.0085
900 à 1000 »	0.000081	0.00081	0.0081
1000 à 1100 »	0.000082	0,00082	0.0082
1100 à 1200 »	0.000081	0.00081	0.0081
1200 à 1300 »	0.000080	0.00080	0,0080
1300 à 1400 »	0.000078	0,00078	0.0078
1400 à 1500 »	0.000077	0,00077	0.0077
1500 à 1600 »	0.000076	0,00076	0.0076
1600 à 1700 »	0.000075	0,00075	0.0075
1700 à 1800 »	0,000074	0.00074	0.0074
1800 à 1900 »	0.000073	0.00073	0.0073
1900 à 2000 »	0,000071	0,00071	0.0071

Ces rectifications ne déterminent pas rigoureusement les moyennes barométriques, ayant écarté celles des températures, mais elles en rapprochent à deux millimètres pour les plus grandes différences.

On obtient la précision par la moyenne d'une série d'observations faites à peu près à midi, dans un même lieu, pendant l'espace de quelques années.

Pour déterminer la moyenne barométrique d'un pays, connaissant sa hauteur, il suffit d'additionner les corrections de la table, et de soustraire le total de 0.761.

Soit le variable de Genève qui est à 372 mètres au-dessus de la mer.

Pour les premiers 100 mèt.	0.0095
De 100 à 200 m.	0.0094
De 200 à 300 m.	0,0093
De 300 à 72 (p. 7 fois 10 mèt.)	0.0064
plus 2 mètres.	0.00018
Total . . .	0.03478 à retrancher de 0.761.

<pre>
  0.761
  0,03478
  ‑‑‑‑‑‑‑
  0.72622 hauteur moyenne du
          baromèt. à Genève.
</pre>

Dans les baromètres numéros 1, 2 et 4, la lunette qui tient le verre est placée à baïonnette il existe un point de repère sur le cadre et sur le cercle, il faut les faire coïncider ensemble pour pouvoir l'enlever.

Dans le numéro 3. cette lunette ou cercle est tenue avec des vis.

Pour faire tourner la division, il suffit, après avoir enlevé le verre, de la presser légèrement avec les doigts et de la faire tourner sur elle-même, jusqu'au point où elle doit être placée. On se sert du bout de la clé pour les cadrans pleins.

Cet instrument est d'un transport facile. mais de violentes secousses peuvent le déranger. Pour éviter ces accidents. on place pour le transport par roulage une pièce d'arrêt très-fa-

cet appareil et le flotteur E, un tendeur est fixé sur la barre du levier à même distance de l'axe que la longueur de l'aiguille indicatrice. Les tringles horizontales de tirage sont préférables en bois de sapin d'un centimètre de diamètre ; on les supporte de 1 m. 20 en 1. m. 20 par des fils très-fins de trente à quarante centimètres de long, accrochés en haut par un clou, et à la tringle par un tout petit piton ; ainsi disposés les mouvements ne portent rien et le tirage est très-doux ; quand il est placé, on l'équilibre avec un contre-poids. Le ressort de l'aide-chauffeur ne sert que pour la fermeture hermétique.

L'automate purgeur D se raccorde sur la pompe

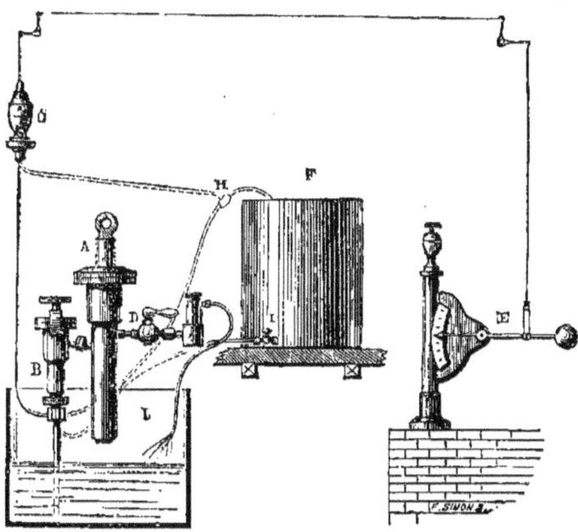

cile à sortir ; pour en débarrasser les numéros 1, 2 et 4, on enlève le fond de l'instrument ; pour le numéro 3, c'est le verre.

APPAREILS D'ALIMENTATION AUTOMATIQUE *de Potez aîné et Thibault.* — L'aide-chauffeur C a pour but d'envoyer de l'air dans le tuyau d'aspiration tout près et au-dessous du clapet, le tuyau vertical qui descend sous l'aide-chauffeur montre cette disposition, qu'on emploie toutes les fois que la pompe puise l'eau dans une bâche ; mais quand l'eau est dans un réservoir en charge F on branche un syphon représenté près de H, jonction du tuyau à air : on prend alors l'eau par ce syphon au lieu de la prendre au bas du réservoir ; dans ce cas, le syphon est joint au tuyau d'aspiration entre le robinet et la pompe. Pour travailler, on ferme le robinet. Pour donner le mouvement à l'aide-chauffeur, on établit un tirage de sonnette entre

alimentaire ou sur le porte-clapets entre ces deux derniers. au moyen d'une vis : il est toujours ouvert. l'eau qui s'en échappe démontre la régularité du travail (on peut conduire cette eau très-loin et très-élevée, mais il faut toujours que l'on puisse la voir s'échapper). Aussitôt que la pompe se désamorce, cet appareil donne de l'air, et de l'eau aussitôt que la pompe se réamorce ; le fait de purger la pompe à chaque coup de piston la tient constamment en état de s'amorcer jusqu'à 100° de température.

SOUFFLETS DE FORGES. *Enfer et ses fils, rue de Rambouillet,* 10. — Fournisseurs de la Sorbonne et de l'école normale supérieure, des écoles polytechnique, des mines, des ponts et chaussées et des lycées, du laboratoire du Jardin des Plantes, des haras impériaux. des fermes impériales et de la Manutention.

Fournisseurs des marines impériales fran-

MAISON ENFER ET

ETS DE FORGES.

Maison Enfer et ses fils. — Soufflet de forges.

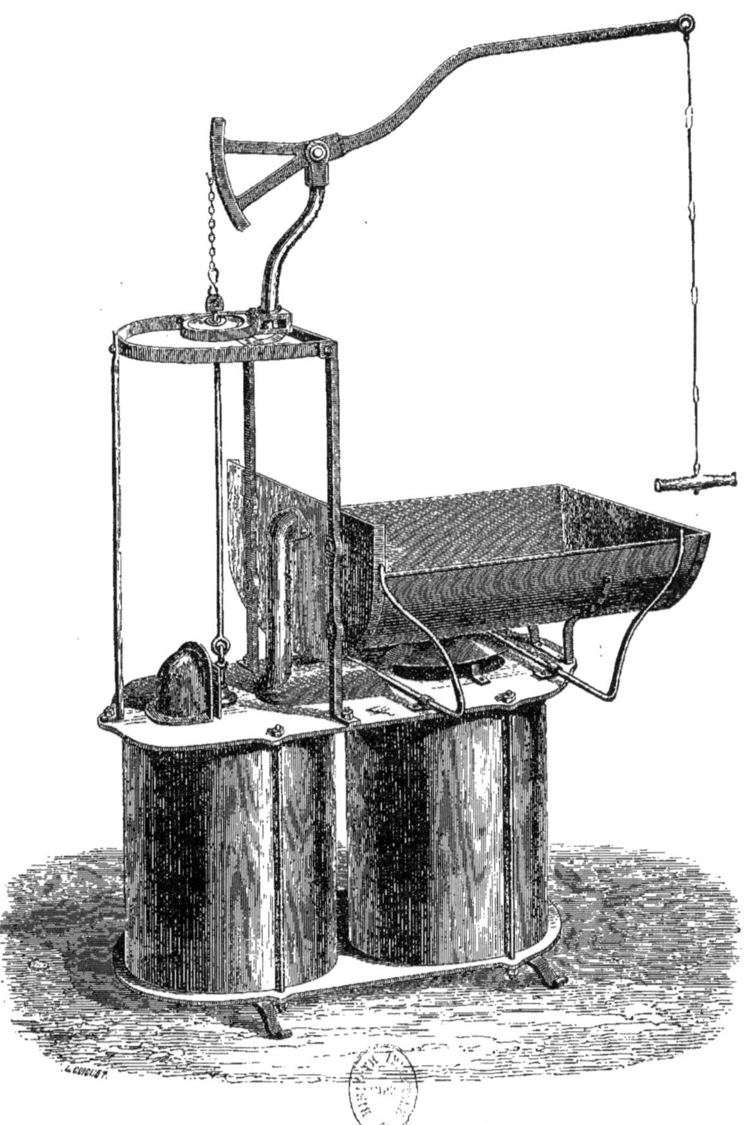

Maison Enfer et ses fils. — Soufflet de forges.

çaise et japonaise, des chemins de fer, des forges et chantiers de la Méditerranée, de la compagnie transatlantique du canal maritime de Suez, des ateliers de la Seyne, des principaux ateliers de construction de ponts et navires, machines et charpentes en fer tels que ceux de messieurs Nillus et ses fils du Havre, John Scott de Saint-Nazaire, Claparède de Saint-Denis, Joret de Montataire, Gouin, Cail, Boigues-Rambourg, Parent et Schaken, Robillard, Leseigneur, de la compagnie impériale des petites voitures, de celle des omnibus, de la compagnie des eaux de la Seine et de celles du gaz, du service municipal, de l'imprimerie impériale et des principaux vétérinaires tels que : MM. Blanc, Barthélemy, Vatel et Rochut.

Soufflets à l'usage des serruriers, mécaniciens, maréchaux, charrons, carrossiers, bijoutiers, orfèvres, appareilleurs à gaz, émailleurs ; pour la carbonisation des bois système Lapparent et pour le flambage des cannes.

Soufflets à haute pression pour les hautes températures de gaz, l'essai des conduites de gaz ; pour l'agitation des liquides, pour souder et fondre les métaux. Soufflets à 4 vents dits machines soufflantes pour les fonderies de fer, de cuivre et les hauts-fourneaux. Soufflets aspirants et refoulants pour séchage. Appareils pour soudure autogène. Dans l'un des appareils la capacité cylindrique renfermant le mécanisme est divisée en deux compartiments séparés par une cloison sur laquelle est fixé un piston ou cuir à double effet, sans frottement. Ce piston est garni intérieurement de fils de fer qui maintiennent régulièrement les plis. Le compartiment inférieur forme réservoir. A l'aide d'un piston mobile, comme celui indiqué ci-dessus, garni intérieurement d'un ressort pour régulariser et modérer la pression, lorsque l'on appuie sur le levier pour faire remonter la tige, le piston est soulevé et l'air pénètre dans l'intérieur par la soupape qui prend son aspiration à la grille du cylindre, tandis que l'air comprimé entre la surface extérieure du piston et celle intérieure du cylindre pénètre dans le réservoir par une seconde soupape fixée sur la cloison intermédiaire. Lorsque la tige descend, l'air pénètre entre l'intérieur du cylindre et l'extérieur du piston par la soupape fixée sur le plateau supérieur, et l'air comprimé dans l'intérieur du piston pénètre dans le réservoir par une seconde soupape de même construction que la première.

Ainsi entre chaque mouvement ascensionnel ou descendant, le piston aspire et refoule en même temps l'air qui s'échappe alternativement par les deux soupapes ; il en résulte pour la soufflerie un jet d'air continu, régularisé par un ressort placé à l'intérieur du réservoir.

L'avantage de ce système est de n'employer que peu de cuir et de nécessiter un seul piston pour former double vent, puisque l'intérieur du cuir piston forme un soufflet et que l'extérieur du piston et l'intérieur de l'enveloppe métallique forment l'autre. De plus, les parties composant le mécanisme étant assemblées par des vis et des boulons permettent une réparation facile en même temps que le cuir et toutes les parties essentielles sont protégées par une enveloppe métallique de l'eau, de la poussière, en un mot de toutes les avaries extérieures.

La disposition de ces soufflets permet une pression supérieure à celle fournie par les soufflets ancien système. Dans un autre appareil la forge, les soufflets et les machines soufflantes ne diffèrent des précédents que par la position du réservoir, qui se trouve placé à côté du réservoir soufflet. Cette construction permet de fixer les soufflets dans des emplacements moins élevés et de tenir le foyer plus bas, ce qui aide dans le travail des pièces lourdes. La disposition de la ferrure tournante permet de circuler autour de la forge.

LE BAROMÈTRE, *exposé par M. de Vésian*, ingénieur des ponts-et-chaussées, présente deux dispositions nouvelles : la *Légende* et l'*Index automobile*.

La légende en usage est rarement consultée avec profit, car bien souvent elle indique un temps *variable*; parfois même elle est tout à fait inexacte, car il arrive que le temps se maintient beau alors que le baromètre est à *pluie*, *et vice versâ*. Il convenait d'en chercher une autre, à la fois plus significative et plus vraie, et on l'a obtenue en y faisant entrer les éléments de la direction du vent et de l'état du ciel. Les instructions, données dans le corps de cette nouvelle légende, dispensent ici d'entrer dans de plus amples explications.

Au point de vue de la prévision du temps pour le jour même et pour le lendemain, le renseignement à demander au baromètre consiste, non à relever la hauteur absolue, mais simplement à noter s'il monte ou s'il descend. On se sert à cet effet d'un index avec lequel on repère la position de l'aiguille barométrique, ou bien l'on tapote la boîte de l'instrument jusqu'à ce que l'aiguille ait réalisé son mouvement virtuel ; mais ces deux procédés, dont le premier réclame une grande ponctualité et le second laisse souvent l'observateur dans l'incertitude, ne peuvent être employés du moment que plusieurs personnes doivent venir successivement consulter l'instrument.

L'index automobile, au contraire, accuse à tout instant la tendance du baromètre à monter ou à descendre, sans qu'on soit obligé d'y porter la main : il permet, en un mot, de reconnaître le sens du mouvement barométrique, avec la même facilité que l'heure se lit sur le cadran d'une pendule.

Le mécanisme qui produit ce résultat est extrêmement simple et se comprend à première vue. Il suffit ici d'indiquer les conséquences à tirer de la position de l'index :

Lorsque l'aiguille barométrique est en contact avec la branche *droite* de l'index, le baromètre

avec laquelle on les manœuvre, ils sont spécialement destinés à la fabrication, dans les familles, de la glace, des sorbets et autres préparations glacées. Ils sont également employés dans les laboratoires de physique et de chimie, pour obtenir de basses températures. Lorsque leur production est de 2 kilog., ils peuvent frapper directement et successivement 3 ou 4 bouteilles de champagne. Le prix de revient du kilogramme de glace varie de 3 à 5 centimes, selon le prix du charbon.

La durée du chauffage pour l'appareil de 1 kilogramme est environ de 45 minutes.

La durée du chauffage pour celui de 2 kilogrammes est d'environ 1 heure 30 minutes.

La durée de la congélation est à peu près la même que celle du chauffage.

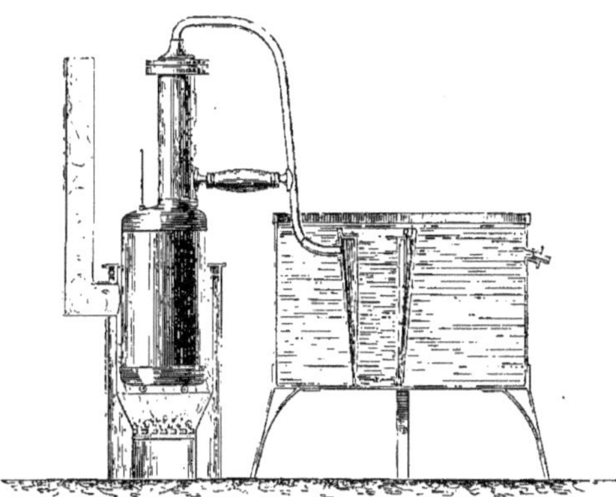

est *montant*; lorsqu'elle est en contact avec la branche *gauche*, il est *descendant*; lorsqu'elle se trouve *isolée* entre les deux branches, il vient d'éprouver dans sa marche un *rebroussement*.

Il convient de remarquer que cette dernière circonstance, si importante à noter, échappe aux procédés ordinaires d'observation, et n'a pu jusqu'à ce jour être saisie que par le *Barométrographe*.

APPAREILS CARRÉ. — *Mignon et Rouart.* — *Pour la production économique du froid artificiel et de la glace par l'action directe de la chaleur. — Appareils domestiques.* Ces appareils renferment une solution ammoniacale qui sert indéfiniment. — Ils n'exigent, pour leur fonctionnement, que du *feu* et de l'*eau*; et, aussitôt qu'ils viennent d'achever une opération, ils sont prêts à en recommencer une nouvelle.

A cause de leur simplicité et de la facilité

Les appareils industriels ont pour but d'obtenir *la production, en grande quantité*, de la glace ou du froid par l'action directe de la chaleur.

L'emploi du moteur n'est nécessaire que pour les appareils dont la production dépasse 50 kilogrammes environ de glace à l'heure. Ils sont chauffés à volonté, soit à feu nu, soit par la vapeur. La quantité d'eau nécessaire au fonctionnement de ces appareils varie avec sa température ; elle est généralement comprise entre 15 et 25 litres par kilogramme de glace produite. La perte en ammoniaque est toujours excessivement petite relativement à la production. Un kilogramme de houille brûlée produit de 8 à 12 kilogrammes de glace, suivant la dimension des machines.

Les dispositions des congélateurs de ce genre d'appareils varient beaucoup avec l'effet qu'on se propose d'obtenir. Ils ont déjà été appliqués à des cristallisations continues, comme, par exemple, à la fabrication du sulfate de soude extrait des eaux mères des marais salants; — à des concentrations et distillations par le froid, comme pourrait être la distillation de l'eau de mer; — à des fabrications où il est besoin de maintenir la fermentation dans des conditions qui ne permettent pas aux produits fabriqués de s'aigrir et de perdre leur qualité, comme il arrive dans la brasserie; — à la conservation des denrées alimentaires. etc.. etc.

des dépêches. Les postes sont en moyenne distantes d'un kilomètre les unes des autres. Il fallait faire un appareil qui reçût les dépêches dans le local où il était installé et qui les renvoyât dans le local voisin. Nous pensâmes naturellement à employer une conduite tubulaire parfaitement étanche, mise en communication à un moment donné avec des réservoirs convenablement appropriés, dans lesquels on pourrait, à volonté. produire le vide et la compression au moyen de machines à double effet. Dans cette conduite tubulaire devait circuler un

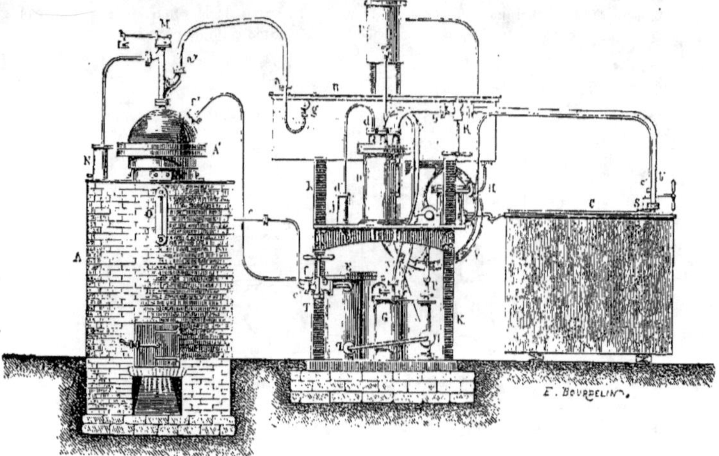

L'emplacement nécessaire pour un appareil de :

25 kilos est de 18 m. q. (3 m. sur 6)
50   —   27   —   (3 m. sur 9)
100   —   36   —   (4 m. sur 9)
200   —   55   —   (5 m. sur 11)

Deux hommes suffisent pour la manœuvre de ces appareils, en outre du moteur nécessaire pour les appareils de 100 et 200 kilogrammes.

APPAREIL DE TÉLÉGRAPHIE ATMOSPHÉRIQUE de MM. *Mignon et Rouart.*

Le problème qui se présentait à résoudre était celui-ci : Expédition rapide d'un grand nombre de dépêches manuscrites dans l'intérieur de Paris, sans grande dépense. Après avoir cherché bien des combinaisons, nous sommes restés convaincus que le moyen qui paraissait le plus pratique était d'installer dans chaque bureau télégraphique un appareil capable de faire l'émission et la réception

chariot piston porteur des dépêches. La réalisation de cette idée présentait les difficultés suivantes :

1° Etablissement de la ligne.

2° Combinaison d'un chariot pouvant marcher à grande vitesse dans des courbes d'un rayon souvent très-court.

3° Enfin l'installation des machines dans les locaux où s'effectue le service télégraphique.

Voici comment nous avons résolu ces trois points. La conduite est faite en tuyaux de fer d'une grande longueur soudés à recouvrement, lissés à l'intérieur. réunis entre eux par des emboîtements rendus étanches par le caoutchouc. cintrés au besoin, sans déformation sensible sur les courbes nécessitées par le service. Le chariot est un simple tube en métal ou en cuir. protégé par du métal d'un diamètre sensiblement plus petit que celui de la conduite

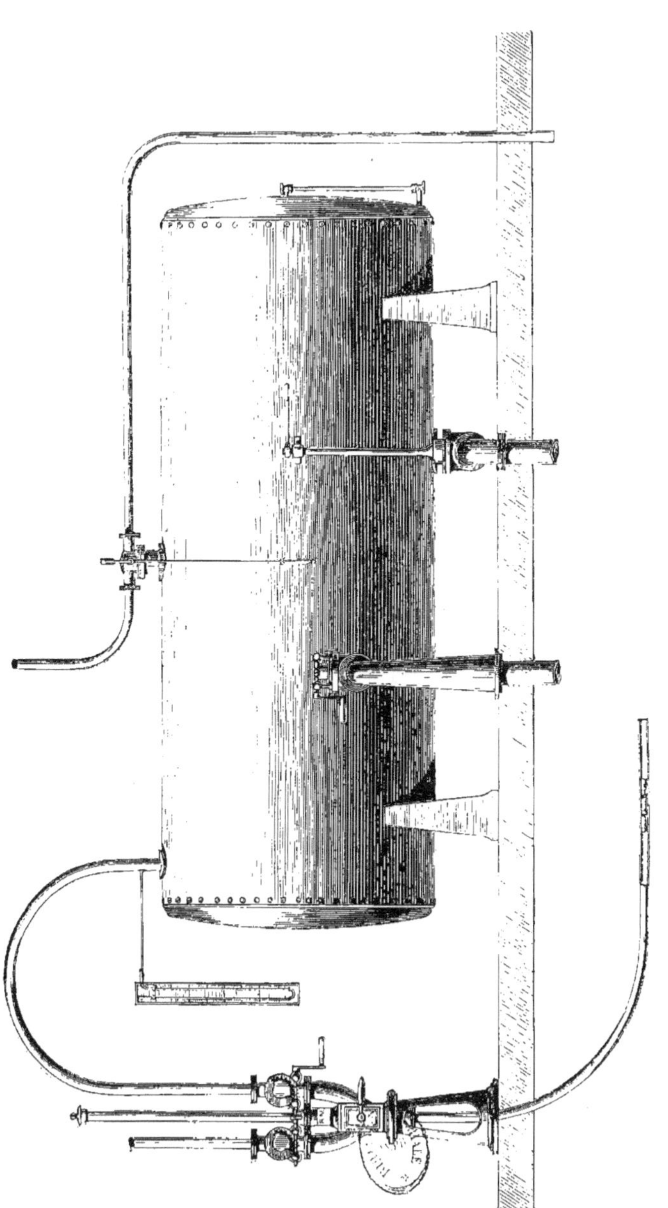

dans laquelle il doit se mouvoir, et muni intérieurement d'un cuir fendu s'emboutissant comme un piston de pompe. Le petit diamètre du chariot permet son mouvement facile dans le tube même, dans les courbes de petit rayon. Le cuir postérieur empêche les pertes d'air. Dans l'intérieur du chariot sont placées les dépêches. Les machines pneumatiques ordinaires présentaient de grandes difficultés d'emploi. Ce sont d'abord des machines délicates ; si on les veut bonnes, elles exigent une grande force motrice. Il était impossible de les installer dans les bureaux télégraphiques établis dans des locaux restreints, au centre de quartiers populeux et riches. Je pensai alors à utiliser, pour produire le vide, le baromètre à eau, et pour la compression, la pression des eaux du canal de l'Ourcq. L'organisation actuelle du service télégraphique nous a permis de nous contenter de ce dernier moyen, c'est donc le seul sur lequel j'insisterai.

Qu'on suppose une grande cuve ayant un volume double de la conduite en rapport avec elle par un robinet qui peut s'ouvrir à volonté, en rapport avec les conduites de la ville par une vanne. Il est clair que cette cuve, étant complétement fermée, si je fais arriver un volume d'eau égal à la moitié de sa capacité, j'aurai un volume d'air comprimé à une atmosphère différentielle égal au volume de la conduite. En ouvrant le robinet de communication entre la conduite et le réservoir, je produirai le mouvement du chariot jusqu'à l'extrémité de la ligne.

Chaque chariot 40 dépêches, douze chariots simultanément, soit 480 dépêches : douze trains par heure, cinq à six mille dépêches.

PROCÉDÉS DE CALFEUTRAGE. *M.M. Jaccoux et fils, rue Richer*, 20, exposent parmi leurs produits, des appareils curieux et intéressants, dont la destination est de clore hermétiquement les portes, par le bas, en opérant un effet mécanique, sans mécanisme, par un simple point d'appui sur le chambranle. Ces industriels, fournisseurs des Palais Impériaux et de divers ministères, réunissent par leurs différents systèmes de calfeutrage, à intercepter l'air et le froid aux croisées, aux portes et au bas des portes mal ajustées ou rognées pour causes quelconques, tassements, pose de tapis, usure de seuil, etc.

L'invention des plinthes mécaniques est d'une simplicité parfaite et elle est destinée à devenir un jour d'un usage général, car il n'y a pas de porte fermée qui ne laisse, par le bas, plus ou moins de jour, que les plinthes retirent complétement.

ASPIRATEUR NOUALHIER. *55, rue Fontaine-au-Roi.* — L'aspirateur Noualhier est un ajustage destiné à accroître considérablement le tirage des cheminées à l'extrémité desquelles il est placé. Il se compose essentiellement de deux

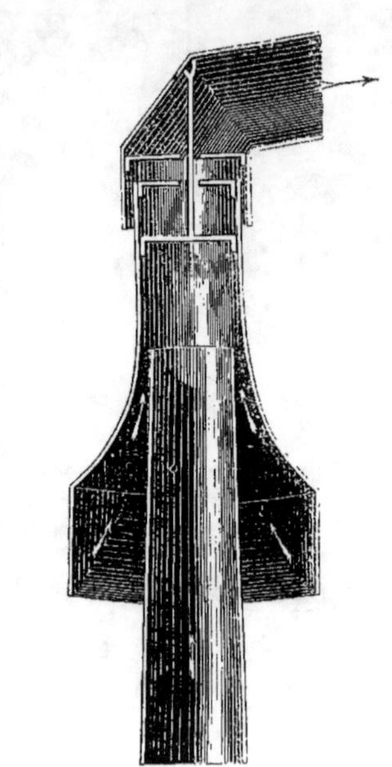

cylindres creux et concentriques en tôle ou en zinc. Ces deux cylindres sont, dans tous les points de leur étendue, séparés l'un de l'autre par un petit espace circulaire qui laisse passage à l'air. Le cylindre intérieur ne représente autre chose que la continuation du tuyau de la cheminée ; il se termine à peu près au milieu de la longueur du cylindre extérieur dans lequel il est contenu. Ce dernier est complétement fermé dans celle de ses extrémités qui correspond à l'extrémité inférieure du cylindre intérieur. L'appareil en place fait suite à l'un de ces tuyaux en briques qui dominent le faîte de toutes nos maisons. L'air s'introduit par une ou deux des ouvertures pratiquées au bas du cylindre extérieur et cet air, une fois introduit, ne peut s'échapper que par l'extrémité supérieure de ce cylindre, puisque son extrémité inférieure est complétement fermée. Mais il rencontre, chemin faisant, le point où se termine le cylindre intérieur, et celui-ci n'étant que la suite du tuyau de la cheminée auquel il est scellé, les molécules d'air placées en ce point entre les deux cylindres sont sollicitées à suivre le mouvement ascensionnel de l'air qui s'échappe par le tuyau extérieur. Les molécules d'air situées au-dessous de celles-ci viennent les remplacer, et un tirage considérable est la conséquence de cette ingénieuse application d'un des plus simples principes de la physique.

Les appareils doivent être placés bien d'aplomb et être consolidés au moyen de trois fils de fer, passés dans les agrafes qui se trouvent au haut de l'appareil, et attachés sur le toit. Il est nécessaire en outre que l'appareil soit placé sur le toit, de manière à être exposé au vent de tous côtés.

COLONNE MOBILE BLAVET. — S'apercevant de la mauvaise disposition des colonnes d'éclairage fixes pour atteindre un bon service, M. Blavet, d'Étampes, a su combiner une colonne mobile, d'une construction simple et solide, dont le principal avantage est évidemment la suppression de l'échelle, ce qui amène une

promptitude et une facilité énorme dans le service. Cette colonne fonctionne dans plusieurs localités : Étampes (Seine-et-Oise), Oisonville (Eure-et-Loir), Sainte-Croix-aux-Mines (Haut-Rhin), Saint-Pierre-Église (Manche), Tonneins (Lot-et-Garonne), Yenne, arrondissement d'Albertville, près Chambéry (Savoie), Tunis... en possèdent. La figure 1 représente la colonne mobile d'éclairage pendant le nettoyage, l'allumage, en un mot, la position qu'elle occupe à hauteur d'homme pour le service. Sa position pendant l'éclairage est suffisamment indiquée par la figure 2. Il n'existe aucune différence à

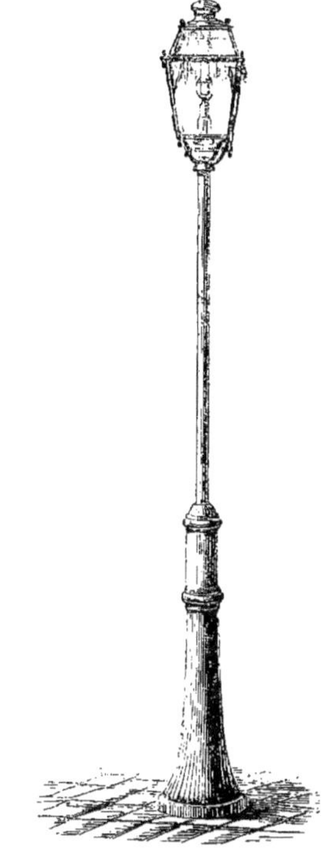

la vue entre ces réverbères et les anciens. Une très-petite clé d'arrêt introduite en A sert à fixer d'une manière invariable et solide la lanterne dans la position de la figure 2. Du reste, cette dernière étant équilibrée dans toutes ses positions, il n'y a aucun choc à craindre pendant la manœuvre. Par sa forme, qui se rapproche beaucoup de celle des candélabres à gaz, et qui peut même en tenir lieu, cette colonne mobile est d'un transport facile et peut être expédiée prête à fonctionner. Sa forme légère, bien que n'excluant pas la résistance (sa construction étant en fonte et fer creux), lui permet

La pose aussi en est très-facile et peut être exécutée par le premier ouvrier venu. Le dé d'assise ou socle fixé bien horizontalement et l'extrémité du tube de fonte en prolongement, engagée dans la partie creuse de la pierre, il

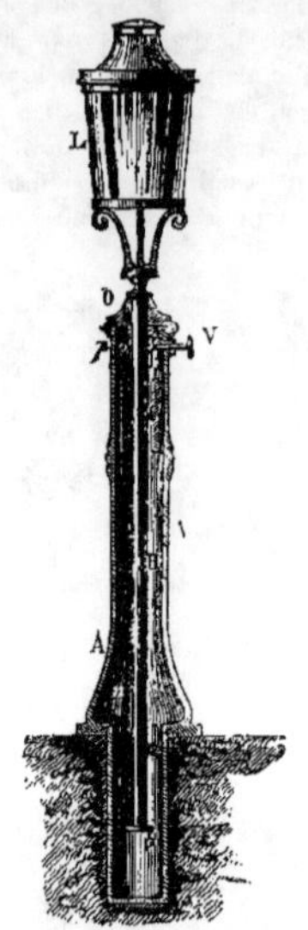

de trouver place, comme cela a déjà lieu, dans

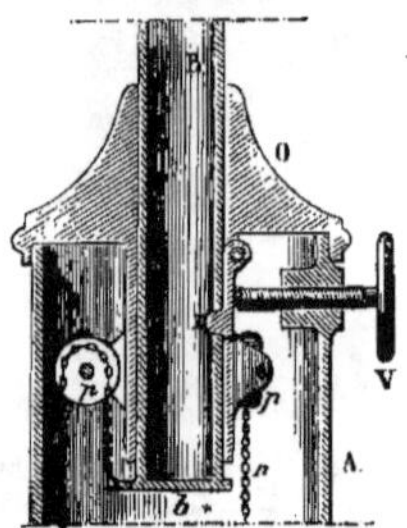

les propriétés particulières, parcs, avenues, quais, chemins de fer, etc.

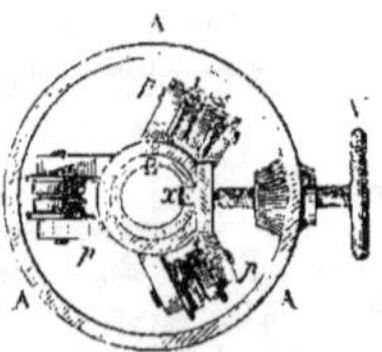

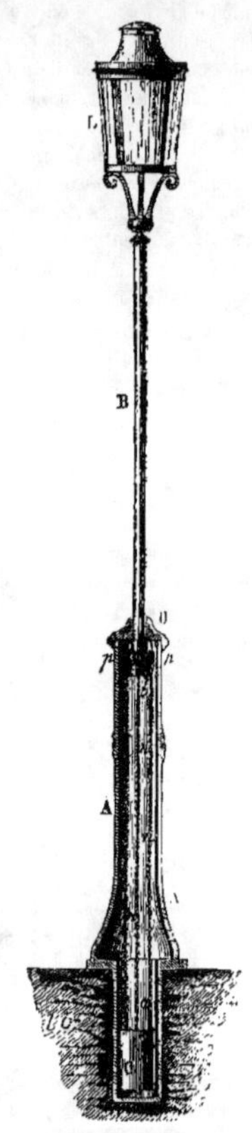

n'y a plus qu'à s'assurer de la parfaite perpendicularité de la colonne, en ayant soin de ne la développer pour cela qu'après l'avoir munie de sa lanterne: alors seulement avec la clé, on pourra rendre la partie ascendante libre sans inconvénient. Après avoir garni de pierres sèches d'abord le fond de la fosse et ensuite de béton jusqu'à l'affleurement de la partie inférieure du socle, la colonne est solidement fixée.

APPUI MOBILE A RESSORT *pour croisées et balcons.* — Ces appuis sont faits pour permettre de s'appuyer sur une barre de croisée ou de balcon. Ils s'ouvrent de toute la distance exigée par la barre, en prenant les deux poignées, et se referment seuls au moyen de ressorts invisibles. Ils pincent, par leur pression naturelle, les barres de fenêtre ou de balcon, soit en bois, soit en fer, sur lesquelles on les pose sans aucune précaution, et s'enlèvent de l'estomac; ensuite le moyen de pouvoir les changer d'une fenêtre sur un balcon et de les enlever à volonté : ce qui permet de les conserver toujours très-propres et de pouvoir les transporter même à la campagne, comme tout autre meuble. Leur mécanisme est garanti et ne peut jamais périr : leur pression sera toujours la même.

même. Ils sont garnis de crins et recouverts de l'étoffe que l'on peut désirer, soit en velours ou autrement, avec franges ou clous dorés.

Les prix varient suivant la richesse de l'étoffe et la longueur, c'est-à-dire de 15 à 25 francs le mètre de long, non garni, 10 francs le mètre, les plus grandes longueurs pour balcons seront traitées proportionnellement.

De tous les essais que l'on a faits jusqu'à ce jour pour se poser à son aise aux fenêtres ou sur un balcon, aucun n'a pu réunir l'avantage que nous offrent ces appuis, non-seulement par leur facilité à être posés, mais encore par l'agrément que l'on y trouve de s'y appuyer avec douceur, sans se fatiguer ni les coudes ni

APPAREILS DE CHAUFFAGE *d'Ascanio Aureliani.* — La première étude qui a entièrement réussi (par le fabricant) fut celle du calorifère dit Photosphore. Il s'agissait de trouver un système économique et facile à diriger. M. Ascanio Aureliani a combiné un appareil dont l'enveloppe peut être en tôle ou en fonte. La combinaison intérieure a pour but d'adapter un foyer propre à brûler toutes sortes de combustibles, et donner en même temps l'agrément de voir le feu.

Pour arriver à ce résultat, M. Aureliani fit à ses calorifères une ouverture à l'enveloppe extérieure et une autre à l'enveloppe intérieure. La première munie d'une porte facile à monter et

Appareil de chauffage Aurehani.

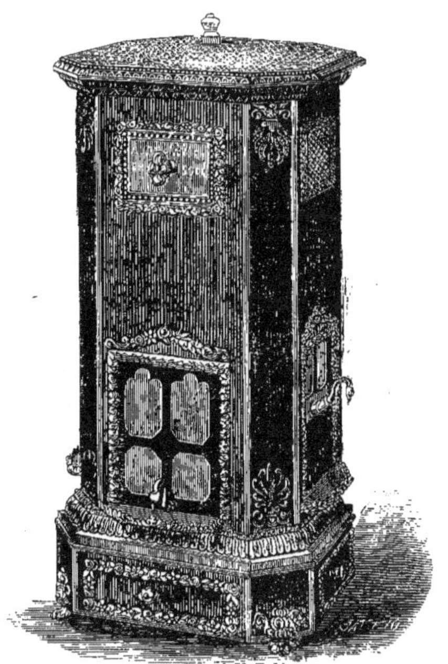

Appareils de chauffage Aureliani.

à descendre, la deuxième d'une grille mobile formant balcon.

Au-dessus de la première ouverture, destinée au maniement et à la décharge des résidus de combustible, est une grille perpendiculaire fixée au besoin pour brûler soit du charbon de terre ou du coke. En retirant cette grille, on peut, sans changer les distributions intérieures, brûler du bois. Et l'on obtient une chaleur très-salubre.

Les fourneaux de cuisine sont économiques par leur système de construction intérieure, et leur foyer est également apte à brûler toutes sortes de combustibles. Le parcours de fumée, à l'intérieur, a été réduit, sans cependant diminuer en rien la chaleur suffisante au four de rôtisserie.

Un petit réchaud attenant au fourneau chauffe un grand récipient d'eau, et évite,

Scie à pédale, Roverix de Cabrières.

Ce genre de calorifère ne donne pas d'odeur.

Les foyers des calorifères sont construits en briques réfractaires. Ces foyers se chauffent graduellement, la chaleur se maintient longtemps : la porte au-dessus du foyer étant parfaitement fermée, on a adapté un appareil fumivore qui s'ouvre pour l'introduction du combustible, par la même clé que la porte du foyer. Les cheminées sont faites dans le même genre, mais demandant plus d'élégance, on a appliqué sur leur devanture de petits écussons en peinture ou en fonte ornée.

le matin ou dans la grande chaleur, la peine d'allumer le grand foyer.

SCIE A PÉDALE, DITE DE PRÉCISION,
par M. le baron de Roverix de Cabrières, de Nîmes (Gard). — La machine exposée par M. le baron de Cabrières, est destinée à remplir plusieurs conditions qui en font un appareil multiple, capable de tourner, de percer, de scier et d'aiguiser. Le bois et les métaux peuvent également être travaillés sur cette machine, il suffit pour cela de changer les outils en les appro-

priant à la nature de la matière à ouvrer. Cette machine se distingue surtout par sa simplicité, malgré la multitude des opérations qu'elle est appelée à effectuer; par suite, son prix en est peu élevé, ce qui la met à la portée de toutes les petites industries qui réclament un outillage de précision.

La machine exposée n'est pour ainsi dire qu'un modèle d'une faible puissance, mais il est évident que rien ne s'oppose à en augmenter les dimensions pour des travaux plus importants demandant une force motrice plus grande.

Le dessin ci-dessus représente en perspective le modèle qui figure à l'Exposition universelle.

La machine se compose d'une table en bois supportée par quatre pieds droits réunis par des traverses; c'est sur cette table que sont fixés les différents organes de l'appareil. Une seconde table, fixée au moyen de charnières au bâti de la première table, est soutenue par un pied articulé permettant de rabattre la table selon les besoins.

Une poulie à gorge servant en même temps de volant, est montée sur un petit arbre à manivelle supporté par deux poupées verticales fixées sur la table: cette poulie donne le mouvement à un second arbre muni également d'un volant et porté par deux autres poupées verticales.

L'extrémité de ce second arbre est disposée comme le nez d'un arbre d'un tour à pointes et peut recevoir indifféremment un foret ou une pièce à tourner, ou bien encore une petite meule à aiguiser.

A la manivelle du premier arbre se trouve fixée l'extrémité d'une petite bielle qui se relie à un coulisseau en métal glissant dans un guide fixé à la table; c'est à l'extrémité du coulisseau qu'est attachée l'extrémité de la lame de scie dont la partie inférieure est munie d'une armature en cuivre qui glisse dans un canon en fer retenu prisonnier dans la table inférieure.

Ce canon peut cependant tourner librement sur lui-même, afin de conduire aisément la lame de scie pendant le découpage. La partie inférieure de l'armature de la scie est reliée à une petite tringle en fer fixée à la pédale.

Le mouvement du pied de l'opérateur détermine celui de la machine dont toutes les parties sont toujours prêtes à fonctionner.

Une telle machine construite selon tous les principes de la mécanique, avec bâti en fonte, chariot à vis, etc., peut aisément trouver son emploi dans toutes les industries, car il n'en est aucune qui ne réclame le secours d'une scie, d'un foret ou d'un tour, et la machine de M. de Cabrières remplit toutes ces conditions avec une précision vraiment remarquable, ce qui la rend pour ainsi dire indispensable dans un petit atelier, où la place ne permet pas d'installer des outils séparés.

Le prix peu élevé auquel on peut livrer cet outil multiple, le met à la portée de tous, et en rendra l'usage presque général chez la plupart des ouvriers.

GRUE A VAPEUR A ACTION DIRECTE, système J. Chrétien. 150, boulevard Richard-Lenoir, à Paris.

— Pendant toute la durée de l'Exposition, les visiteurs, qui ont parcouru, au Champ-de-Mars, la partie du parc comprise entre le Cercle international et l'avenue Suffren, ont pu remarquer une grue à vapeur de la force de 3,000 kilogrammes, fonctionnant avec une rapidité et une précision telles que le bloc de pierre suspendu à la chaîne, exécutait les évolutions les plus capricieuses au grand étonnement de la foule. L'attention des vrais appréciateurs était alors plus spécialement attirée, et l'inspection raisonnée de cette ingénieuse machine leur faisait bien vite reconnaître l'un des chefs-d'œuvre de l'Exposition.

Les gravures que nous reproduisons montrent, au premier coup d'œil, des dispositions harmonieuses, élégantes en même temps que des organes dont les proportions assurent à tout le système un degré de force et de stabilité vraiment remarquables. L'agencement général laisse au conducteur une place commode, de laquelle il voit et dirige ses manœuvres avec la plus grande facilité; de la main droite il tient un levier qui lui sert à élever ou à descendre les fardeaux, de l'autre il tient une manivelle à l'aide de laquelle il fait pivoter toute la grue autour de son axe. Ces deux mouvements se font ensemble ou séparément et exigent si peu de force musculaire, qu'un enfant de quinze ans peut, sans fatigue, suffire au travail de toute une journée, ainsi que cela s'est fait souvent au bassin de La Villette, où fonctionne la magnifique grue flottante que représente notre gravure.

Les grues à action directe dont il s'agit peuvent faire aisément 60 à 80 manœuvres complètes par heure, c'est-à-dire charger ou décharger 60 à 80 colis dans ce temps, pourvu toutefois qu'ils soient d'un arrimage facile et expéditif. On le conçoit du reste fort bien si l'on remarque qu'à chaque mouvement de la main de l'ouvrier correspond la montée ou la

Gruc Chrétien.

A. Chaudière, générateur à vapeur.
B. Longerons en fer formant tender, avec caisses à eau et à charbon.
C. Cloche en fonte recouvrant le pivot central monté sur le chariot roulant.
D. Levier de manœuvre pour la levée et la descente des fardeaux.
E. Cylindre à vapeur.
F. Bras en fer formant, avec le cylindre, la volée de la grue.
G. Tirants servant à retenir la tête de la volée.
H. Deux poulies portées par la chape de la tige du piston.
I. Poulie intermédiaire servant à moufler la chaîne.
J. Poulie de renvoi placée en tête de la volée.

K. Point fixe d'attache à la chaîne.
L. Orifice d'arrivée de la vapeur.
M. Orifice servant à l'introduction et à l'échappement de la vapeur par le haut du cylindre.
N. Orifice servant à la sortie de la vapeur, afin de mettre le haut et le bas du cylindre en communication.
OP. Tige de butée limitant automatiquement la course du piston.
QR. Levier transmettant l'action de la tige OP au tiroir de distribution.
S. Tringle conduisant les tiroirs d'introduction et d'échappement.
T. Appareil dynamométrique.
U. Manivelle à l'aide de laquelle on fait tourner la grue.

descente d'une charge, et il suffit d'avoir vu fonctionner une seule fois un marteau-pilon pour se rendre compte de la rapidité comme de la précision que peut donner l'action directe de la vapeur.

La gravure ci-dessus avec la légende qui l'accompagne, permet de se rendre compte des principaux détails d'exécution.

Tout l'appareil est monté sur un chariot qui porte le pivot central autour duquel tourne tout le reste de la machine. La chaudière, placée en arrière pour servir de contrepoids et équilibrer la charge, est reliée à l'enveloppe du pivot par deux longerons en tôle qui forment une sorte de tender dans lequel l'ouvrier se trouve très-commodément placé. La flèche ou volée de la grue, se compose d'un long cylindre dans lequel la vapeur agit en tirant sur le piston, et d'un bras en fer qui porte les poulies sur lesquelles la chaîne se moufle. De cette façon, quand le piston tire sur les poulies que porte l'extrémité de sa tige, chacun des brins de chaîne enroulés s'allonge d'une quantité égale à la course du piston. Par conséquent, si le mouflage a lieu en donnant 2, 4, 6 ou 8 brins, le crochet parcourt une longueur égale à 2, 4, 6 ou 8 fois la course du piston : par contre, la vitesse étant égale à 2, 4, 6 ou 8 fois celle du piston, la charge soulevée n'est égale qu'à la pression exercée sur la surface du piston divisée par le nombre de brins.

Le mode d'action de la vapeur dans le cylindre est des plus intéressants. Le tiroir qui distribue la vapeur la fait arriver dans le haut du cylindre de sorte qu'elle agit en tirant sur le piston, et quand celui-ci a achevé sa course, si l'on change la distribution, la vapeur cesse d'arriver de la chaudière, et celle qui était emprisonnée dans le cylindre passe en dessous du piston pour remplir à la fois les deux capacités que forme celui-ci dans le cylindre : il n'y a donc pas échappement en ce moment, et la vapeur agit alors sur les deux faces, de sorte que le crochet de la chaîne redescend par l'action seule du contrepoids, aidé par le léger excès de pression qui se trouve en dessous du piston, à cause de l'espace occupé par la tige qui est au-dessus.

Comme utilisation du travail de la vapeur, ces grues rendent de 80 à 85 0/0 alors que les meilleures grues à vapeur des autres systèmes n'atteignent pas 30 0/0, et que les grues hydrauliques les mieux établies ne donnent qu'un rendement compris entre zéro et 20 0/0.

L'excellence de ces nouveaux appareils a été promptement reconnue et déjà on les trouve fonctionnant dans presque tous les ports de France, en Algérie, et dans beaucoup de pays étrangers. A Paris, on compte six grues roulantes, une grue flottante, et environ trente monte-charges divers.

M. Chrétien avait installé un appareil monte-charges à vapeur au Cercle international pour le service du restaurant.

Cet engin, qui est alimenté par une petite chaudière à vapeur placée dans un coin de la cave, n'est autre chose qu'un long cylindre fixé le long de la muraille, et le piston de ce cylindre tire sur une moufle à 6 brins ; c'est, en quelque sorte, la flèche de la grue précédemment décrite placée verticalement, dont la chaîne tire, au moyen d'une poulie de renvoi, sur le plateau monte-charges. Ce plateau est guidé aux quatre angles sur toute la hauteur qui est de douze mètres. L'ascension ou la descente des charges a lieu en trois secondes sans secousses et sans bruit.

Lorsque nous aurons dit que pendant toute la durée de l'Exposition, cet appareil n'a cessé de fonctionner pour monter ou descendre les plats, la vaisselle, etc., sans qu'il y ait eu une seule assiette renversée ou un seul verre cassé, nous aurons suffisamment dit que la douceur des mouvements ne laisse rien à désirer, et que la précision des manœuvres doit être parfaite pour que, dans des conditions semblables, il n'arrive aucune avarie. L'inventeur ne pouvait choisir une meilleure application pour démontrer, victorieusement, qu'il n'y a rien à douter de l'emploi de ses appareils dont la docilité se montre si parfaite.

APPAREIL AUTOMATIQUE ÉLEVANT DE L'EAU, *de M. de Caligny*. — Cet appareil fonctionne au moyen d'une chute d'eau, pouvant être transformé soit en moteur hydraulique à flotteur, si la pièce T est mobile, soit en machine soufflante ou à comprimer de l'air si l'on supprime la pièce T.

Fig. 6. Coupe horizontale. XXX guides verticaux. III Tiges fixées au tuyau mobile et glissant le long des guides.

Fig. 7. Forme rustique de l'appareil avec balancier A B C sans flotteur, le parapluie renversé étant traversé par des guides fixes verticaux C D.

Fig. 8. Forme de l'appareil n'ayant de mobile qu'une vanne cylindrique V V ou une soupape de Cornwall avec les guides glissant sur des pièces fixes. Si, au lieu d'une partie du reste du tuyau devenu fixe, on dispose à une hauteur convenable un récipient d'air, avec soupape de retenue, en supprimant la pièce T la colonne liquide ascensionnelle introduit alternativement de l'air comprimé dans ce récipient. La quantité d'air qui n'y entre pas

par les tiges I K L M. N O Flotteur qui lui est attaché. P Q Réservoir recevant l'eau élevée. R Bief d'amont. R' Bief d'aval. S S Poignées pour relever le tuyau mobile. T Pièce fixe cylindrique en bois. Y Z Armature en fer

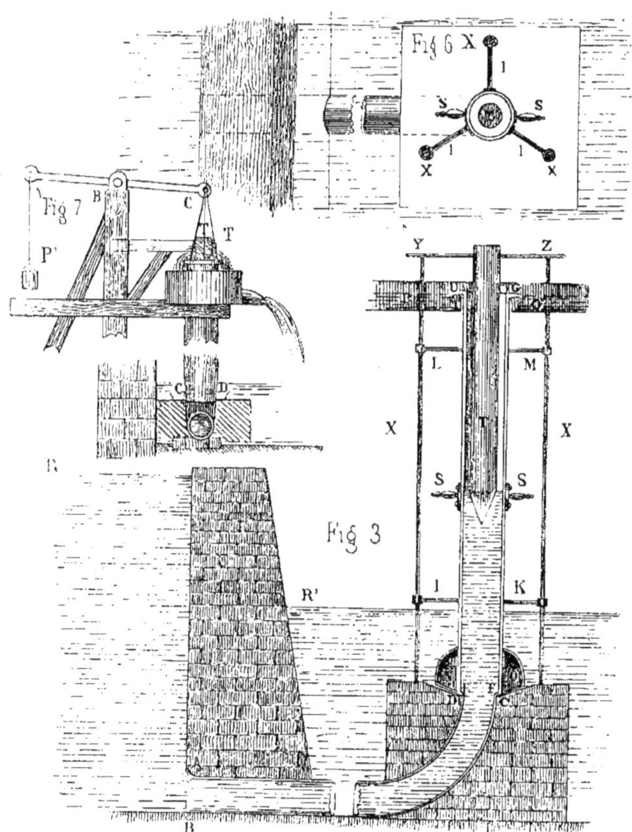

cause, par sa détente, une oscillation en retour qui fait le même effet que dans l'appareil considéré comme élévatoire, parce que l'air extérieur rentre par des soupapes latérales disposées au sommet de la chambre de compression sous, le récipient d'où l'air comprimé est conduit à sa destination industrielle.

Fig. 3. État de repos A B C D. Tuyau de conduite fixe E F G H. Tuyau en tôle mobile guidé

reliant la pièce fixe T aux guides X X X, le diamètre du tuyau E F G H est plus grand que celui de l'extrémité F F, l'eau qu'il contient presse la couronne E F et la tient fermée. Le niveau de P Q est au-dessous de G H : le plus grand diamètre de D C a été d'un mètre, le moindre de cinq centimètres, le tuyau A B C D' doit être assez long.

APPAREIL PORTATIF A DISTILLATION CONTINUE. — L'appareil portatif à distillation continue de M. Egrot, est d'invention toute récente ; cependant il est déjà entré dans un certain nombre de fermes, soit en France, soit à l'étranger ; simple, léger et donnant de bons

sentent les grandes distilleries : ainsi la distillation s'opère promptement et l'épuisement des liquides est complet. Il donne en premier jet des eaux-de-vie à 30 degrés et des alcools rectifiés à 90 degrés. En outre, son installation est extrêmement facile, en sorte qu'il peut être

Distillerie mobile.

pro luits, il paraît appelé à rendre des services, particulièrement à la petite et à la moyenne culture.

Cet appareil n'est pas autre chose que le système fixe à distillation continue du même constructeur, modifié de manière à rendre possible son agencement sur une voiture et devenu ainsi portatif. M. Egrot affirme qu'il joint aux facilités de transport les avantages que pré-

mis en fonction dès son arrivée sur les lieux.

Enfin il procure une économie notable de combustible. Il n'est pas besoin de faire ressortir les bénéfices que trouveraient les petits propriétaires dans l'emploi d'une machine de ce genre qui pourrait desservir plusieurs exploitations et se transporter dans les fermes, à tour de rôle, au fur et à mesure des besoins. M. Egrot construit des distilleries portatives de diverses gran_leurs. Le plus petit modèle traitant de 15 à 20 hectolitres par 24 heures, peut être traîné par deux hommes. Les appareils plus grands nécessitent pour leur déplacement l'emploi d'un

M K Plateau de distillation.

H Colonne à rectifier.

I Col de cygne conduisant les vapeurs de la colonne à rectifier dans le chauffe-vin G.

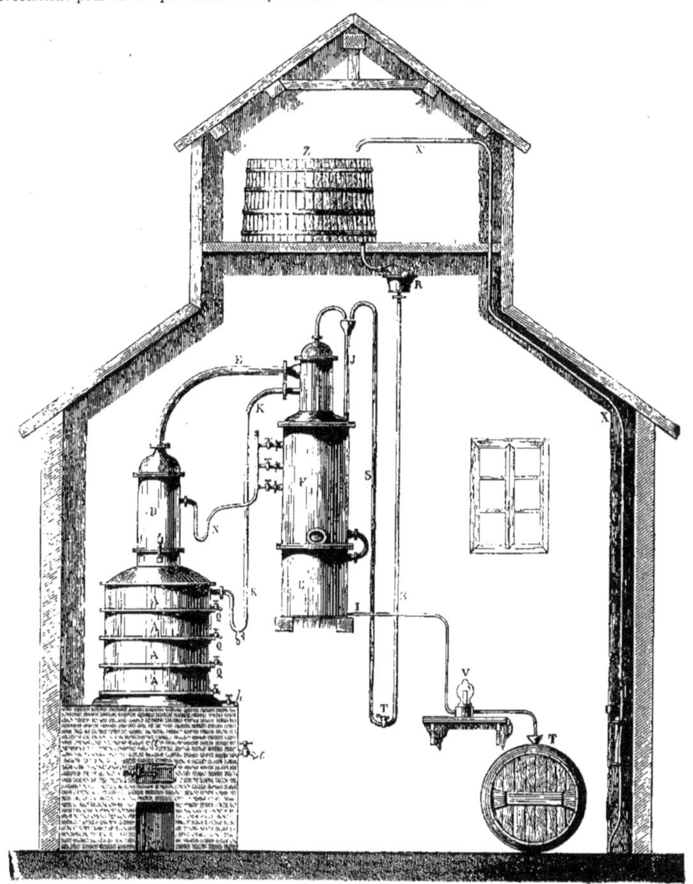

Distillerie fixe.

cheval en bonne route, mais deux chevaux suffiront toujours quel que soit le mauvais état des chemins.

Pour mieux faire comprendre la disposition de cette machine, nous donnerons d'abord la légende de la figure.

L Chaudière en cuivre entourée de son fourneau en tôle.

G Réfrigérant.

J J Tuyau et robinets de rétrogradation des vapeurs alcooliques.

E E Entonnoir et tuyau recevant le vin et le portant au bas du réfrigérant.

A B Pompe aspirante et foulante servant à l'alimentation du réservoir D.

C Tuyau conduisant le vin dans le réservoir D.

D Bac surmontant l'appareil et recevant le vin.

F Un des supports du réservoir supérieur.

D Trop-plein du réservoir.

Voici comment fonctionne la distillerie :

Avec la pompe B, placée sur le bâti de la voiture, on élève le liquide à distiller (supposons que ce soit du vin) dans le réservoir supérieur D; on ouvre le robinet à cadran E et on remplit toutes les pièces de l'appareil, excepté la chaudière L que l'on a eu soin préalablement de remplir avec d l'eau.

On ferme alors le robinet à cadran et on met le feu sous la chaudière. La vapeur d'eau qui se dégage passe d'abord sur le premier plateau M, où elle absorbe une certaine quantité de vapeur alcoolique ; en traversant le second plateau K elle s'enrichit d'une nouvelle proportion d'alcool, enfin elle achève de se saturer dans le troisième compartiment. Cette vapeur chargée d'alcool arrive dans la colonne à rectifier H, où elle abandonne la majeure partie de son eau et de son huile essentielle; puis elle est amenée par le col de cygne I dans le serpentin réfrigérant, dont la partie supérieure fait l'office de rectificateur. Les vapeurs alcooliques qui ont été entraînées avec la vapeur d'eau dans le réfrigérant retournent dans la colonne à rectifier par le tuyau JJ. Les vapeurs qui n'ont pas été condensées à la partie supérieure du réfrigérant se condensent à la partie inférieure et sortent à l'état d'eau-de-vie ou d'alcool, selon que les robinets de rétrogradation JJ ont été fermés ou ouverts,

A ce moment, on ouvre le robinet à cadran. Le liquide à distiller contenu dans le réservoir arrive à la base de l'enveloppe du serpentin, soulève le vin qui s'y trouve et fait couler celui qui a été échauffé par la condensation dans un tuyau qui l'amène au plateau supérieur de distillation; là il est soumis à l'action des vapeurs venant de la chaudière, vapeurs qui le dépouillent en partie de son principe alcoolique; il perd le reste de son alcool en traversant les deux plateaux, il retombe enfin dans la chaudière à l'état de vinasse, et par l'ébullition, il fournit une nouvelle quantité de vapeur d'eau nécessaire à la distillation, et ainsi de suite. Quant aux vinasses épuisées, elles sortent d'une manière continue par le syphon de vidange de la chaudière.

Pour arrêter l'opération, on élève, avec la pompe, de l'eau dans le réservoir supérieur. Cette eau chasse devant elle le vin que contient l'appareil, et lorsque l'éprouvette ne marque plus de degré alcoolique, on ferme tous les robinets, on éteint le feu, et on laisse la machine dans cet état jusqu'à la reprise du travail. Si l'on devait rester longtemps sans distiller, ou si l'on voulait transporter la machine dans une autre localité, il faudrait, avoir soin de vider tous les canaux.

On trouve l'appareil portatif à distillation continue chez M. Egrol, 17, rue Mathis, Paris-la-Villette. Il coûte de 1,100 fr. à 6,500 fr., suivant qu'il peut distiller de 2,000 à 10,000 litres de jus par vingt-quatre heures.

CUISINE A LA VAPEUR.

CUISINE A LA VAPEUR. — Les différentes préparations s'exécutent plus ou moins bien, plus ou moins économiquement dans l'intérieur des ménages, et en général, d'une manière qui laisse parfois à désirer dans les grands établissements publics, surtout là où il faut préparer la nourriture de 3, 4 ou 500 personnes. Outre la mauvaise qualité des mets, malgré les soins les plus multipliés, la cuisine a souvent un aspect désagréable; la chaleur, surtout en été, y est intolérable, les dépenses en combustible énormes, et le service, qui exige un personnel nombreux, devient, par toutes ces causes réunies, une profession insalubre.

Une véritable révolution vient de se produire dans l'art culinaire; cette révolution repose sur l'application de la vapeur d'eau à la préparation des substances alimentaires.

Une description du système devient ici essentielle, car, à première vue, il semble difficile, à l'aide de la vapeur, de rôtir, de cuire à l'étuvée, dans l'eau et au four, les substances qui forment la base de l'alimentation.

Afin de mieux faire comprendre le mécanisme de la nouvelle cuisine à la vapeur, nous suivrons les dispositions du plan ci-annexé.

La cuisine représentée est un carré parfait; elle pourrait cependant avoir une tout autre disposition. — Nous avons divisé la nôtre en trois compartiments, à savoir : la cuisine proprement dite, la laverie F et l'emplacement au charbon E. Dans la laverie, on aperçoit un évier G, avec robinets à eau chaude et à eau froide.

Dans la cuisine, on remarque tout d'abord un générateur à vapeur A, de la force de quatre chevaux, occupant par sa forme verticale un espace insignifiant. Ce générateur, alimenté par un réservoir des retours de vapeur condensée C, projette sa vapeur à 5 atmosphères, c'est-à-dire à la température de 153 degrés 08, dans des récipients culinaires : M, N, O, P, Q, S, T, K, placés à droite et à gauche. Seulement, afin d'éviter toute déperdition du calorique, les tuyaux X sont revêtus d'enveloppes isolantes, et pour obvier aux embarras qui pourraient résulter de tubes placés extérieurement, ceux-ci sont logés dans le sol.

Ces premières dispositions seraient incomplètes si elles exigeaient, de la part de la cuisinière ou du cuisinier-chef, les connaissances réclamées à un mécanicien-chauffeur; aussi, entre le retour d'eau et le générateur existe-t-il une cuve hermétique B, dite bouteille, qui fonctionne automatiquement, et dont la mission est d'alimenter le générateur à mesure que la vapeur est dépensée, soit par le fait de la condensation, soit par l'emploi du barbo'eur, dont il sera parlé ci-après, soit enfin par le retour de vapeur dans le retour d'eau.

Les tuyaux conduisant la fumée produite par le foyer du générateur peuvent être dirigés dans le corps de la cheminée de l'âtre J, âtre qui sert exclusivement au *grillage* des viandes.

Voyons maintenant les fonctions de chacun des récipients.

Le premier, c'est-à-dire celui dont les fonctions sont pour ainsi dire permanentes, est une bassine O dite barboteuse, de la contenance de 300 litres. C'est un récipient dans lequel la vapeur s'introduit directement, après, toutefois, avoir traversé un double fond percé de trous. Ici, on fait cuire par la vapeur les légumes, les racines, les poissons, etc... On peut, nonobstant le réservoir à eau chaude D, chauffer de l'eau pour le service de tous les instants: et même sans préjudice de l'évier G, laver instantanément et selon les besoins, la vaisselle, à à l'aide seulement de la vapeur introduite, qui, par sa force impulsive, barbote au milieu de celle-ci, est suffisante pour laver et précipiter les résidus culinaires qui y sont adhérents.

L'introduction de la vapeur se règle à l'aide de robinets placés à droite et à gauche, et une femme ou même un enfant peut soulever le couvercle à charnière, car celui-ci, comme ceux des autres récipients, est muni d'un contre-poids qui agit aussi facilement que ces suspensions de lampe qu'on rencontre dans toutes les salles à manger.

Le second récipient M, de la contenance de 600 litres, est le plus considérable, et est destiné au pot-au-feu ou plutôt aux cuissons dans l'eau; mais ici la vapeur n'agit pas directement: elle s'introduit à la température de 153 degrés 08, c'est-à-dire à 5 atmosphères, dans l'espace annulaire compris entre l'enveloppe externe qui est en tôle et l'enveloppe interne qui est en cuivre et qui représente la vraie marmite. Seulement l'enveloppe externe est revêtue d'une chemise en tôle mince, destinée à contenir une bourre isolante, afin d'empêcher toute déperdition calorifique, de manière que la chaleur de la vapeur dégagée profite exclusivement aux substances à cuire.

Lorsque les aliments sont arrivés à un degré convenable de cuisson, on arrête à volonté l'introduction de la vapeur, et cela par le seul fait de la fermeture d'un robinet.

Mais il nous paraît essentiel de signaler ici l'action remarquable qui se passe dans le cours de l'opération: c'est ainsi que le peu de vapeur qui s'est condensée soit dans les tuyaux, soit dans l'espace annulaire, est entraînée par la vapeur en excès, qui la fait remonter par un tube également placé sous le sol, et qui vient rejoindre l'eau contenue dans le retour d'eau C, échauffe celle-ci, de sorte que, lorsqu'elle est introduite dans la bouteille B, et de la bouteille B dans le générateur A, elle y arrive à la température de 80 à 90 degrés, et pour ainsi dire distillée, ce qui obvie aux incrustations, et d'où résulte une économie notable dans l'emploi du combustible.

Il est de même pour les récipients N, P, Q, S, T. Le premier, N, d'une capacité de 300 litres, est destiné à la cuisson des ragoûts; le deuxième, P, d'une contenance de 180 litres, est destiné à la préparation des fritures et rôtis; Q, est d'une contenance de 60 litres; enfin, le quatrième et le cinquième, d'une capacité de 22 à 28 litres, sont spécialement affectés à la préparation des aliments des malades, qui ont besoin d'une nourriture plus spécialement appropriée. Tous ces récipients peuvent, selon les circonstances, marcher simultanément ou partiellement.

Tous les récipients sont munis sur leurs faces latérales de deux tourillons reposant sur des supports métalliques L, L, L, L, ce qui permet de les faire facilement basculer, soit pour aider au service, soit pour aider au nettoyage. Des robinets à eau R, R, sont disposés le long du mur contre lequel les appareils sont placés, et cela afin de pouvoir emplir d'eau les bassines destinées aux cuissons à l'eau. A droite, c'est-à-dire de l'autre côté du générateur, se trouve un four K, pour la cuisson du pain, des gâteaux, etc.... Mais ici il est nécessaire que la température soit plus élevée que pour la cuisson ordinaire des aliments. A cet effet, et par une disposition des plus simples, la vapeur produite dans le générateur revient, par un tube V, au-dessus du foyer, s'y surchauffe, et atteint le degré calorifique nécessaire pour pouvoir obtenir la cuisson au four.

La nouvelle cuisine à vapeur, dont l'idée première est surgie d'un Frère de l'École chrétienne, n'est pas à l'état de projet, mais bien un fait acquis à la consommation générale, car elle est déjà appliquée dans de grands établissements, parmi lesquels nous citerons : la maison-mère, rue Oudinot, celle de Saint-Nicolas, 112, rue de Vaugirard, la communauté des Dames de Sion, la nouvelle prison des Madelonnettes, l'asile clinique de Sainte-Anne, à la

FUSILS A AIGUILLE *de M. Rochas*. — L'inventeur a fait exécuter sous ses yeux, par un seul et même ouvrier, trois spécimens uniquement destinés à l'expérimentation de son système. Ces produits, d'un premier jet, doivent donc laisser à désirer sous le rapport de la légèreté, de l'élégance et du fini. Mais à l'essai ils ont donné des résultats si concluants qu'il n'a pas craint d'exposer ces spécimens tels quels, parce qu'ils représentent suffisamment la struc-

Cuisine à la vapeur.

rue de la Santé, à l'établissement des Frères de Saint-Nicolas, à Issy, et plusieurs autres établissements. L'idée est donc essentiellement pratique, et là où il fallait 100 kilogrammes de charbon par jour pour satisfaire à la préparation des aliments de 600 personnes, il est possible aujourd'hui, sans augmenter le chiffre du combustible, de préparer les aliments nécessaires à la nourriture de 1.000 personnes. L'idée remplit en outre toutes les conditions d'hygiène, de propreté et surtout de salubrité ; elle est pour tous la solution d'un grand problème, et nous paraît susceptible d'applications nombreuses qui ne pourront avoir qu'une heureuse influence sur l'alimentation publique, particulièrement sur l'alimentation des groupes, tels que : communautés, hospices, prisons, colonies, casernes et autres centres populeux.

EGROT.

ture, l'agencement et les fonctions des organes en petit nombre et fort simples dont le système se compose. Ces organes essentiels sont :

Le porte-aiguille et le sous-garde clé, se mouvant sur un axe commun, et la pièce de culasse qui relie toutes les parties de l'arme en un ensemble compact. Le jeu de ces organes, si simples, que leur solidité et l'absence de crachement exemptent de toutes chances de dérangement, est toujours assuré, quels que soient le nombre et la rapide succession des coups tirés. Le chargement est prompt, facile et sans danger. Le montage et le démontage peuvent se faire à la main en très-peu de minutes (trois ou quatre) sans outil spécial. La fermeture est constamment hermétique.

Le mécanisme est bien abrité contre la pluie et la poussière, et ne saurait s'encrasser par les résidus des gaz de la poudre, puisqu'il ne peut y avoir de fuite ni par la jonction de la culasse et du tonnerre ni par le canal de l'aiguille.

Pour le fusil de chasse comme pour le fusil rayé la cartouche disparaît sans laisser de trace de son enveloppe, et sa confection, très-économique, peut être effectuée par toute personne au moyen d'un simple mandrin. — Ces deux derniers avantages sont précieux pour les chasseurs, de même que l'inflammation en tête de la poudre, produisant sa combustion graduée et complète et son effet intégral.

Le spécimen de fusil rayé offre un exemple de simplification facultative en ce que le porte-aiguille peut être façonné de manière à tenir en même temps lieu de ressort et de gâchette.

Le mécanisme du troisième fusil, à âme lisse, n'offre pas d'intérêt particulier. Ce spécimen n'est exposé que comme ayant servi, avec plein succès, au tir d'une balle cylindro-conique entaillée en biais suivant la théorie de la turbine, et contractant ainsi dans le canon la rotation voulue sur son axe. Ce fusil porte une baïonnette longue et forte, quoique légère, qui ferait du fusil de guerre une arme de hast remarquablement appropriée à l'attaque et à la défense. Cette baïonnette, en outre, n'a pas besoin de fourreau, et là se trouverait un grand avantage.

L'égalité et la liberté des mouvements entrent pour beaucoup dans l'efficacité du fantassin pendant la marche et le combat. Elles sont gênées ou amoindries par le fourreau de sabre ou de baïonnette. Cette entrave sera bien plus nuisible encore dans les diverses manœuvres et postures que va nécessiter la tactique nouvelle inhérente à l'emploi des nouvelles armes.

On serait donc fondé à croire, au premier abord, que ces fourreaux seront bientôt supprimés.

FABRICATION DE CANONS DE FUSIL, par *Ronchard-Siauve, de Saint-Étienne.* — Ma maison est fondée depuis 1812. Je fabrique annuellement en moyenne 2.000 canons doubles pour fusils de chasse en damas corroyés fer et acier de toutes espèces de nuances ou en acier fondu. Je fabrique aussi toutes espèces de canons de fantaisie, tels que carabine, tromblon ou espingole, pistolets et canons pour canardier. Dans les canons damas j'en fabrique trois qualités différentes, qui sont distinguées par différents genres de poinçon; c'est ce qui me permet de livrer les qualités supérieures à des prix modérés, en utilisant les canons qui ne réussissent pas parfaitement, soit pour la régularité du damas, soit à la soudure au cuivre pour le dressage parfait des deux tubes, ce qui ne les empêche pas de faire de très-bons canons comme solidité et beauté, et qui facilite la vente dans le commerce par leur bon marché.

Depuis la création du tir Stéphanois, j'ai ajouté à ma fabrication le rayage des carabines de précision ; j'ai fait construire une machine à rayer à l'instar suisse, chez le célèbre armurier Jean Péter, de Genève, qui a bien voulu gracieusement garder mon fils aîné tout le temps qu'il a fallu pour lui apprendre tous les détails qu'exige cette délicate fabrication.

APPAREILS DE CHAUFFAGE AUX HUILES ET AU GAZ POUR LABORATOIRES *de Wiesnegg, place de la Sorbonne, 6.* — Ce fabricant fournit aux chimistes et aux industriels tous les appareils de chauffage, tels que : fourneaux, alambics, chalumeaux, etc., si en usage aujourd'hui. Il vient cette année de mettre en vente des fourneaux en fonte, des grilles à combustion organique, les chalumeaux de M. Schlœsing, des fourneaux pour la fusion des métaux par le gaz à l'usage des bijoutiers et des orfèvres, des moufles à gaz pour essais de sucre à l'usage des raffineurs.

LOCOMOTIVE A FORTES RAMPES *pouvant passer dans les courbes des plus petites rampes, par Ch. Thouvenot.* — Cette machine n'avait été exposée qu'en dessin ; le type en a été étudié au point de vue de l'exploitation des chemins de fer des Alpes. Un modèle beaucoup plus petit est destiné aux chemins de fer départementaux. Une description détaillée avec planches a été publiée dans le *génie industriel* de M. Armengaud. Novembre 1865.

MACHINE A BROYER, TRITURER, PULVÉRISER, *toute espèce de substance, de G. Hermann, ingénieur-mécanicien, 92, rue de Charenton.* — Si malgré des imitations et des contrefaçons plus ou moins bien faites, cette supériorité s'est maintenue depuis 1839, c'est que j'ai gardé, en le perfectionnant sans cesse, le système de mes premières machines à trois cylindres en granit, marchant horizontalement avec vitesse différentielle.

A ces machines en effet et au mélangeur qui a remplacé le mortier à pilon, la fabrication du chocolat doit le développement considérable qu'elle a pris en France et à l'étranger. Aujourd'hui cependant, par suite de ce développement lui-même, il a fallu créer des machines plus puissantes ; c'est à cette nécessité, sentie surtout dans les grandes fabriques, que répond la construction des mélangeurs. On peut voir ces derniers fonctionnant dans ma fabrique de chocolat de l'Amateur, et l'on comprendra les grands services qu'ils sont appelés à rendre. Du reste, ma double profession de fabricant de chocolat et de constructeur de machines, aussi bien que la contiguïté de la fabrique et des ateliers, me donnent à toute heure les plus précieuses occasions d'étudier les *desiderata* de la fabrication et les moyens mécaniques d'y satisfaire. De là les perfectionnements incessants que j'ai apportés à mes machines, et, entre autres, la table en granit du mélangeur, laquelle tourne intérieurement dans l'enveloppe immobile, les couteaux racloirs qui retournent constamment la pâte, sans qu'elle puisse être rejetée au dehors, l'extrême facilité avec laquelle on remplit ou l'on vide la machine, sans l'arrêter.

DISTILLERIE DIJONNAISE, CASSIS RIVAT, DE DIJON.

Fabrique spéciale à Dijon, maison de vente, 114, rue d'Allemagne, Paris. — Préparé avec des soins minutieux et avec des fruits des meilleurs crûs de la Côte-d'Or, le Cassis Rivat, de Dijon, se recommande par ses propriétés rafraîchissantes, digestives et salutaires, dans l'emploi journalier. Son goût, son arome, sa qualité tout à fait supérieure défient toute concurrence loyale.

Chaque flacon ou litre de Cassis Rivat, de Dijon, porte les marques de fabrique, le cachet et la signature.

ÉCHANTILLON MÉTALLURGIQUE,

de M. A. Guettier, ingénieur civil, 74, rue Oberkampf, Paris. — Connu par ses publications sur la fonderie, M. Guettier, ancien directeur de fonderies importantes, a fait exécuter les premières grandes fontes décoratives entreprises en France, pour la place de la Concorde, les Champs-Élysées, etc. Il a apporté un concours puissant comme ingénieur-directeur à l'organisation et au développement des usines de Marquise aujourd'hui au premier rang de la fabrication des fontes moulées.

OUTILLAGE ET MESURE. MACHINES-OUTILS,

de M. A. Guettier. — Maison fondée en 1791 par l'habile praticien Vande, a obtenu des médailles en 1827, 1839, 1844, 1849, 1855 à Paris, en 1866 à Bordeaux. M. A. Guettier, connu par ses travaux en métallurgie est aujourd'hui propriétaire de cette maison qu'il a considérablement agrandie, en développant les fabrications commerciales côte à côte avec les travaux de précision. La maison fournit les mesures et outils pour la marine impériale et pour la plupart des services publics et des chemins de fer. Elle a livré les mesures étalon pour le gouvernement Espagnol, les principautés danubiennes, etc.

PLANTES MARINES

et quelques produits de la mer. — Les plantes marines font leur apparition à l'Exposition universelle, sous des aspects variés et la plupart nouveaux. La valeur artistique, plutôt que la valeur scientifique est mise en évidence. M. Stenfort, de Brest, exposant de la classe 42, n° 28, se propose tout particulièrement de vulgariser ainsi la connaissance des plantes, tout en leur donnant un emploi utile.

Au point de vue de l'art, il présente ses plantes sur des cartes in-48 et in-8° pour albums, pour cartes de visites, pour adresses : il a fait un volume de cinquante plantes intitulé : *Langage des plantes*. Il compose des bouquets pour la même destination que les plantes, et il en illustre les cartes de menus du Grand-Hôtel, de l'hôtel du Louvre et autres. Si le palais se trouve en droit de se plaindre quelquefois des promesses fallacieuses du menu, les yeux, du moins, seront réjouis. Des bouquets format in-4°, à couleur vive et heureusement contrastantes, font comprendre que les plantes marines peuvent être, dans bien des cas, de puissants moyens d'ornementation.

Une application sur une large échelle se fait pour enfêter des lettres; la maison Marion et Ce, rue Bergère, à Paris, en a pris le placement pour son compte, mais sans privilège.

Des broches reçoivent des camées de plantes sous forme de bouquets fins et riches de couleur.

Des cols de chemises et des manchettes en carton sont ornementés de plantes marines.

L'application qui n'est pas la moins curieuse, c'est de faire, sur étoffes, pour robes de bal, des semis de plantes et de bouquets.

M. Stenfort nous promet, pour l'année prochaine, si le public fait bon accueil à ses produits, un volume intitulé : *Jardin de la mer. Promenades*, destiné aux tables des salons, aux lycées, collèges, maisons d'éducation, et à ceux qui fréquentent les bains de mer. Le volume sera illustré de plantes naturelles de la mer, classées par familles et par espèces.

CARTON BITUMINÉ POUR TOITURE. —

Émile Recest. — La fabrication du carton bituminé a offert jusqu'à ce jour de nombreuses difficultés : plusieurs fabricants, par les moyens qu'ils emploient, ne peuvent livrer que très-peu de marchandises, alors pour satisfaire à leurs pressantes commandes, ils hâtent la confection des produits au préjudice de la qualité.

Pour parer à ces inconvénients, une nouvelle invention mécanique vient d'être employée, et, tout en garantissant des produits de qualité supérieure, on peut satisfaire aux demandes les plus importantes.

Manière d'employer le carton bitumine. — Déroulez horizontalement le carton sur la toiture, en commençant par le bas, dans toute la longueur de la gouttière : coupez les bandes de façon à les faire déborder de cinq centimètres de chaque côté, ainsi que sur le devant ; fixez-les de loin en loin avec des pointes, dans le haut seulement, pour les empêcher de glisser : superposez chaque feuille en les faisant recouvrir de cinq centimètres, de manière que les pointes qui ont servi à fixer la feuille précédente soient recouvertes.

Ayez soin, quand vous serez arrivé au faîte du toit, de replier le carton du côté opposé, et, si la toiture est à deux pentes, placez sur le haut une bande à cheval.

Fixez définitivement le tout par des tringles ou lattes en bois, d'un demi centimètre d'épaisseur sur deux de largeur, et posées de haut en bas de la toiture, à 30 centimètres d'intervalles : il n'y a plus qu'à assujettir au moyen des mêmes lattes au pourtour de la toiture, en pliant le carton contre les voliges.

La pose terminée, on doit immédiatement donner une couche d'enduit ou de goudron de gaz (on peut s'en procurer dans les usines à gaz). Cette opération, renouvelée pendant les trois ou quatre premières années, assurera à la toiture une durée illimitée.

La pente de la toiture doit être de 20 centimètres par mètre environ.

Les voliges doivent être unies et se toucher, à joints plats.

POMPE CENTRIFUGE, *L. Neut et Dumont.* — L'organe essentiel des pompes à force

centrifuge est une sorte de ventilateur ou turbine à aubes ou palettes, courbes ou planes, installées obliquement. L'obliquité des palettes et la force centrifuge née d'un mouvement de rotation extrêmement rapide repoussent avec force, vers la circonférence, l'eau qui entre par le centre de la roue, et la refoulent dans un tuyau d'ascension où elle s'élève à une hauteur d'autant plus grande que le moteur qui met les roues en mouvement est plus puissant. En même temps, le départ de l'eau fait naître autour de l'axe de la roue une diminution de pression ou un vide que l'eau du réservoir inférieur tend à combler ; de l'eau nouvelle remplace celle qui est partie, et elle est refoulée à son tour ; la pompe centrifuge fait ainsi fonction à la fois de pompe aspirante et foulante, à déversement continu. La hauteur d'aspiration comme celle de refoulement est d'ailleurs proportionnelle à la vitesse de la roue à aubes ou turbine. La forme de aubes, ainsi que celle de l'enveloppe de la roue exercent une grande influence sur l'effet utile ou débit de la pompe.

1° Le montage de cette pompe peut se faire en quelques heures par un ouvrier quelconque;

2° Son mouvement est continu, elle n'a aucun des organes qui, dans les autres pompes à mouvements alternatifs, occasionnent des pertes considérables par les chocs et les ébranlements, qui sont parfois très-intenses et nuisent plus ou moins à la bonne marche et à la conservation des machines motrices ;

3° Comparativement à la force employée, elle débite une quantité de liquide beaucoup plus considérable que toute autre pompe ;

4° Sa construction simple et solide rend toute détérioration impossible :

5° Son petit volume la rend très-favorable aux installations et aux déplacements (une pompe débitant 1.200 hectolitres à l'heure ne pèse que 200 kilogrammes);

6° Le sable, le gravier, la boue et autres corps étrangers qui déterminent la détérioration rapide des autres pompes, n'altèrent nullement son mécanisme;

7° Elle n'exige aucune fondation, n'ayant dans son fonctionnement aucun mouvement de vibration ;

8° Facilité avec laquelle on peut augmenter son débit en accélérant sa vitesse.

En résumé, cette pompe réunit à elle seule tous les avantages des meilleures machines hydrauliques, avantages consacrés par plus de 1,600 applications.

ÉCHAFAUDAGES ET ÉCHELLES. — Auguste-Joseph Bomblin, rue de Flandre, 43, à

Paris, a su faire de la fabrication des échelles une industrie importante, qui rend de grands services, par suite de la diversité des travaux, de différentes hauteurs auxquelles on doit atteindre et de la variété des charges qu'on peut avoir à monter. La question des échelles présente des difficultés sérieuses, et a été longtemps une cause d'embarras multiples pour les entrepreneurs. Un matériel complet, propre à tous

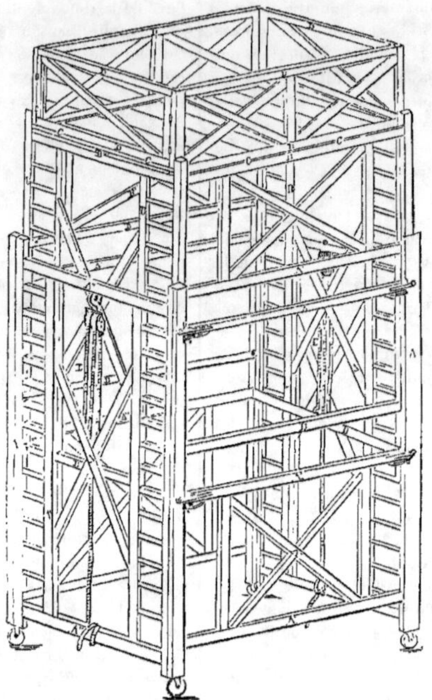

les besoins, et pouvant servir dans tous les lo- caux, exigerait en effet un capital si considéra- ble et des frais d'emmagasinage si coûteux, que, pour obvier à ces difficultés, la plupart des entrepreneurs se contentent d'un très-petit nombre d'échelles que, suivant le cas, ils re-

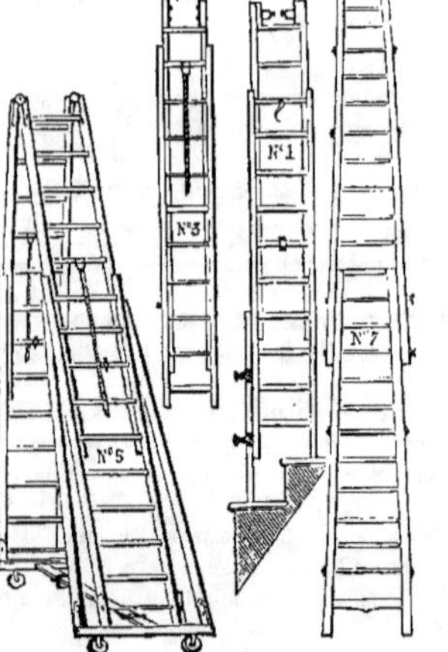

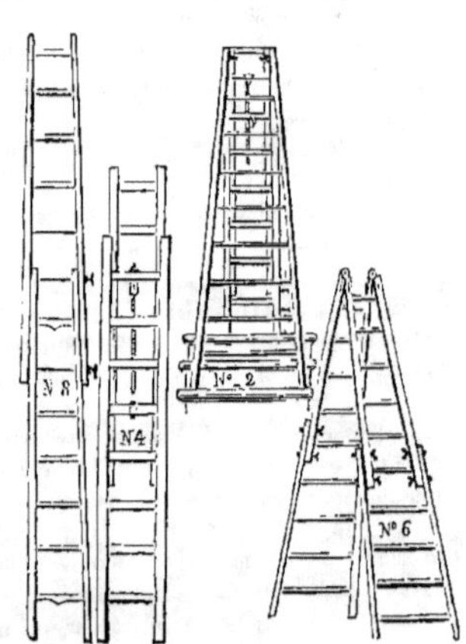

lient entre elles avec de simples cordes, et encore ce matériel improvisé, dangereux et mal commode. coûte-t-il, par suite des montages et démontages continuels qu'il nécessite, des pertes de temps fort préjudiciables. C'est donc rendre un véritable service à l'entreprise que d'obvier à ces réels inconvénients, et tel est le problème qu'il a résolu :

1° En créant un matériel se modifiant à volonté, instantanément et solidement, ledit matériel se prêtant à toutes les combinaisons possibles.

2° En mettant, par un système d'abonnement, ledit matériel à la disposition de tous les entrepreneurs, et leur évitant, d'une part, des frais d'emmagasinage considérables, d'autre part, l'emploi d'un capital relativement énorme et improductif pour l'achat d'un matériel varié.

3° En inventant les échelles et échafaudages à coulisse pour lesquels M. Bomblin a obtenu un brevet d'invention le 1er février 1862, sous le n° 52,843, et fait une addition à son brevet le 5 décembre 1862 ; pris un brevet de perfectionnement le 10 décembre 1866, sous le n° 67,671, et une deuxième addition le 12 février 1857.

En travaillant au perfectionnement de ces échelles et échafaudages, M. Bomblin a organisé la location générale des échelles par abonnement, en composant une police réglementaire, consciencieusement étudiée, afin de conserver le droit de chacun.

MOTEUR LENOIR. *Constructeur, Gustave Lefebvre, rue de la Roquette, 115.* La machine à gaz s'adresse avant tout à la petite industrie. — Les machines d'un 1/2 cheval, 1 cheval, 2 chevaux et 3 chevaux sont les seules que l'on construise, que l'on doive construire. L'emploi du gaz d'éclairage se propage tous les jours ; tous les jours de nouvelles villes sont dotées d'usines à gaz ; en créant la lumière on crée en même temps la force.

A côté des industries qui trouvent leur fortune dans une lumière commode, simple, économique, il y en a, il y en aura d'autres qui convertiront le même gaz en mouvement et trouveront dans cet emploi la source de la richesse.

L'industrie parisienne est, plus que toute autre, appelée à profiter des bienfaits de la machine à gaz. Ces articles dits « articles de Paris, » qui font célébrité sur tous les marchés étrangers, qui sont les produits commerciaux de ce qui s'appelle le goût ; tous ces articles se fabriquent dans des chambres, dans de petits ateliers où la machine à vapeur ne pénétrera jamais.

Mise en comparaison avec le tourneur de roue, la machine à gaz est une économie immense. — Le tourneur de roue travaille à raison de 0.35 l'heure ; il fait 10 kilogrammètres par seconde. La machine de 1 cheval coûte 0,60 l'heure ; elle fait 75 kilogrammètres pendant le même temps. Le rapport des sommes est de :: 1 : 1.71. — Le rapport des forces est :: 1 : 7,5. — Ajoutons à cet avantage pécuniaire que la machine est docile et sobre. Il nous reste dans l'économie obtenue une bien large marge pour compenser les frais d'achat, d'entretien et de dépréciation de la machine.

Une machine de 1 cheval coûte 1,300 fr. — L'installation générale : gaz, eau, pierres de fondation, etc., reviendra à 300 francs. — Total de la dépense, 1,600 fr. Un intérêt à 6 p. 100 de 96 fr., qui, répartis en trois cents jours de travail, font par jour 32 cent.

La dépréciation de la machine, le nettoyage (une fois tous les trois mois — demi-journée de mécanicien), les réparations, etc., sont bien largement estimés en prenant 10 p. 100 du capital, soit par an 160 fr., soit par jour de travail 53 centimes.

ESSIEUX. — *Anthoni, ingénieur-mécanicien.* — De tous les essieux que l'on a employés jusqu'à ce jour, l'essieu *patent*, importé d'Angleterre, est sans contredit le meilleur. Il a permis de remplacer par l'huile, la graisse que l'on avait toujours employée, et en donnant au point de vue de la propreté et de l'entretien de grands avantages, il en a aussi donné au point de vue du tirage.

Un essieu à graisse doit être visité tous les deux jours, tandis que l'essieu patent ne se graisse que tous les trois mois suivant le service. Des expériences que l'on a faites avec beaucoup de soin ont montré qu'il y avait une différence de près de moitié entre le frottement de pièces séparées par l'huile et de celles séparées par la graisse.

Pendant longtemps la routine a forcé les fabricants à faire des fusées très-courtes ; on croyait ainsi diminuer le tirage en diminuant la surface en contact. L'expérience, d'accord avec la théorie, a prouvé le contraire et l'on est arrivé aujourd'hui à de bonnes proportions.

Pour diminuer le travail résistant dû au frottement des boîtes sur les fusées d'essieu, il faut :

1° Donner à la fusée une grande surface de frottement, calculée de façon que la longueur de la partie frottante soit égale à quatre ou cinq fois le diamètre de la fusée ;

2° Employer un bon système de graissage.

3° Employer de grandes roues et de petits diamètres de fusée.

Des expériences précises ont montré qu'entre deux corps de nature déterminée, un graissage continu peut réduire le frottement de près de moitié, comparativement à un graissage irrégulier.

Si ce graissage ne se fait que pendant le travail de la voiture, il y aura évidemment économie.

J'emploie avec succès, pour atteindre ce résultat, une boîte ayant intérieurement deux demi-hélices de sens contraires et venant se raccorder par leurs deux extrémités de manière à former une courbe fermée (Modèle exposé pour la démonstration). Cette *boîte de sûreté*, brevetée s. g. d. g., a pour but de produire un graissage automatique par le mouvement même de la voiture. La rainure est disposée de manière à faire circuler l'huile par son poids. Dans la rotation de la roue, le point le plus bas de la rainure changeant à chaque instant force l'huile, qui a toujours tendance à s'y rendre, à être constamment en mouvement.

La surface enlevée par la rainure n'est guère qu'un vingtième de la surface frottante de la boîte, condition très-importante, puisque l'usure est d'autant plus grande que cette surface est plus petite.

Les avantages de cette boîte sont :

1° Bon graissage, qui diminue le tirage.

2° Impossibilité d'enrayage, puisqu'après un tour de la roue la fusée est de nouveau graissée.

J'ai ajouté à mes essieux un dernier perfectionnement avec l'*écrou de sûreté* qui a pour but de supprimer, à mesure qu'il se produit, le jeu longitudinal provenant de l'usure de la bague et du cuir.

Anthoni,
Ingénieur des arts et manufactures.

VÉLOCIPÈDE *de Jacquier*. — L'art de vélociper avec un véhicule à trois roues est nouveau ; on l'acquiert en s'amusant comme en patinant ; le patinage et le vélocipage sont des exercices actifs très-sanitaires.

Les amateurs qui pratiquent avec adresse et élégance les exercices du patinage, se plaisent à eux-mêmes tout en faisant plaisir à ceux qui les observent.

Les exercices du vélocipage offrent, comparés à ceux du patinage, les mêmes effets d'adresse et de distraction ; cependant ceux du vélocipède sont plus faciles et beaucoup plus

à la portée de tout le monde, pendant toute l'année.

Instruction. — Tenir le guide d'une main en tirant à soi, en l'inclinant à gauche et à droite, l'on peut tourner très-facilement, même sur place, tenir de l'autre main le côté du siége en osier, pour être bien équilibré, en marchant à une vitesse de trois à quatre lieues par heure, sans aucune crainte de tomber ; l'on marche très-vite en s'asseyant sur le bord du siége et en se servant du poids du corps à l'occasion.

L'alternative fait marcher en appuyant sur les pédales lorsqu'elles sont en haut, c'est-à-dire un pied après l'autre.

Pour s'arrêter instantanément, appuyez sur les deux pédales à la fois (même avec le poids du corps s'il y a urgence), de manière que l'alternative étant rompue, les deux roues glissent par terre, sans rouler ; conséquemment point de frein à serrer ni à desserrer pour recommencer l'évolution, ce qui permet de suivre pas à pas les calèches de promenade dans leurs différentes vitesses, même lorsqu'il y a foule, par exemple, aux Champs-Élysées à la rentrée des courses du bois de Boulogne.

Il est à remarquer que les roues sont carrossables, c'est-à-dire qu'elles sont plus écartées en haut qu'en bas, ce qui ne s'est pas encore appliqué aux voitures mécaniques. Huiler tous les frottements de temps en temps.

GRAVURE SUR ACIER. *M. Musson, sculpteur à Lyon* a découvert des procédés électro-chimiques au moyen desquels il lui est possible de graver dans l'acier l'empreinte des monnaies et des médailles, ou autres objets, tels que : camées, sceaux, cachets, etc.

L'acier soumis à ce procédé ne perd aucune des propriétés qui le font employer, c'est-à-dire qu'il est toujours susceptible d'être trempé et peut ensuite supporter la percussion par le balancier, ainsi qu'il résulte d'une expérience faite avec le concours de M. Ravinet, fabricant de médailles à Lyon.

ENCRE CYANOMÉLINE *de Golfier-Besseyre*, 113, *rue de Sèvres, à Paris*. — Cette encre se distingue de toutes les encres à copier, en ce qu'elle donne, avec ou sans presse, des copies très-nettes, d'un beau noir fixe, longtemps après que ses analogues n'en donnent plus, et d'un beau bleu, même plus d'un an après avoir écrit.

Contrairement à ce qui se passe avec les encres à copier ordinaires, dont les épreuves doivent être tirées immédiatement, les meilleures épreuves de l'*Encre Cyanoméline* sont celles dont l'original a été écrit depuis plusieurs heures.

Elle est constamment très-coulante, n'altère point les plumes métalliques, ne s'altère jamais; au contraire, s'améliore en vieillissant, ne perd même point sa propriété communicative lorsqu'on l'étend d'eau, ce qui devient souvent nécessaire par suite de l'évaporation : et, dans ce cas, quoiqu'elle puisse paraître affaiblie, elle acquiert, par le temps, le noir le plus intense et le plus fixe.

L'*Encre Cyanoméline*, sous une forme toute nouvelle, à l'état solide et entièrement soluble, a d'importants avantages pour les consommateurs et pour les vendeurs de ce produit : ainsi, son prix relatif avec celui de l'encre liquide se trouve notablement diminué ; les frais de transport, de douane, etc., considérablement réduits : le produit se conserve infiniment mieux ; chacun peut en avoir sur soi une parcelle qui, au moyen de quelques gouttes d'eau, lui permet d'écrire commodément et immédiatement. Employée avec de l'eau ordinaire dans le rapport de 16 p. 0[0, elle reproduit l'*Encre Cyanoméline* normale à copier ; comme aussi, employée dans le rapport de 8 p. 0[0, elle constitue l'encre ordinaire.

Ce produit se présente au commerce sous la forme de tablettes, équivalentes chacune à un demi-centilitre d'encre à copier, ou à un centilitre d'encre double ordinaire, ou bien, à deux centilitres d'encre ordinaire : au reste, nous avons imaginé une forme d'encrier spéciale pour leur usage.

LA CARTE DES VOIES DE COMMUNICATION

établies dans le Monde entier au moyen de la vapeur et de l'électricité qui figure dans la classe xiii du palais du Champ-de-Mars, comme dans le monde compétent et le commerce, sous la dénomination de *Planisphère Chatelain*, est non-seulement une carte spéciale reproduisant un des plus grands monuments dont s'honore notre siècle, mais en même temps elle est la ou au moins l'une des meilleures mappemondes que possède la France. Elle est le fruit d'un travail continu et sans cesse révisé et mis à jour à quinze ans, dû à un fonctionnaire de retour d'une mission *autour du monde*. Elle est en même temps qu'un document géographique sans pareil, un indicateur des plus précieux de toutes les tendances politiques des grands États européens et du nord-Amérique ; leurs possessions anciennes et nouvelles, leurs accroissements, leurs empiétements et, on peut le répéter, leurs tendances, sont consignés ; les grandes voies d'exploration commerciales, scientifiques, militaires, n'ont pas été oubliées : la part de chaque pays ressort des couleurs nationales qui le caractérisent. Pourquoi faut-il ajouter que le plus grand succès qui a récompensé les veilles de l'auteur, lui est venu plus de l'étranger que de son pays. La France serait-elle toujours, à ce point de vue, le pays que jugeait si sévèrement à Erfurt, devant le grand Napoléon, un des plus grands génies de l'Allemagne, l'auteur de Werther, de Faust, d'Hermann et Dorothée, etc., Wolfgang Gœthe !

MOUTARDE DE DIJON, *fabriquée d'après le système de M. Alexandre Bornibus*.

— C'est au perfectionnement du tamisage et de la mouture qu'un honorable fabricant de Paris, plein d'initiative, M. A. Bornibus, a consacré ses veilles et ses recherches. Il s'est déterminé, il y a quelques années, à transporter à Paris le système de fabrication de Dijon. Il savait bien qu'avant lui quelques essais de ce genre avaient échoué ; mais ces précédents, loin de le décourager, ne firent que l'affermir dans son projet, en lui faisant prendre toutes les mesures nécessaires pour en assurer le succès. Enfin, après de longs et persévérants efforts, il eut la satisfaction d'atteindre le but qu'il s'était proposé et de résoudre victorieusement le problème qu'il s'était posé : faire de la moutarde qui égalât celle de Dijon pour la qualité et le coup d'œil, et qu'il pût livrer à la consommation à meilleur marché.

Pour arriver à ce résultat si important, M. Bornibus a dû mettre de côté les procédés généralement employés et créer en quelque sorte son propre outillage. Il n'emploie donc que des appareils de son invention, qui exécutent simultanément la mouture et le tamisage avec une vélocité qui tient du prodige. Il résulte de là que la pâte provenant de la moutarde n'a pas le temps de s'altérer au contact de l'air ; qu'elle devient instantanément moutarde possédant un bouquet, un montant et une piquante saveur.

La moutarde de Dijon, de M. Bornibus, a toutes les qualités des moutardes les plus estimées, l'arome, la force qui n'exclue pas la finesse ; elle est limpide, d'une belle couleur jaune-serin. Est-ce à dire que ce résultat est le *nec plus ultra* des résultats obtenus? Non, car la moutarde des dames a aussi sa place dans son système de fabrication.

Pot pneumatique. — Pour que la moutarde conserve longtemps toutes ses qualités virtuelles,

Fabrique de moutarde de M. Bornibus.

Fabrique de moutarde de M. Bornibus.

qu'elle puisse supporter les voyages lointains, les traversées de long cours, M. Bornibus a imaginé un pot auquel il a donné le nom de *pot pneumatique*, parce que, se fermant hermétiquement, il ne donne aucun passage à l'oxygène de l'air extérieur. La moutarde, déposée dans ces pots solides et commodes, est complétement à l'abri de toute influence atmosphérique et peut se maintenir par conséquent dans un état permanent de fraîcheur. Au bout d'un temps assez long, on la retrouverait aussi limpide, aussi forte, aussi odorante qu'au sortir du sorte de terrine permanente qui ne laisse rien transsuder de son précieux contenu, la moutarde de Dijon, et qui en conserve toutes les qualités essentielles jusqu'à son entière consommation.

Briquettes de moutarde pour l'exportation. — Les Anglais n'emploient généralement que la moutarde en poudre. Celle qui porte le nom gracieux de *miss* est la plus estimée.

En France aussi, on fabrique de la moutarde en poudre, qui ne le cède à celle de la Grande-Bretagne ni en force ni en finesse de goût ; mais

magasin du fabricant, et nous pouvons hardiment affirmer que son séjour dans les pots pneumatiques, loin de l'affaiblir, la bonifie, l'améliore. Il en est d'elle comme des vins de nos grands crûs, qui gagnent en vieillissant.

Le pot pneumatique est d'un emploi commode ; il se bouche et se débouche facilement ; c'est une utile addition que M. Bornibus a faite à son système de fabrication.

La grande préoccupation du fabricant était de résoudre ce problème ; il y est arrivé, et les nombreux et vrais amateurs de moutarde peuvent avoir dès à présent un pot conservateur, une cette moutarde entre peu dans notre consommation intérieure ; on la destine principalement à l'exportation, pour nos colonies et pour l'Amérique. Deux causes limitent forcément ce commerce et le réduisent à un chiffre presque insignifiant : la première, c'est que cette moutarde, renfermée dans des flacons, est volumineuse, qu'elle occupe un espace considérable, et que ses frais d'emballage et de transport s'en accroissent dans une grande proportion, indépendamment du prix des flacons. La seconde, c'est l'état farineux même de la moutarde, réduite en poudre impalpable et dont les principes essentiels, extrêmement volatils, s'évaporent en grande partie dès qu'on débouche le flacon, et entièrement, si l'on n'a soin de le reboucher aussitôt.

M. Bornibus a obvié à ces deux inconvénients par un procédé aussi simple qu'économique, et pour lequel il s'est fait breveter.

Ce procédé consiste dans la transformation de la farine de moutarde en une masse solide, compacte et serrée. On en fait des briquettes auxquelles on peut donner toutes les formes et toutes les dimensions que l'on veut. On enveloppe ces briquettes de papier d'étain, et on les renferme dans des boîtes faites exprès.

Par ce procédé, M. Bornibus obtient deux résultats très-importants :

1° Sous le plus petit volume possible, il renferme la plus grande quantité possible de farine de moutarde, le rapport du volume solide au volume en poudre équivalant à un cinquième environ, d'où économie pour les frais d'emmagasinage et de transport ;

2° La moutarde, ainsi traitée, est imperméable à l'air ; elle résiste à toutes les variations météorologiques. Elle peut supporter les chaleurs tropicales comme les froids hyperboréens; elle a enfin toutes les conditions requises pour faire de longues traversées sous les latitudes les plus opposées, dans les régions polaires comme sous l'équateur.

Par ce système, plus de flacons, plus de soins minutieux d'emballage ; la moutarde, ainsi réduite à sa plus simple expression, peut être expédiée à d'énormes distances, avec un cinquième de frais en moins qu'à l'état de farine.

SERRURERIE *pour articles de voyage.* — *Morhain, 28, rue de l'Orillon.*

CAVES *de la maison Jacquesson, à Châlons-sur-Marne.* — Cet établissement se compose de 250 galeries souterraines éclairées par 90 réflecteurs, qui se trouvent placés aux deux extrémités de chaque galerie.

Ces galeries ont une longueur de 10.125 mètres, soit 10 kilomètres 125 mètres, dont 8,000 mètres en galeries et 2.125 mètres de constructions se composant de : Celliers, Magasins, Pressoirs, Distillerie, Rincerie, Tonnellerie, Bouchonnerie, Emballage, Menuiserie, Forge, Charronnerie et divers Ateliers nécessaires à la manutention et au commerce des vins de Champagne. 12 chemins de fer ont une longueur totale de 2,000 mètres, avec 15 plaques tournantes. Les chemins de fer intérieurs sont en communication directe avec le chemin de fer de l'Est, par la gare de Châlons. Des chaînes à la Vaucanson sont établies pour monter les vins aux étages supérieurs et les descendre jusqu'au fond des caves. Les chevaux et les voitures ainsi que les wagons circulent dans l'intérieur des caves, et ils entrent aussi dans les étages supérieurs par des routes en pente douce qui conduisent jusqu'au quatrième étage de l'établissement. Enfin, des bateaux à vapeur appartenant à la maison viennent au centre de l'établissement charger les vins de Champagne pour les transporter jusqu'à la mer.

PORTE-FUTS MÉTALLIQUES ET A LEVIER, *servant de chantiers et de crics, économiques pour le tirage des vins et autres liquides, inventés et perfectionnés par Auguste Barré, 14, rue de la Nation.* — Ce porte-fûts, qui sert à la fois de chantier et de cric, dont il supprime les inconvénients, est essentiellement économique, surtout pour les liquides précieux. Au moyen d'un levier à vis, on incline le fût avec aisance et sans secousse ; on est ainsi assuré d'éviter tout mélange de la partie clarifiée avec la lie ou dépôt; dès-lors plus de perte de liquides; il prévient tous les accidents appelés *coups de feu,* il complète le mobilier des caves avec le porte-bouteilles en fer.

Il s'emploie pour tous les liquides renfermés en cercle : vins, bière, eaux-de-vie, esprits, liqueurs, vinaigres, cidres, huiles, etc., etc.

Prix : Chantier pour fûts de 22 à 100 litres, avec levier à vis, 16 fr. ; sans levier, 8 fr.; de 1 à 3 hectolitres, avec levier, 22 fr. ; sans levier, 12 fr. ; de 3 à 6 hectolitres, avec levier, 40 fr. ; sans levier, 30 fr.; de 6 à 10 hectolitres, avec levier, 50 fr.; sans levier, 40 fr.

Ces porte-fûts peuvent se lier entre eux de manière à former un chantier s'allongeant et se divisant à volonté. 1 fr. 50 chaque barre d'assemblage.

Rampes pour monter les fûts sur l'appareil : pour fûts de 100 à 300 litres, 8 fr.; rampes pour fûts de 3 à 10 hectolitres, 15 fr.; Porte-fûts spécial pour limonadiers (à l'usage des bières). Fûts très-inclinés : 15 fr.

Sur commande on établit toutes sortes de modèles, quelles que soient la capacité et la forme des fûts.

NOUVELLE MACHINE A COMPTER, *par A. Barré, 14, rue de la Nation, à Paris-Montmartre.* — Cette machine, mise à la portée de l'enfance et de l'ignorance (car il est à peine nécessaire de s'en servir), est appelée, nous né craignons pas de le dire, à produire, notamment dans l'enseignement, les résultats les plus satisfaisants. L'enfant apprendra d'autant plus heureusement à compter, que, d'une part, l'in-

secours d'autrui ; enfin son application dans le commerce et ailleurs est immense.

Par le dessin ci-dessous, on peut voir la simplicité et comprendre la facile manœuvre de

strument, qui est un véritable jouet, lui offre beaucoup d'attrait et de distraction ; et que, d'autre part, il compte et additionne absolument

cet objet. — La lettre A représente un petit clavier de dix touches, marquées, chacune, de l'un des numéros 1 à 10. — C'est en appuyant

comme on le fait dans la pratique et que le professeur l'enseigne.

Cette machine est aussi très-utile aux adultes sans instruction, qui pourront désormais faire ou vérifier eux-mêmes leurs comptes, sans le

le doigt sur la touche portant le chiffre que l'on veut compter, que celle-ci frappe sur la tablette D (servant de point d'arrêt) et fait tourner d'autant la roue qui compte. Le tableau du bas sert à poser le total.

LABORATOIRE PORTATIF POUR PHOTO-GRAPHIE *de G. Anthoni*.

— Le laboratoire portatif, dont le volume excède à peine celui des appareils ordinaires, permet d'opérer en campagne aussi commodément que chez soi, c'est-à-dire de faire en pleine lumière, sur collodion humide, les opérations que l'on effectue d'habitude dans le cabinet noir.

Les manipulations sont très-rapides et pour ainsi dire automatiques.

Les cuvettes sont toujours entièrement séparées, condition indispensable pour un travail régulier.

La cuvette au bain d'argent peut être inclinée fortement, sans danger de renversement du

née, soulever légèrement les deux pinces supérieures, qui, par leur ressort, viennent maintenir la plaque sur la pince inférieure. Dans cette position, la plaque est parfaitement solide et occupe exactement la place que viendra prendre le verre dépoli.

Après avoir fermé la cuvette par deux crochets latéraux, ouvrir deux crochets à la partie supérieure de l'appareil, de façon à permettre l'abaissement du châssis porte-cuvette autour de ses deux gonds horizontaux. Un mouvement d'oscillation, dont l'amplitude est réglée par un second pendule, produit la sensibilisation de la plaque collodionnée.

Un support permet de fixer horizontalement

bain ; on peut ainsi transporter facilement l'appareil prêt à opérer.

La mise au point se fait pendant la sensibilisation de la plaque : on gagne ainsi le temps nécessaire à cette opération qui, d'habitude, se fait avant, et de plus, on peut, jusqu'au dernier moment, vérifier le point si le pied se dérange.

Le développement se fait avec une très-petite quantité de bain de fer ou d'acide pyrogallique, que l'on peut remplacer à chaque opération ; on obtient ainsi des épreuves plus vigoureuses qu'en employant un excès de bain.

Le bain révélateur arrive par la partie supérieure de la plaque et la développe, par cela même, très-uniformément.

La plaque peut être renforcée et lavée à l'abri de la lumière.

Manipulations. — Fixer l'appareil sur le pied et le mettre de niveau au moyen du petit pendule qui se trouve derrière l'appareil ; ôter la boîte à produits, visser l'objectif et ouvrir la cuvette du bain d'argent autour de ses gonds verticaux.

Avec la glace bien nettoyée, puis collodion-

le châssis-porte-cuvette, pendant la mise au point qui ne se fait qu'un instant avant la pose, pendant la sensibilisation. Trois supports spéciaux servent à maintenir le verre dépoli qui prend exactement la place que viendra occuper la plaque sensibilisée.

Après la mise au point, relever les supports du verre dépoli, puis le châssis-porte-cuvette, et faire poser le temps nécessaire. La pose terminée, mettre l'obturateur et laisser la trappe levée ; puis tourner doucement de gauche à droite et successivement les trois boutons en commençant par celui de gauche.

Le premier bouton décroche la plaque et par des plans inclinés, la fait arriver dans le récepteur en lui laissant une légère pente qui empêche le bourrelet de nitrate d'argent, accumulé pendant la pose, de remonter sur la plaque.

Le deuxième bouton, qui commande le verseur, en rendant plane le fond de la cuvette, répand en nappe uniforme et par la partie supérieure de la plaque, le sulfate de fer ou l'acide pyrogallique, qui était contenu dans ce verseur et qui doit faire apparaître l'image.

Enfin, le troisième bouton donne au révélateur un mouvement d'oscillation sur la plaque.

A vingt oscillations, retirer la cuvette, dont les deux verres jaunes, tout en protégeant la plaque de la lumière directe, permettent, par transparence, de se rendre compte de la force du cliché.

Si le cliché n'est pas assez venu, renforcer dans cette cuvette en introduisant quelques gouttes de nitrate d'argent par le siphon videur : avoir soin, dans ce cas, de tenir la cuvette presque verticale, afin que le mélange puisse se faire sous la plaque, puis de baisser de nouveau pour renforcer, vider par le siphon qui sert ensuite à l'introduction de l'eau de lavage.

Mettre la plaque lavée dans la boîte à glaces.

De retour chez soi, fixer et vernir tous les clichés obtenus.

On peut, en maintenant la plaque humide avec de la glycérine, éviter d'emporter de l'eau et terminer seulement au retour les clichés dont on aura cependant pu apprécier la valeur.

APPAREILS PHARMACEUTIQUES. — La maison Le Perdriel, fondée en 1823, est fort avantageusement connue pour tous les produits servant à la formation et à l'entretien des vési-

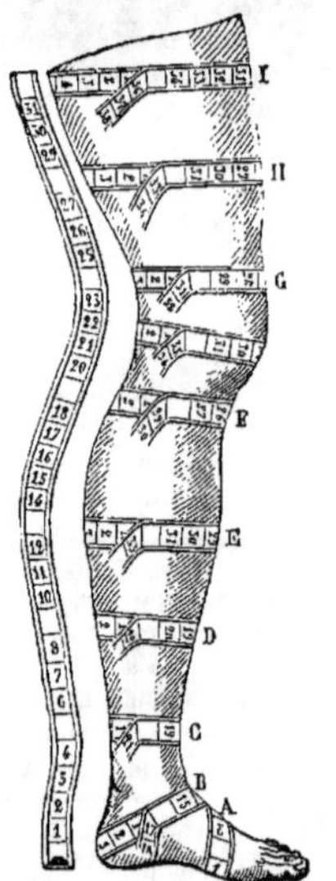

catoires et cautères. Pour ses bas varices et tous appareils de compression en tissus élastiques qu'elle offre au public sous deux formes différentes : le tissu A fort élastique en tous sens ; le tissu B doux à maille tulle élastique

seulement dans le sens transversal. Par ses pharmacies de poche de la grandeur d'un porte-cigare ou d'un porte-monnaie, et renfermant sous ce petit volume les médicaments de

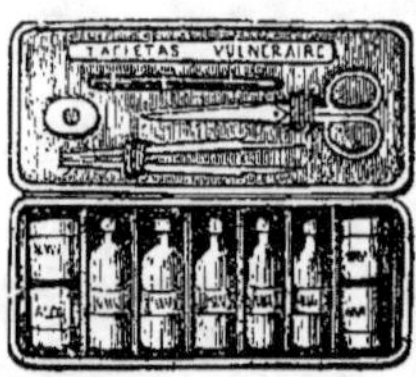

première nécessité. Cette maison, qui a obtenu des récompenses à toutes les expositions, a été admise à l'Exposition universelle de 1867 dans les trois classes 11, 38, 11.

Vente en gros, rue Sainte-Croix-de-la-Bretonnerie, 51.

Vente en détail, rue du Faubourg-Montmartre, 76.

LES INHALATIONS D'OXYGÈNE ont été essayées dès la découverte de l'oxygène (Priestley. Lavoisier, 1771) en Angleterre et en France ; mais la difficulté d'obtenir à cette époque le gaz pur, et l'impossibilité de trouver un mode d'administration facile, forcèrent, à leur grand regret, les médecins à renoncer à ce moyen curatif.

L'oxygène n'existe dans l'air atmosphérique que dans la proportion d'un cinquième, et seul il agit sur l'économie dans l'acte de la respiration.

Grâce à ces inhalations, le médecin peut se dispenser d'envoyer les malades des grandes villes chercher à la campagne ou sur les bords de la mer l'oxygène nécessaire à leur rétablissement.

A Paris, dans ces dernières années, plusieurs médecins, en tête desquels il convient de citer les docteurs Trousseau et Demarquay, ont rappelé l'attention sur ce précieux médicament. Aujourd'hui, avec les appareils décrits ci-dessous, on peut facilement préparer l'oxygène et le respirer.

Pour préparer l'oxygène, voici comment on opère :

1° Mettre le sel dosé pour 30 litres dans la cornue, et la revisser solidement :

2° Remplir à moitié le flacon avec de l'eau dans laquelle ou aura mis un peu de chaux éteinte ou de potasse caustique;

3° Après avoir dévissé le robinet du ballon, le réunir au petit tube coudé du flacon laveur;

4° Mettre le grand tube de ce flacon en communication avec la cornue, et allumer la lampe.

Le gaz oxygène se dégage au bout de quelques minutes, se purifie en traversant l'eau, et se rend dans le ballon.

N. B. — Quand l'opération est terminée, avant d'éteindre la lampe, on doit toujours séparer la cornue du flacon laveur en enlevant le tube qui les réunit.

En suivant ces indications, les personnes les plus étrangères aux manipulations chimiques peuvent faire leur gaz elles-mêmes.

Grâce à cet appareil, qui fonctionne avec une grande facilité, on peut, dans les postes de secours, obtenir instantanément de l'oxygène pour ranimer les asphyxiés : du reste, l'imperméabilité du ballon permet d'en conserver en réserve pendant plusieurs mois. C'est à ces avantages qu'il doit son introduction dans la plupart des laboratoires de chimie.

L'inhalateur se compose d'un ballon en caoutchouc, de son support et d'un flacon laveur fonctionnant à la manière d'un narghilé.

Quand on a introduit dans le ballon la quantité de gaz oxygène qu'on veut faire respirer, on adapte son robinet fermé au raccord en cuivre terminant le premier tube qui plonge dans l'eau.

Le malade prend dans sa bouche l'embouchure de l'autre tube. On ouvre alors le robinet, et le gaz, s'échappant à travers l'eau, pénètre dans la poitrine à chaque mouvement d'aspiration. Ce mouvement, arrivé à son terme, on comprime le tube pour empêcher le gaz de sortir inutilement. Le malade retient alors un instant dans l'intérieur des poumons l'oxygène inhalé, et le rejette quand le mouvement d'expiration se produit.

Il faut avoir soin, à ce moment, de retirer le tube de la bouche, car l'insufflation dans l'intérieur du flacon ferait pénétrer l'eau dans le ballon.

Cet appareil a l'avantage d'enlever au gaz l'odeur que lui communique le caoutchouc; il arrête les poussières de talc et de soufre qui recouvrent la surface intérieure des ballons, et qui produiraient un effet irritant sur les muqueuses bronchiques. L'eau qui lave le gaz et l'épure une seconde fois peut contenir certains agents médicamenteux, qu'on y dissout ou qu'on y suspend, suivant l'indication du médecin.

Par ce moyen, le goudron, l'iode, l'acide phénique, le chloroforme, le sel marin, le tolu, le benjoin, etc., peuvent venir ajouter leur action spécifique aux effets de l'oxygène.

À chaque mouvement régulier d'aspiration, on puise environ un demi-litre d'oxygène dans l'appareil. La dose ordinaire est de 15 à 30 litres par jour, et la durée du traitement de trois semaines à un mois.

CHAMBRE NOIRE. — *Maison G. Kolb, Prieur, successeur.* — Parmi les appareils photographiques de la classe 9, nous avons remarqué une chambre noire à double soufflet, 0,30 sur 0,39 carré, rendant tous les services, pour faire portraits et reproductions : son foyer au plus court est de 9 centimètres et pouvant, par son tirage très-simple, arriver à 1 m. 40. Cette chambre, par sa commodité comme pratique, a déjà trouvé sa place chez les premiers photographes de Paris, la province et même l'étranger.

LIT DE S. A, LE PRINCE IMPÉRIAL. — L'artiste, auteur de cette gracieuse merveille, est le grand maître en ébénisterie, M. Wassmus. Ce charmant objet d'art ne figurait pas à l'Exposition, mais on remarquait une commode du plus pur Louis XVI, et une foule de jolis meubles de dames, dont les gracieux emblèmes, l'élégance, la beauté et le fini étaient dignes du Trianon de Marie-Antoinette

Il y a bien soixante ans que de cette fabrique sort ainsi quantité de belles et remarquables choses allant décorer les palais de l'État.

M. Wassmus fait l'ébénisterie de tous les styles, et se charge de toutes les réparations précieuses, à la ville comme dans les châteaux.

ALBUMS PHOTOGRAPHIQUES A HORLOGE MUSICALE. *Blanc, 81, Faubourg Saint-Denis.* Cet album, pouvant contenir 200 portraits dans le format in-4°; 100 portraits dans l'in-8°, et

50 portraits dans l'in-16, a la grosseur égale de tous les albums qui ont été faits jusqu'à ce jour.

En regardant les photographies, on ouvre la 1re feuille de l'album, puis la 2e, puis la 3e, et enfin à la 4e feuille de l'album, où vous avez l'attention fixée sur une photographie, un air de musique mélodieux se fait entendre et surprend les spectateurs qui vous environnent : en plus, lorsque la musique est terminée, si on

pour l'empêcher de s'abimer par le frottement de la table. L'album, étant à la disposition de visiteurs, une personne, le voyant va pour regarder les photographies, et la surprise se fait. On peut faire de 8 à 10 surprises sans avoir besoin de remonter la musique. L'album photographique à biseau ne supprime aucun portrait, au contraire, il peut être augmenté d'un nécessaire de dames, ou flacons à odeurs, ou peut être additionné d'une horloge

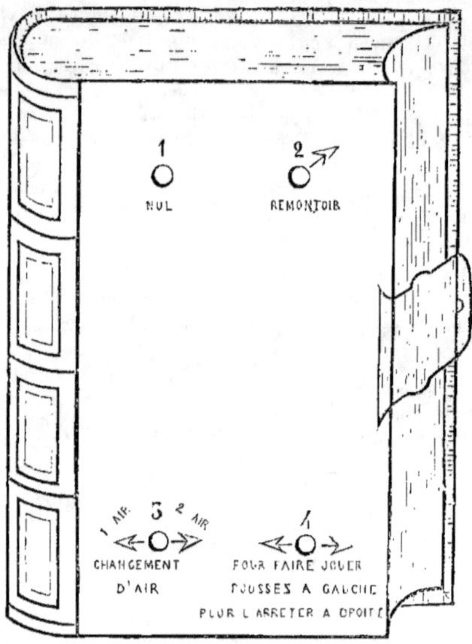

veut l'entendre un peu plus longtemps, on n'a qu'à pousser le bouton n° 4 à gauche, et la musique marche continuellement. Dans le cas où on voudrait l'arrêter, on n'a qu'à pousser le bouton no 4 à droite, et la musique s'arrête aussitôt que l'air de musique est terminé. Si toutefois on veut changer d'air, on pousse le bouton n° 3 à droite, de manière qu'on sente un petit mouvement à la main, et pour avoir un autre air, poussez le bouton n° 3 à gauche. Lorsque la musique est finie, si on veut l'entendre de nouveau, on n'a qu'à pousser le bouton n° 2 vers l'angle, puis, avec une clef, remonter légèrement la musique. Une fois cette opération faite, on remet le bouton en place, et on pose l'album sur la table du côté des clous

musicale, donnant l'heure, jouant à toutes les heures, et à volonté.

Je fais remarquer aux lecteurs que ce modèle est bien supérieur à tous les autres modèles que je vais énoncer ici bas, à cause de la sonorité de la musique.

Ce modèle représente la musique dans l'intérieur qui prend la place de 20 photographies, la musique fonctionnant par les boutons. 1er modèle ayant paru le 5 avril 1866, inférieur au modèle à biseau déjà énoncé plus haut, parce que la musique est moins sonore que dans le modèle à biseau.

Ce modèle, pouvant contenir 100 portraits, représente la musique dans le dos de l'album, (n° 1, emplacement de la musique) fonctionnant par les boutons et à surprise. Ce modèle est encore inférieur au modèle à biseau à cause du moins de sonorité de la musique.

ATELIER PHOTOGRAPHIQUE. — *Moulin, auteur de l'Algérie photographiée et de plusieurs autres publications importantes. 23, rue Richer.* (Mention honorable à l'Exposition universelle, Paris 1855; mention honorable à l'Exposition des Arts industriels, Paris, 1861 ; mention honorable à l'Exposition universelle, Londres, 1862.) — Désirant donner toute l'extension possible à son établissement de photographie, M. Moulin vient de l'augmenter d'un nouvel atelier, spécialement destiné à la reproduction des tableaux, objets d'art, bronzes, etc. Cet atelier, indépendant de celui des portraits est disposé de manière à satisfaire toutes les exigences, n'augmentant que faiblement les frais généraux ; il permet d'offrir à MM. les peintres, sculpteurs, architectes, fabricants ou éditeurs de bronzes, etc., la reproduction de leurs œuvres à des prix exceptionnellement bas et d'une exécution irréprochable. Cet atelier, très-bien éclairé, est très-convenable à la pose des modèles pour MM. les peintres et sculpteurs.

NOUVELLES COULEURS MINÉRALES A BASE DE FER. — *inoffensives et indélébiles, par Dosnon, instituteur à Valprofond.* — Il est reconnu que les tableaux peints au XVᵉ siècle ont des couleurs plus fraiches et se sont en général mieux conservés que ceux qui ont été peints depuis. De là, on peut en inférer que les procédés employés dans l'origine de la peinture à l'huile, en remontant à la découverte des frères Van-Eyck, ne nous sont point parvenus sans altération. Il est à croire et il est même probable que cette nouvelle manière de peindre s'étant transmise par tradition et comme un secret, a dû être beaucoup altérée.

La preuve, c'est qu'on ne peut refuser aux frères Van-Eyck, d'avoir porté la préparation des couleurs à l'huile à un point de perfection tel qu'on ne l'a jamais dépassé et auquel même, malgré les progrès de la chimie, on est à peine arrivé de nos jours. En effet, leurs tableaux se sont beaucoup mieux conservés, ce qui tient à la pureté et à la simplicité des matières employées à leur confection et à la franchise de manipulation.

Pénétré de cette idée depuis bientôt trente ans, j'ai cherché dans la nature des substances qui, bien que moins séduisantes au premier aspect que celles sortant des laboratoires de chimie, donnent un effet plus facile et plus vrai et sont plus solides et plus résistantes qu'elles.

Les oxydes, deutoxydes et trioxydes de fer étant inaltérables à l'air et à l'humidité, ont fixé mon attention d'une manière toute spéciale et je crois y avoir trouvé les bases nécessaires à la formation de la palette industrielle comme à celle du peintre en tableaux. Toutefois, il m'a fallu modifier en bruns mes tons primordiaux, de façon à pouvoir remplacer avantageusement le bitume et les terres bitumineuses si peu siccatives, antipathiques aux autres couleurs et sujettes aux plus graves inconvénients sous le rapport des gerçures, du manque de solidité et de pureté des couleurs superposées.

Mon problème était celui-ci : Étant donné deux tons lentement élaborés par la nature, les modifier de manière à produire une palette homogène, à l'aide de laquelle le peintre en décors comme le peintre en tableaux puisse représenter du premier coup avec des tons invariables l'apparence des objets naturels.

Sans doute qu'avec les divers produits obtenus par la décomposition des métaux on a pu essayer de satisfaire aux exigences de la palette; mais comme beaucoup de substances employées dans ce but sont de nature différente, de là, réaction d'un ton sur un autre, et le plus souvent décomposition. Mû par ces inconvénients, je me suis donné pour tâche d'y remédier, et à force de recherches et d'essais, j'ai fini par trouver en Bourgogne, où le sol abonde en terres et matières colorantes les éléments nécessaires à la réalisation de mon projet, et tout en suivant les graduations de l'échelle chromatique, je suis parvenu à établir, sans aucune addition ni mélange, avec deux tons simples, trois séries de couleurs graves, pour parer aux inconvénients précités.

Partant du brun le plus intense, puisqu'il peut remplacer avec avantage les noirs végétaux ou fuligineux se combinant intimement par une égale densité dans la préparation des demi-teintes avec les autres couleurs de la palette, et complété par le ton neutre que l'on peut employer avec confiance dans toutes les parties fuyantes, j'arrive par graduation de bruns, rouges bruns, jaunes bruns, aux tons les plus lumineux et les plus harmoniques, sans m'écarter aucunement de ma base, qui est une, de sorte que mes tons sont maintenus dans leur emploi pour l'empâtement d'une esquisse aussi frais et presque aussi purs que la nature me les fournit, ce qu'avaient parfaitement compris et observé, au moyen âge, les frères

Van-Eyck, les Rubens, les Van-Dick, etc., qui les ont suivis.

Ces couleurs, d'une résistance semblable à celle de la rouille de fer, sont encore corroborées par les procédés de modification qui leur donnent en outre une variété de nuances susceptible de pouvoir se prêter à l'imitation exacte de tous les objets, en y ajoutant au besoin pour finir dans les rehauts et les glacis les couleurs complémentaires suivantes : Laque de garance fixe, jaune de cadmium, jaune rouge et vert de chrôme, vert Véronèse, vert de Schèele, outremer, bleu de Berlin, bleu minéral, blanc de zinc.

Des nuances plus douces que les couleurs ordinaires du commerce, aussi rapprochées que possible de la teinte des objets à imiter, ces *nouvelles couleurs minérales à base de fer* n'exigent dans leur emploi que peu de manipulations de brosse, les divers tons formant la base de la palette, étant tous de même nature et inoffensifs, tant pour la santé de celui qui les emploie que pour les couleurs claires et éclatantes que l'on peut avoir besoin de leur superposer pour finir, soit comme glacis, soit comme rehauts. L'harmonie du coloris dans l'observation de la loi du clair-obscur devient plus facile à établir et elle résiste au temps, à la faux duquel nul n'échappe, et par une heureuse et harmonieuse combinaison de nuances homogènes, maintient l'effet imité ou obtenu en équilibre constant.

A l'huile, outre l'avantage d'une dessication prompte et uniforme, ces couleurs minérales ont, par une densité égale, celui de bien couvrir et par conséquent de protéger contre les intempéries l'objet sur lequel on les applique, elles permettraient même au peintre qui fait des études d'après nature de pouvoir fixer un effet du premier coup.

Cette palette, qui forme à elle seule toute une question d'intérêt général, peut s'appliquer aux divers genres de peinture à huile, gouache, fresque, pastel, etc., et spécialement pour toute peinture de décoration extérieure exposée au soleil et aux intempéries.

Cet ensemble de couleurs graves a été approuvé par les différentes sociétés savantes de France et de l'étranger, et il est le seul rationnellement applicable à la peinture d'art et d'ornementation formée de couches de couleurs superposées et susceptibles de réagir et de se neutraliser mutuellement par les réactifs employés dans leur préparation. Il a valu à son auteur deux diplômes d'honneur, deux médailles et plusieurs mentions, et il a été admis par la Commission impériale à l'exposition de 1867 à Paris.

COULEURS VITRIFIABLES *de M. Lacroix, rue Parmentier, 8, à Paris.* — Les couleurs anglaises ne sont pas préparées pour la porcelaine dure. Elles sont destinées à la décoration des porcelaines artificielles qu'on façonne en Angleterre à l'exclusion des porcelaines dures fabriquées à l'instar des porcelaines orientales. Elles ne jouissent donc pas de toutes les qualités que nous pouvons exiger ici ; mais, pour les décorations à bas prix, elles sont plus que suffisantes ; quelques-unes sont éclatantes, d'autres glacent très-bien : de là, leur emploi général à Paris, à Limoges, à Bordeaux.

Lorsqu'il s'agit de peintures soignées, lorsqu'on doit décorer des porcelaines de valeur, il faut ajouter à cette série de couleurs des tons préparés en vue de leur apposition sur porcelaine dure, sous peine de voir dévorer par le feu le travail de plusieurs mois.

On trouve les deux palettes chez M. Lacroix ; il a appris seul à préparer les couleurs à l'instar des Anglais ; ses couleurs obtenues au moyen du pourpre de Cassius sont surtout remarquables. Il a été initié, au laboratoire de Sèvres, à la préparation des couleurs plus solides, plus fixes au feu, qui sont indispensables pour atteindre à coup sûr la perfection la plus grande dans la reproduction sur porcelaine des chefs-d'œuvre de la peinture à l'huile. Les bruns chauds, obtenus au moyen de l'oxyde de nickel et les bruns plus froids, tirés de l'oxyde de cobalt, sont surtout d'une excellente qualité.

M. Lacroix a modifié très-heureusement les procédés au moyen desquels il prépare le pourpre de Cassius. En opérant au moyen des volumes au lieu de se servir des poids, il opère avec une plus grande rapidité, tout en conservant à ses dosages le même degré de précision ; il a pu notablement diminuer le prix du pourpre, qui se vend jusqu'à 200 francs le kilogramme, bien qu'il ne renferme que 3 0/0 d'or.

L'outillage au moyen duquel s'effectue le broyage, dans les ateliers de M. Lacroix, nous a paru fort bien compris. Une machine à vapeur met en mouvement divers organes, dont les uns pilent ou écrasent, les autres broient, et les derniers porphyrisent les matières, fondants ou couleurs. Nous avons vu, comme machine à piler, un outil qui représente très-bien le travail à la main, et qui donne un certain avantage sur le concassage au moyen du bocard. La matière à concasser est placée dans le fond d'un mortier et ramassée par deux râteaux attachés au même arbre vertical que celui qui met en mouvement les pilons : ces derniers sont guidés par une sorte de déclic, dont la fonction est de les soulever et de les laisser retomber alternativement. Des masses additionnelles, en rapport avec le travail exigé, règlent l'action de l'outil. Une broyeuse Herman en granit, des tournants comme ceux de Sèvres, des moulins en pâte de porcelaine mus mécaniquement, assurent, dans l'opération du broyage, perfection et propreté.

DESSINS DES FRÈRES DE RODEZ. —

Parmi les ouvrages de dessin exposés à la classe 89 figurent de remarquables travaux envoyés par le pensionnat Saint-Joseph des frères de Rodez.

Tous les genres y sont représentés par des spécimens qui ne laissent presque rien à désirer tant sous le rapport de la hardiesse et de la netteté du trait que sous celui de la distribution et de la parfaite harmonie des ombres.

Mentionnons en particulier de nombreux lavis aux teintes vigoureuses, de belles machines, des épures de géométrie descriptive, qui, pour être faites d'après les principes supposent des études approfondies, des plans topographiques levés par les élèves aux environs de Rodez, etc.

Ce qui frappe surtout les regards du visiteur, c'est une perspective de la cathédrale de cette ville, qu'accompagnent les plans, les diverses coupes, et les principaux détails de ce monument. Ce superbe édifice de style gothique, chef-d'œuvre de l'art chrétien date du treizième siècle ; il a 107 mètres de long sur 36 mètres de large. La tour dont la hauteur est de 87 mètres est carrée depuis sa base jusqu'à son milieu ; elle devient ensuite octogone et est flanquée à son sommet de quatre tourelles portant chacune la statue d'un évangéliste. Une élégante coupole surmontée d'une statue colossale de la vierge couronne l'escalier à jour qui conduit sur la plate-forme.

On remarque encore le dessin du magnifique buffet d'orgues que possède cette cathédrale. Ces deux belles pièces exécutées à la plume sont d'un fini parfait et accusent chez leurs auteurs des dispositions artistiques vraiment au-dessus de leur âge.

CONTROLEUR AUTOMATIQUE DU GAZ,

par MM. Garnier et Cᵉ, fondeurs-mécaniciens, 22, rue Folie-Méricourt, Paris. — Parmi les avantages que procure son emploi, nous citerons les suivants :

1° L'indication instantanée sur son cadran et l'avertissement infaillible par sa sonnerie des fuites de gaz, si petites qu'elles soient ; ce qui permet d'éviter les accidents et les explosions.

2° Le contrôle permanent, relativement aux différentes pressions données, de la consommation ou du nombre de becs allumés.

3° La faculté de régler à volonté et d'une manière uniforme et constante, toutes les lumières d'un établissement, malgré les variations de pressions, ce qui permet de constater une économie de 20 à 25 p. 0/0.

Le prix du loyer ou de l'acquisition de cet appareil n'est pas en raison de ses avantages, car les inventeurs offrent à tous les consommateurs de gaz de poser leur appareil dans leurs établissements, sans aucune rétribution que la moitié des économies mensuelles, produites par son application, laissant toutes facultés de s'en rendre acquéreur au prix du tarif.

FABRIQUE DE COLLIERS A RALLONGES.

C. Falour, à la Fère (Aisne). — La fabrication des colliers d'attelage pour les chevaux n'a pas jusqu'ici rempli le but désirable. Dans cette spécialité du harnachement, les perfectionnements apportés ont eu pour but principal l'élégance et la solidité au préjudice d'une qualité des plus essentielles. Ainsi la plupart des colliers blessent les chevaux ou leur occasionnent un surcroît de fatigue tout à fait en pure perte.

Le collier inventé par M. Falour réunit les qualités indispensables pour ne pas rendre le travail plus pénible qu'il ne doit l'être en réalité. Ce système a été bien vite adopté dans beaucoup d'exploitations et usines importantes ; les milliers de colliers déjà livrés, tant en France qu'à l'étranger, prouvent la satisfaction complète de sa clientèle et les avantages réels de son système.

Son mode de confection permet de changer soi-même et à l'instant les dimensions en largeur et en hauteur, suivant la variation d'embonpoint ou la conformation du cou du cheval, et de porter plus ou moins haut le point du tirage.

Ces différentes améliorations existent pour tous les genres de colliers, aussi bien pour ceux de luxe que pour ceux de gros trait, et par leur bonne disposition assurent l'élégance et la solidité de l'appareil.

Le mécanisme est très-simple à manœuvrer ; si le cocher ou le charretier s'aperçoit que le collier blesse son cheval, il peut en un instant, sans effort et sans rien déranger dans les autres pièces de l'attelage, modifier l'encolure du collier et le faire appliquer bien exactement sans frottement ni pression sur la partie du corps de l'animal où doit se porter l'effort du tirage.

BOURRELLERIE, SELLERIE ET HARNAIS.

— *Bernard, faubourg Saint-Denis, 27.* — La fabrication des selles et des harnais est, sans contredit, un point capital pour le bien-être des chevaux.

Depuis vingt ans, de grands perfectionnements ont été apportés dans cette industrie par divers fabricants; cependant, il restait encore à trouver des améliorations : ainsi les chevaux de gros traits étaient attelés avec de gros colliers pesant au minimum de 15 à 20 kilos, suivant leur grandeur. Ce poids énorme sur le cou d'un cheval, appelé à travailler quinze à seize heures par jour, déterminait des blessures continuelles. On est donc arrivé à fabriquer des colliers un peu moins lourds, mais sans changer la forme ni le système. C'était une amélioration; mais le but n'ayant pas été atteint, M. Bernard s'est appliqué à trouver dans un collier ne pesant plus que sept à huit kilos, assez de force pour résister au travail ordinaire d'un cheval. Aussi, toutes les Compagnies de chemin de fer et toutes les grandes usines ont-elles adopté ce système de collier pour leur service de camionnage et pour les services d'omnibus.

Ce fabricant a exposé des harnais de différents modèles; deux de ces harnais sont montés de colliers de son système, et lors de l'examen passé par le jury international, M. Bernard a reçu des félicitations, et ensuite une médaille d'argent lui a été décernée pour sa bonne fabrication.

A notre époque où la société moderne a pris plus que jamais le goût des courses de chevaux, il importe de fabriquer les harnais de poste d'une manière solide, élégante et très-légère, et d'éviter surtout les blessures des épaules des chevaux. Tous ces problèmes sont résolus dans les harnais sortant des ateliers de M. Bernard. Le faux poitrail capitonné placé sur les épaules du cheval évite le frottement qui détermine toujours les blessures.

Les harnais de voitures de commerce ont également subi une grande amélioration par l'adoption de ce système de collier, puisqu'il ne s'élargit pas et que par sa fabrication il s'applique parfaitement sur les épaules du cheval, et par la fabrication en général du harnais.

De vastes ateliers sont affectés, chez M. Bernard, à chaque genre de travail : ainsi, la sellerie fine, qui comprend les harnais d'attelage pour voitures de maître, les selles anglaises, les selles de dames, les caparaçons, les couvertures et surfaix, genouillères flanelles, sont fabriqués dans un atelier sous la surveillance d'un contre-maître. Les harnais destinés aux voitures de commerce et à l'industrie sont également fabriqués dans un atelier spécial et sous la surveillance d'un contre-maître, qui remplit cette mission depuis vingt ans avec beaucoup de zèle et d'intelligence.

APPAREILS CONTRE LES ÉMANATIONS.

— *Rogier et Mothes, fournisseurs du Génie militaire et de tous les ports de la marine impériale, Paris, cité Trévise, 20 (Faubourg Poissonnière).* — Adoptés par les administrations publiques, les appareils Rogier-Mothes ne doivent qu'à eux-mêmes la vogue dont ils jouissent. Avec eux, pas d'odeur possible. Leur supériorité a été constatée successivement par le Conseil de salubrité, l'Académie nationale, la Société d'encouragement, la Société centrale des architectes, le Comité consultatif d'hygiène publique. Enfin, le jury de l'Exposition universelle de 1855, non content de leur accorder la seule médaille qui ait été décernée pour des appareils inodores, leur a attribué la médaille de 1re classe pour mieux faire ressortir encore leur mérite exceptionnel.

Fonctionnant seuls sans danger de la rouille, ils se placent, soit au-dessus de la fosse d'aisances elle-même pour y prendre le mal à sa source, soit dans chacun des cabinets que cette fosse dessert, et ils s'appliquent, avec un égal succès, aux égouts et aux puisards, comme aux pierres d'évier, aux urinoirs comme aux cuvettes d'eaux ménagères, aux seaux de toilette comme aux lieux d'aisances portatifs ; en un mot, à toute ouverture grande ou petite, qui donne de l'odeur.

Il fait une répartition différente des matières solides et liquides. Les solides, retenues par les parois du récipient, restent sur le milieu de la valve, tandis que les liquides, prenant leur niveau, en avant comme en arrière, dans toute l'étendue de cette même valve, remplissent le bec et le talon. Au moment où la bascule se fait, une portion notable de liquide précède ainsi les matières solides et leur prépare la voie, tandis qu'une portion plus notable encore les pousse par derrière. Chaque fois que la valve fonctionne, elle est donc lavée comme on pourrait le faire avec une potée d'eau, et l'appareil doit à cette circonstance de n'avoir jamais besoin de nettoyage et de pouvoir être enterré s'il est nécessaire, et abandonné à lui-même sans qu'on ait jamais à craindre qu'il se trouve en défaut.

SAVONS DE A. MOLLARD. — *Fabrique à Saint-Denis. — Savons sulfureux.* — Les savons sulfureux sont, de tous les savons médicamenteux A. Mollard, ceux dont l'usage est le plus répandu ; après avoir été plusieurs fois modifiés dans leur composition d'après les conseils des médecins qui les prescrivaient, ces savons sont arrivés à une perfection aussi grande que possible. Leur odeur est agréable et les essences avec lesquelles ils sont aromatisés neutralisent complétement l'odeur du soufre. Ils peuvent être employés comme savons de toilette ; ils nettoient merveilleusement la peau et font disparaître rapidement les éruptions légères qui en ternissent l'éclat ; ils favorisent le développement et l'activité de ses fonctions, tout en lui conservant sa souplesse et sa douceur, et, de plus, ils lui communiquent une tonicité salutaire. Employés pour la barbe, ils préviennent ou calment l'irritation cutanée vulgairement nommée feu du rasoir.

Savons iodurés. — Les savons iodurés sont également employés dans le traitement de certaines affections de la peau. L'iodure de potassium est en effet un des médicaments les plus importants et les plus employés ; c'est le dépuratif par excellence, aussi les médecins le conseillent-ils dans un très-grand nombre de cas. Sa saveur désagréable empêche beaucoup de malades de le prendre à l'intérieur, et, incorporé au savon, on peut en faire usage sans redouter aucun accident, et son absorption par la peau est très-rapide, ce qui l'a fait adopter pour le traitement des affections scrofuleuses, des engorgements glandulaires, même de certaines tumeurs dans les affections de la peau à origine douteuse, et enfin après l'emploi des mercuriaux.

Savons ferrugineux. — Ces savons sont toniques et astringents ; ils conviennent aux personnes dont le sang est appauvri par une cause quelconque, aux jeunes filles qui habitent les grandes villes, à celles qui sont étiolées par les occupations sédentaires. Les médecins français et anglais les conseillent aussi aux convalescents après de longues maladies, aux jeunes filles chlorotiques, dont le plus grand nombre ne peut supporter le fer à l'intérieur. Après l'emploi des savons ferrugineux, on voit les jeunes personnes, dont le teint était pâle et maladif, recouvrer les riches couleurs de la bonne santé.

Savons au goudron. — De tout temps le goudron a été reconnu comme un puissant antidote contre les maladies de poitrine. Les médecins de l'antiquité en recommandaient l'emploi à leurs élèves et le prescrivaient à leurs malades. Il n'y a pas deux ans que tous les journaux faisaient remarquer que les exhalaisons des goudrons des usines à gaz, bien inférieurs cependant, par leur vertu curative, aux goudrons de bois, étaient souveraines dans les maladies de la gorge, les bronchites, la coqueluche, etc.

M. A. Mollard prépare au goudron de Norwége des savons dont la qualité ne laisse rien à désirer et dont on peut faire usage pour la toilette des mains, du visage et du corps.

Savons camphrés. — Les savons camphrés sont calmants et antispasmodiques ; ils conviennent surtout aux personnes nerveuses et irritables ; ils doivent être préférés aux autres savons par les personnes exposées, par leurs professions, aux *maladies contagieuses, aux miasmes pestilentiels et autres.* Enfin, leurs propriétés sédatives les rendent d'une utilité incontestable pour les jeunes enfants dont la santé laisse à désirer par suite de mauvaises habitudes.

Les savons médicamenteux A. Mollard sont dosés de telle sorte, que l'on peut s'en servir pour les soins journaliers de la toilette, sans avoir à redouter le moindre inconvénient ; mais, employés de cette façon, leur action est beaucoup moins efficace que si l'on en fait usage dans un bain.

PIÉGE PERPÉTUEL, *inventé par Ferdinand Servin, demeurant à Neuilly-en-Thelle (Oise).* — Ce piége destiné à la destruction des rongeurs, est toujours retendu par chaque animal pris. C'est une boîte carrée divisée en deux compartiments : dans le premier est une bascule sur laquelle monte l'animal croyant aller manger l'appât ; mais aux deux tiers de la course, son poids fait baisser cette bascule qui s'accroche et l'animal se trouve pris. Aussitôt il cherche à recouvrer sa liberté, il trouve au fond une issue recouverte d'une planchette en zinc et passe dans le second compartiment en soulevant cette planchette ; alors la bascule se décroche et retombe dans son état primitif pour attendre un deuxième animal qui vient en faire autant, et ainsi de suite ; de sorte qu'il n'est pas rare de voir en une seule nuit une douzaine de rongeurs réunis dans le second compartiment.

Les pivots de la bascule sont en contre-bas, pour que l'animal, ayant dépassé le centre de gravité, se trouve pris instantanément.

Vers l'entrée, des fils de fer sont placés sur les champs de la bascule pour servir de contrepoids et empêcher l'animal pris de la ronger.

Il y a dans ce piège deux portes, l'une pour y fixer l'appât et l'autre pour se débarrasser des animaux pris.

1° Il évite les ennuis et les difficultés que l'on a pour tendre et amorcer les anciens piéges ;

2° Il peut être placé dans les granges, caché sous la paille sans nuire à son fonctionnement;

3° Les rongeurs pris en attirent d'autres ;

4° On peut le laisser plusieurs jours sans le visiter, les rongeurs entreront toujours et n'en pourront sortir :

5° L'appât n'a besoin d'être renouvelé que quand il est devenu rance ;

6° Il est devenu d'un prix très-modéré, grâce à une fabrication en grand, avec un outillage mécanique spécial fonctionnant au moyen de la vapeur.

Prenant pour base le produit de la vente actuelle, elle donne en une année 180,000 piéges qui permettent de prendre une quantité indéfinie de rongeurs.

Mais, calculant seulement sur le chiffre de vingt par piége, on a un total de 3,600,000 rongeurs.

(Un seul piège en a détruit jusqu'à 108 dans l'espace d'un mois.)

Appréciant qu'un seul animal puisse hacher ou consommer la valeur de 0 fr. 02 cent. par jour, et que la moyenne de son existence ne soit que de six à sept mois, le dégât sera de 3 fr. 50 par chaque rongeur, ce qui représente une valeur annuelle de 12,600,000 francs économisée en faveur de tout le monde. (L'évaluation de 0 fr. 02 cent. par 24 heures pour le dégât d'un animal est au-dessous de la réalité, car non-seulement il fait de grands ravages dans les granges où il coupe plus qu'il ne mange, mais encore il s'attaque aux étoffes, aux marchandises de prix, aux bibliothèques, etc.)

Découverte d'un piège fort simple, toujours retendu par chaque animal pris, coûtant très-peu à établir et économisant le pain de 84,000 personnes, admettant qu'il en faille à chacun 1 kilogramme par jour.

FOUR AÉROTHERME, *système Alph. Ferguson*. — Voici le procès-verbal des expériences faites par le four aérotherme, système Alph. Ferguson, dont le modèle figure à l'Exposition universelle de 1867, à Paris. — L'an mil huit cent soixante-sept, le vingt et un du mois de mars,

nous, soussignés, avons assisté à des essais de panification chez M. Alph. Ferguson.

Ces essais ont été faits par les deux ouvriers boulangers des hospices civils de cette ville, à ce commis par la Commission administrative.

Pendant l'opération, qui a duré huit heures, nous avons constaté que le four aérotherme de M. Alph. Ferguson réunit les propriétés suivantes :

1° Qu'il peut être chauffé au moyen de toute espèce de combustible ;

2° Que la chaleur peut se porter à volonté à la voûte et à la sole;

3° Que la chaleur y est continue et au même degré sur toute la surface ;

4° Qu'il y a absorption complète de la buée (vapeur qui se dégage des objets en cuisson);

5° Que la sole reste constamment propre, et, par conséquent, ne nécessite aucune espèce de nettoyage ;

6° Que la chaleur que ce four dégage dans l'atelier est moindre que celle dégagée par un four ordinaire ;

7° Que l'éclairage est parfait;

8° Enfin, que ce four permet de réaliser une économie de temps et de travail.

Les six fournées de pains qui ont été faites nous ont permis de constater les résultats suivants :

Il a été confectionné 318 pains moitillons, pesant chacun 2 kilog., soit. . . . kil. 636

Et 64 pains blancs de 1 1/2 kilog. chacun. . . . . »   96

Total. . . kil. 732

pour la cuisson desquels on a employé 80 kil. de charbon de terre, soit en moyenne 11 kilos de ce combustible par 100 kilog. de pain. Ces 80 kilog. de charbon de terre, calculés sur le pied de 15 fr. les 1,000 kilog. rendus en cave, représentent une valeur de 1 fr. 20 cent.

Pour la cuisson de la même quantité, à la boulangerie des hospices civils de Liége, on aurait employé environ 40 fagots de chêne pelé qui, calculés sur le pied de 17 fr. le cent, représentent une valeur de 6 fr. 80 c. De cette somme, déduisant le prix de la houille et un tiers de la valeur des fagots pour le charbon (braise), il reste un bénéfice net de 3 fr. 33 c.

Nous devons ajouter que tous les pains ont été parfaitement cuits.

En foi de quoi nous avons rédigé le présent procès-verbal.

Fait à Liége, les jours, mois et an que ci-
dessus.

Le commissaire de police en chef,
F.-J. DEMANY.
Le chef du bureau de police,
THÉOD. LAFNED.
Signé. H. BOVY, *directeur de la boulangerie*
des hospices civils de Liége.
F. HENROTTE, *contrôleur des hospi-*
ces civils.
AUDIN, *directeur de la boulangerie*
militaire de Liége.

CHARRUES VIGNERONNES *et instruments di-*
vers pour la culture de la vigne, de Renaud-
Gouin, constructeur à Sainte-Maure (Indre-et-

Ayant obtenu 75 médailles d'or, de vermeil,
d'argent ou de bronze, dans les concours et expositions, et après avoir étudié les instruments
utiles que réclamaient différentes contrées pour
cultiver la vigne et pour les besoins de chacun,
il a présenté à l'Exposition universelle une collection des plus complètes et des plus perfectionnées, comprenant trente instruments différents pour la culture de la vigne : entre autres
1° Une charrue vigneronne perfectionnée pour
chausser et déchausser la vigne ; le versoir et le
soc sont en acier. Elle peut être tirée par un
cheval ; il y a trois numéros différents de force :
n° 0, n° 1 et n° 2 ;

2° Une charrue vigneronne disposée pour la
culture de la Bourgogne, et exécuter l'opération

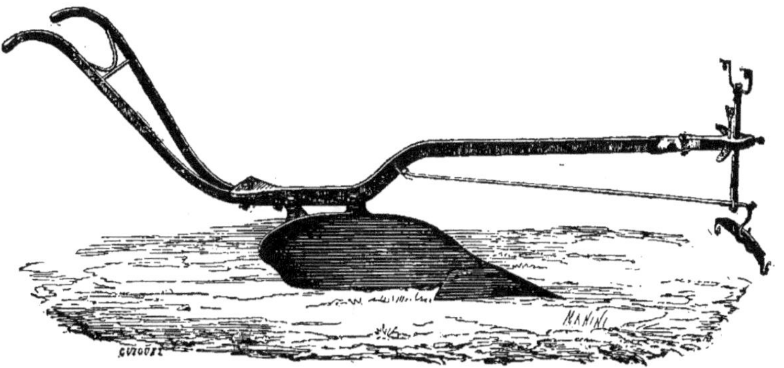

Loire.) — Ce mécanicien fabriquait depuis plusieurs années des instruments agricoles, pour
lesquels il avait obtenu des récompenses, et
voyant les difficultés qu'éprouvaient les viticul-
teurs à se procurer le personnel pour cultiver et
donner les labours nécessaires à leurs vignes, il
été conduit à inventer une charrue pour labourer la vigne. Ayant adressé sa charrue vigneronne à l'Exposition générale de Paris, en 1860,
M. Renault-Gouin a reçu une médaille de
bronze. Encouragé par cette récompense, il a
voulu apporter à ses charrues vigneronnes toutes
les améliorations qu'il lui a été possible d'ima-
giner pour la culture de la vigne. Il adapta
des mancherons articulés, ce qui facilite de
pouvoir déchausser et rechausser la vigne, et
donne l'économie d'une charrue. L'usage de la
charrue est multiple, ce qui a l'avantage de la
transformer en butteur, extirpateur, scarificateur, houe, paroir, tous instruments utiles à la
culture de la vigne.

que l'on appelle, dans le pays, [dérouiller. —
Un instrument, espèce de butteur, s'adapte à la
place de la dérouilleuse pour refendre le travail
fait par le précédent, ce que l'on appelle
roueller ;

3° Une charrue vigneronne, avec cavaillonneur. Le cavaillonneur, essayé depuis longtemps
dans le Midi, n'avait obtenu encore aucun bon
résultat. M. Renault-Gouin en a donc inventé
un s'adaptant à toutes ses charrues. Cet instrument sert à enlever la bande de terre qui reste
entre la ligne de ceps ;

4° Une charrue à timon raide, pour bœufs, à
l'usage du Midi ; l'articulation permet de placer,
au besoin, un bœuf de chaque côté des ceps ;

5° Une charrue vigneronne articulée, à bran-
card.

A toutes ces charrues, suivant leur numéro,
viennent s'adapter tous les instruments utiles,
comme rechange, pour tous les usages et les
besoins de chaque pays ;

Vue des ateliers de la maison Peltier jeune.

Un extirpateur à trois socs, pour les labours
à plat ;

Un scarificateur à cinq pieds, pour les terrains
pierreux ;

Un butteur ;

Une houe sarcleuse ;

Un arreau pour les façons d'hiver ;

Un paroir pour façons superficielles.

Pour les façons d'été, qui ont besoin d'être re-
nouvelées souvent et en peu de temps, M. Renault-Gouin fabrique les houes articulées, pouvant fonctionner dans des rangs de vigne de
0^m, 50, jusqu'à 1 mètre. Les houes se transforment en extirpateurs, scarificateurs, sar-
cleurs, etc., suivant la nature des terrains.

INSTRUMENTS D'INTÉRIEUR DE FERME

de la maison Peltier jeune. — *Labours.* — Les
charrues dont la forme varie à l'infini, suivant
les besoins et les habitudes de chaque pays,
peuvent cependant être divisées en trois caté-
gories, l'une comprenant les araires ou charrues
sans avant-train ; la deuxième, les charrues à
support ; enfin, la troisième, les charrues à
avant-train.

L'araire (fig. n° 1) est généralement employée dans le midi et dans certaines parties de
la France ; c'est, de toutes les charrues, celle qui
utilise le mieux la force des animaux, mais
elle exige plus d'attention et plus de dépense
de force de la part de l'homme qui la conduit.
Elle convient particulièrement aux terres argi-
leuses, argilo-siliceuses et argilo-calcaires.
Dans les terres pierreuses elle est difficile à
conduire, et pour aider à sa stabilité, on
ajoute à l'avant de l'age, près du régulateur,
un support formé d'une tige à rouelle.

Les charrues à avant-train dont la manœuvre
est plus facile pour le laboureur que celle des
araires, exigent une force de traction plus considérable ; leur stabilité est assurée par l'avant-
train, mais aux dépens de leur légèreté. Cependant elles sont presque exclusivement employées
dans les pays de grande culture où l'on dispose
d'attelages puissants ou par conséquent le
plus ou le moins de force exigée par la charrue
n'est qu'une question très-secondaire.

Les charrues à une oreille ne peuvent ren-
verser la terre que d'un seul côté, à droite ou à
gauche de l'attelage. On ne peut donc tracer
avec ces charrues deux sillons juxtaposés et
l'on est obligé de labourer en planche plus ou
moins large, d'où il résulte une grande perte
de temps pour aller sans travailler d'une extrémité à l'autre de la planche à labourer, et la
nécessité de laisser entre les planches des raies
vides et improductives.

La charrue tourne-oreille, dite Brabant double (fig. n° 2) ne présente pas cet inconvénient,
l'une de ses oreilles verse à droite, l'autre à
gauche, de façon que lorsque du bout d'une
raie on fait basculer le corps de charrue, on
peut revenir immédiatement en versant la terre
toujours du même côté de l'horizon.

La figure n° 3 représente une charrue dont
le versoir rond, tournant sur un axe par la
pression de la bande de terre, a pour but de
supprimer la perte de force se produisant dans
les charrues ordinaires par suite du frottement
de la bande de terre sur une surface fixe et
contournée. Dans cette charrue tout le frottement est sur l'axe du disque qui tourne dans
une boîte à graisse. Aussi cette charrue est-
elle bonne surtout pour faire économiquement
des labours d'une certaine profondeur.

Certaines cultures, celles de la betterave entre autres exigent des labours profonds et une
terre bien assainie ; la charrue fouilleuse
(fig. n° 4) a pour but d'approfondir la raie
tracée par une charrue ordinaire et de remuer
le sous-sol sans toutefois le ramener à la surface.

En ajoutant à cette charrue un soc spécial
on a la charrue arrache pommes de terre, qui
rend de très-grands services.

Hersage. — Le hersage est une des opérations
de la culture qui demandent le plus de soin,
et beaucoup d'outils ont été faits qui laissent
plus ou moins à désirer sous le rapport de la
perfection du travail. La herse articulée (fig.
n° 5) est le plus parfait des outils de ce genre.
Elle est très-énergique ; composée d'un certain
nombre d'éléments accouplés au moyen de
chaînes ; elle ne présente pas au sol la rigidité
des anciennes herses qui faisaient que ces dernières ne travaillaient jamais sur toute leur largeur, surtout lorsque la surface du sol était inégale. La herse articulée, au contraire, suit toutes
les sinuosités, et toutes les dents sont constamment en travail.

Sarclages et buttages. — La houe à cheval
(fig. n° 6) sert à biner ou sarcler, à l'aide d'un
cheval, les plantes cultivées en lignes. Ces opérations faites à la main sont très-coûteuses et
souvent impossibles à faire en temps utile, faute
de bras nécessaires. La houe est donc un outil indispensable.

Rouleaux. — Dans les terres fortes, la herse
ne suffit pas toujours pour ameublir convenablement la terre, et l'on a recours aux rouleaux.

Le rouleau Croskill (fig. n° 7) est, de tous, le

Araire (fig. 1).

Charrue Brabant double, tourne-oreille (fig. 2).

Charrue Cougoureux, à versoir rotatif (fig. 3).

Charrue fouilleuse (fig. 4).

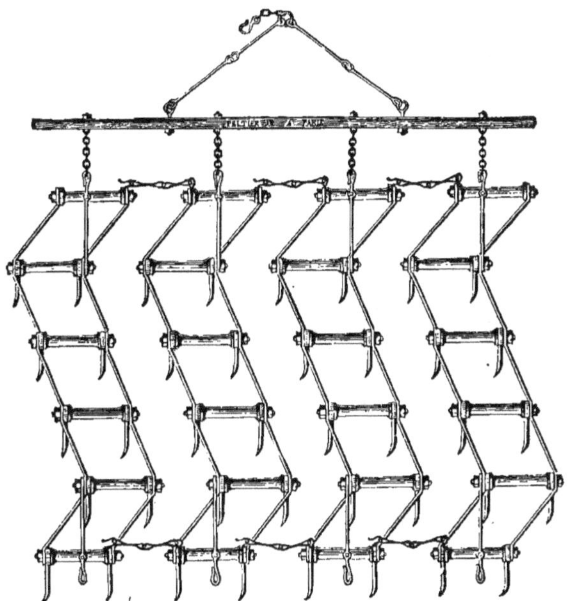

Herse articulée en fer, nouveau modèle (fig. 5).

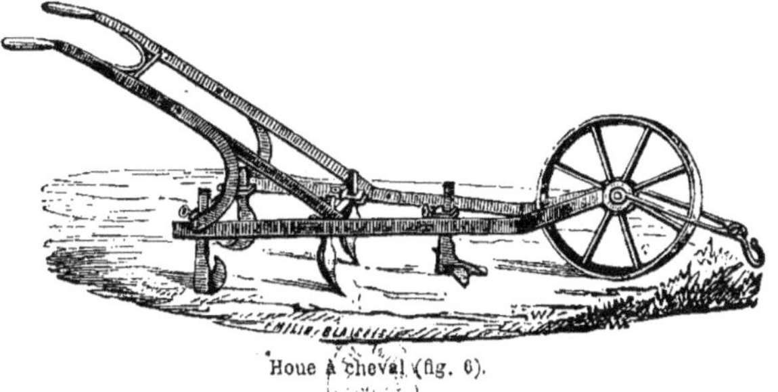

Houe à cheval (fig. 6).

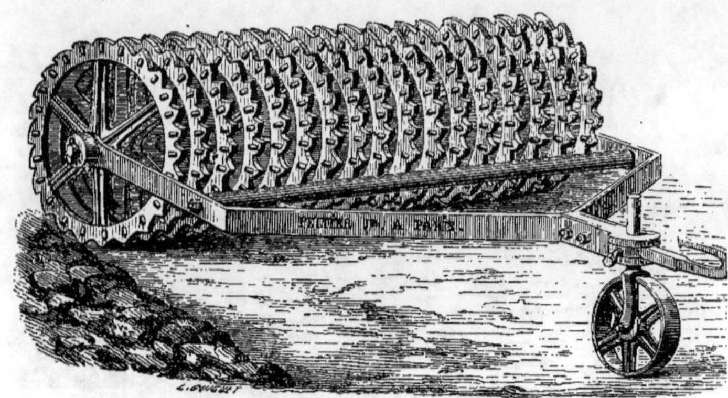

Rouleau Croskill (fig. 7).

Rouleau plombeur, à cheval (fig. 8).

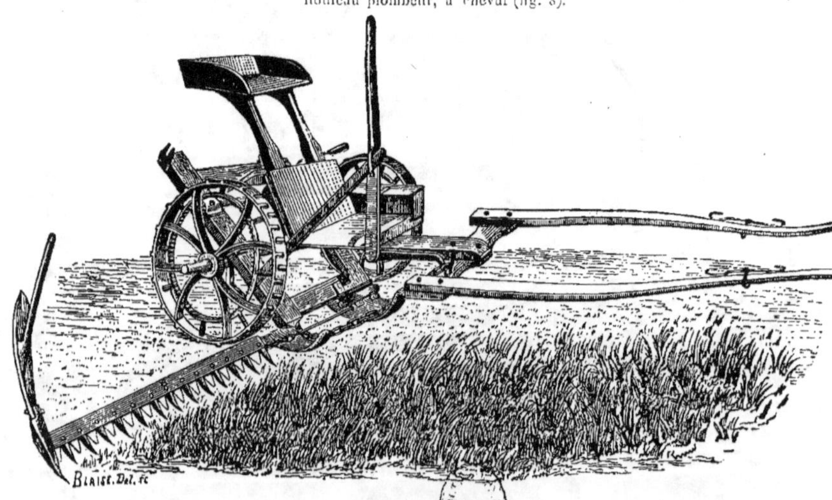

Faucheuse (fig. 9).

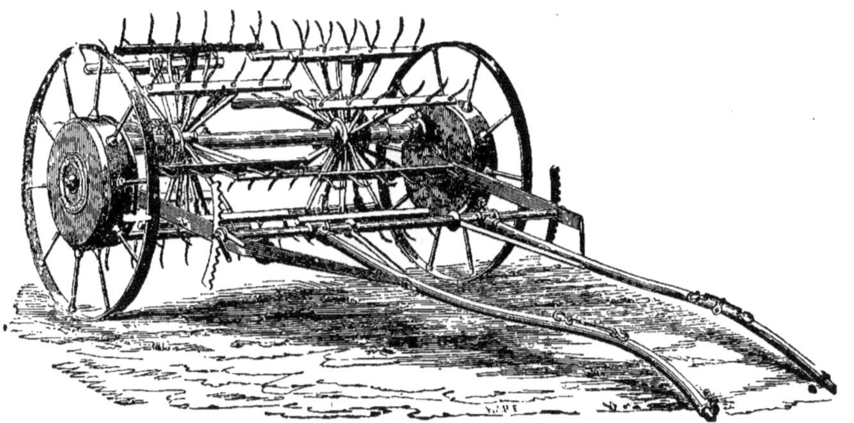

Faneuse (fig. 10).

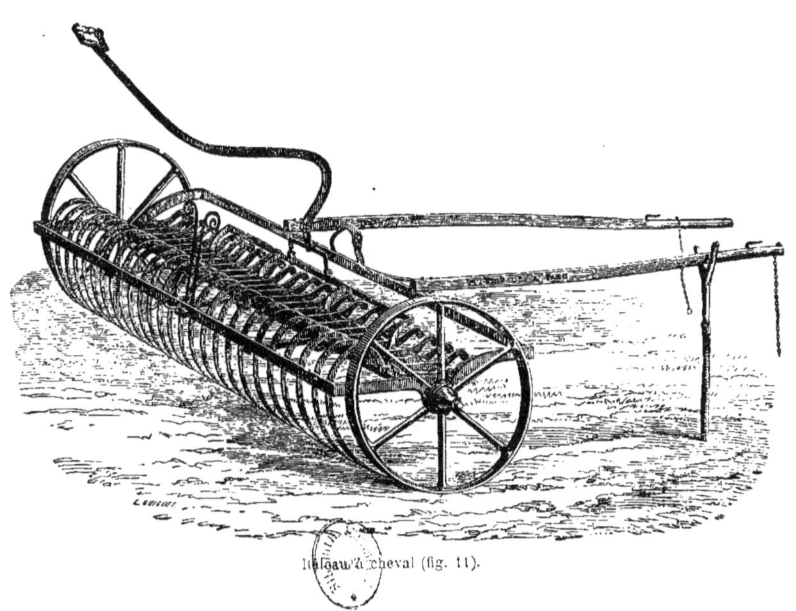

Rateau à cheval (fig. 11).

Hache-paille (fig. 12).

Coupe-racines (fig. 13).

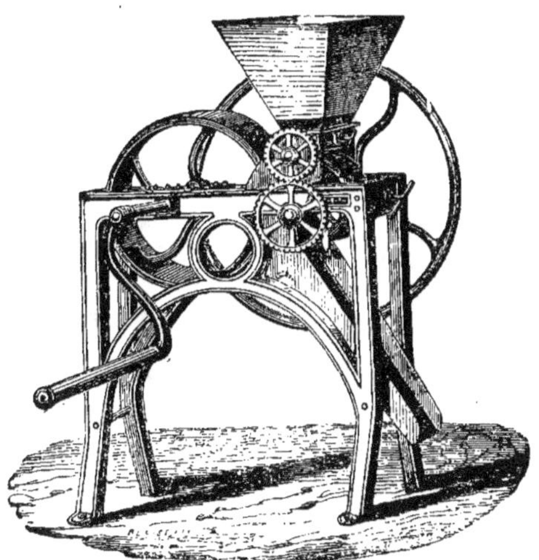

Concasseur aplatisseur (fig. 14).

Appareil pour la cuisson des légumes, générateur de vapeur, système Peltier (fig. 15).

Wagon à fourrages (fig. 16).

plus énergique : il pulvérise les mottes de terre quelle que soit leur dureté, rien ne résiste à son action. Il sert encore avec avantage pour repiquer au printemps les blés soulevés par les gelées ; en cette circonstance, il remplace efficacement le piétinement des moutons sans en avoir l'inconvénient.

Le rouleau plombeur (n° 8) sert pour les terres légères auxquelles on veut donner de la consistance, il sert également pour les prairies.

Outils de récoltes. — La faucheuse (fig. 9) est une des machines qui rendent à l'agriculture d'éminents services. La cherté de la main-d'œuvre, suite de la rareté des bras, met souvent l'agriculteur dans l'impossibilité de rentrer ses récoltes en temps utile. Avec la faucheuse, un conducteur et un cheval, on peut couper trois hectares de fourrage en dix heures.

La faneuse (fig. 10) sert, ainsi que son nom l'indique, à faner l'herbe. Avec un cheval elle peut, en dix heures, travailler sur une surface de six hectares de prés.

Le râteau à cheval (fig. 11) forme le complément des outils de fenaison. Son mécanisme est très-simple ; les dents, indépendantes les unes des autres, portent à terre et ramassent le fourrage ; lorsque le râteau est plein, le conducteur abaisse le levier qui fait lever les dents, le râteau se vide et les dents retombant devant l'andain qui vient d'être ainsi formé en recommence immédiatement un autre. Un cheval suffit pour ce râteau qui peut, ainsi que la faneuse, travailler sur une surface de 6 hectares en dix heures.

La préparation économique de la nourriture des animaux nécessite différents outils :

Le hache-paille (fig. 12) ; le coupe-racines (fig. 13), le concasseur aplatisseur de grains (fig. 14).

Beaucoup de cultivateurs ont l'excellente habitude de faire cuire leurs racines ; le générateur à vapeur (n° 15) est destiné à remplacer les chaudières à feu nu qui ont le grave inconvénient de dépenser beaucoup de temps et de combustibles. Ce générateur, dans lequel on peut brûler toute espèce de combustible, a une surface de chauffe très-considérable qui lui permet de fournir en peu de temps de la vapeur à une pression de 2 atmosphères.

PARIS. — IMPRIMERIE VALLÉE, 15, RUE BREDA.